Dhananjay Mane
Mahesh Wagh

Conceção, desenvolvimento e avaliação de um sistema de entrega de fármacos

Dhananjay Mane
Mahesh Wagh

Conceção, desenvolvimento e avaliação de um sistema de entrega de fármacos

baseado em nanoemulsão mucoadesiva

ScienciaScripts

Imprint

Cover image: www.ingimage.com

This book is a translation from the original published under ISBN 978-620-8-06484-6.

Publisher:
Sciencia Scripts
is a trademark of
Dodo Books Indian Ocean Ltd. and OmniScriptum S.R.L publishing group

120 High Road, East Finchley, London, N2 9ED, United Kingdom
Str. Armeneasca 28/1, office 1, Chisinau MD-2012, Republic of Moldova, Europe
Printed at: see last page
ISBN: 978-620-8-20700-7

Conteúdo

RECONHECIMENTO

Uma dissertação não pode ser concluída sozinha. Seria impossível reconhecer cada indivíduo que contribuiu de alguma forma. Com profunda gratidão e humildade, exprimo os meus sinceros agradecimentos ao meu respeitado professor e guia. (Dr.) D V Mane, Professor e Diretor Regional, YCMOU, Nashik e Professor, PG & Research Center, Dept. of Chemistry, Shri Chhatrapati Shivaji College, Omerga (M.S). A sua disciplina, os seus princípios, a sua simplicidade, as suas disposições em matéria de ambiente de trabalho destemido, os meus sinceros agradecimentos pelas discussões estimulantes, pela orientação meticulosa, pelo entusiasmo ilimitado e pelo apoio desde o início do meu curso. A sua visão e a sua perceção do incomum continuarão sempre a levar-me em direção à perfeição com muita confiança. Expresso os meus sinceros agradecimentos ao administrador da universidade por ter fornecido todas as orientações necessárias para a realização deste trabalho, que será apreciado em todas as esferas da minha vida.

A minha especial gratidão para com o Vice-Chanceler do YCMOU, **Dr. Sanjeev Sonawane**, para com o Diretor da Escola do YCMOU, **Dr. Kalapana Kamlaskar**, e para com **o Dr. Bharat More**, que é uma fonte de inspiração e conhecimento contínuos.

Não há palavras para exprimir a minha gratidão ao Diretor Pradeep Sharma da Wockhardt Global School pelo seu apoio moral e entusiasmo ao longo do meu curso. A sua paixão e energia são contagiantes, e sou uma pessoa melhor em todos os aspectos da vida devido à sua associação com ele.

O pessoal e o corpo docente da Wockhardt Pharmaceuticals têm sido muito prestáveis na resolução de muitas das pequenas coisas associadas à vida académica diária.

Agradeço sinceramente ao meu tio, o inspetor da polícia Dnyaneshwar Wagh, que sempre me apoiou e encorajou ao longo do meu percurso de estudo.

Não teria sido possível obter o meu doutoramento sem o amor e o apoio da minha família. Estou grato e agradecido à minha querida irmã Jyoti, que sempre me manteve à sombra do seu afeto e me deu inspiração ao longo da minha vida.

"Estou muito grato e agradecido aos meus amigos sinceros, como o Sr. Atul Soral, o Sr. Akshay Arya e o Sr. Pravin Sharma, pelo seu constante encorajamento e apoio moral durante todo o meu curso e estadia.

Por último, estou profundamente grato a todos os animais cujas vidas preciosas foram sacrificadas durante este trabalho de investigação.

MAHESH RAMKISAN WAGH

Data

Local: Nashik

DEDICADO

TO

OS MEUS "QUERIDOS" PAIS,

FALECIDO PAI-RAMKISAN,

FALECIDO

AVÔ-RAIBHAN

TIO- DNYANESHWAR

FAMÍLIA E AMIGOS

RESUMO

Nome do candidato : Mahesh Ramkisan Wagh

Nome do guia: Dr. Dhananjay Mane

Tema de investigação: "CONCEPÇÃO, DESENVOLVIMENTO E AVALIAÇÃO DE UM SISTEMA DE DIVULGAÇÃO DE MEDICAMENTOS À BASE DE NANOEMULSÕES MUCOADESIVAS PARA A DIVULGAÇÃO DE AGENTES ANTIMIGRAÍNICOS NO SNC"

Data de inscrição: 25th novembro de 2019

Local de trabalho: Wockhardt Pharmaceutical - Sambhajinagar (Aurangabad)

O estudo teve como objetivo criar e avaliar sistemas de administração de medicamentos baseados em nanoemulsões mucoadesivas (MNEs) para a administração eficaz de agentes anti-enxaqueca no sistema nervoso central (SNC). A investigação investigou três categorias de fármacos: triptanos, beta-bloqueadores e inibidores da ECA, centrando-se no seu potencial para melhorar os resultados terapêuticos no tratamento da enxaqueca.

Métodos

Seleção de medicamentos

- **Triptanos**: Sumatriptano, Zolmitriptano, Almotriptano
- **Beta-bloqueadores**: Propranolol, Timolol, Nadolol
- **Inibidores da ECA**: Captopril, Enalapril, Lisinopril

Formulação de nanoemulsão

Os MNEs foram preparados utilizando técnicas de nanoemulsão padrão, incorporando polímeros mucoadesivos para aumentar a retenção na cavidade nasal. As formulações foram avaliadas quanto aos perfis de libertação do fármaco, força mucoadesiva e estabilidade.

Resultados

Triptanos

- **Sumatriptano**: Os MNEs apresentaram uma libertação cumulativa do fármaco de 83,43% após 8 horas.
- **Zolmitriptano**: Os MNEs apresentaram uma libertação cumulativa do fármaco de 83,63% após 8 horas.
- **Almotriptano**: Demonstrou a libertação cumulativa de fármaco mais elevada, com 89,04% após 8 horas.

Em geral, as MNE melhoraram significativamente a libertação do fármaco para todos os triptanos em comparação com as NE tradicionais e as soluções de fármacos simples (PDS). As MNE de almotriptano apresentaram a libertação de fármaco mais elevada, indicando uma maior eficácia terapêutica.

Beta-bloqueadores

- **Propranolol**: Apresentou uma libertação de fármaco in-vitro de 89,33 ± 2,45% às 8 horas e uma permeação ex-vivo de 89,33 ± 2,45%. O tempo de retenção da força mucoadesiva foi de 41 ± 6 segundos.
- **Timolol**: Teve uma libertação de fármaco in-vitro de 85,33 ± 2,45% às 8 horas. O tempo de retenção do mucoadesivo foi de 38 ± 9 segundos.
- **Nadolol**: Registou-se uma libertação do fármaco in-vitro de 86,33 ± 2,45% às 8 horas. O tempo de retenção do mucoadesivo foi de 31 ± 4 segundos.

Os MNEs proporcionaram uma libertação sustentada e controlada do fármaco e aumentaram significativamente a força mucoadesiva para os três beta-bloqueadores em comparação com os NEs tradicionais. Os MNEs de propranolol apresentaram a maior libertação de fármaco e permeação ex-vivo.

Inibidores da ECA

- **Captopril**: Apresentou uma libertação cumulativa de fármaco de 89,33 ± 2,45% e um elevado teor de fármaco (96,63 ± 0,155%). O tempo de retenção mucoadesivo foi de 42 ± 2 segundos.
- **Enalapril**: Demonstrou uma libertação cumulativa do fármaco de 86,33 ± 2,45%. O tempo de retenção mucoadesivo foi de 38 ± 2 segundos.
- **Lisinopril**: Teve uma libertação cumulativa de fármaco de 89,33 ± 2,45%, com o maior teor de fármaco (96,63 ± 0,155%). O tempo de retenção do mucoadesivo foi de 42 ± 2 segundos.

As formulações de MNEs para inibidores da ECA demonstraram um elevado teor de fármaco, perfis de libertação in vitro eficientes e propriedades mucoadesivas significativas. Os MNEs de captopril e lisinopril apresentaram o teor de fármaco e a libertação cumulativa de fármaco mais elevados.

Análise exaustiva

O estudo confirma que os MNE aumentam significativamente a libertação do fármaco, proporcionam perfis de libertação sustentada e melhoram a força mucoadesiva nas três categorias de fármacos. Cada categoria apresentou melhorias na libertação do fármaco e no potencial terapêutico:

- **Triptanos**: Os MNEs de almotriptano apresentaram a libertação de fármaco mais elevada.
- **Beta-bloqueadores**: Os MNEs de propranolol demonstraram a maior libertação de fármaco e permeação ex-vivo.
- **Inibidores da ECA**: Os MNEs de captopril e lisinopril apresentaram o maior teor e libertação de fármaco.

As nanoemulsões mucoadesivas (MNEs) representam um sistema promissor de administração de fármacos, potencialmente melhorando os resultados terapêuticos para os doentes através da melhoria da libertação do fármaco e da manutenção da estabilidade ao longo do tempo. As MNEs para triptanos, beta-bloqueadores e inibidores da ECA mostraram melhorias significativas nos perfis de libertação de fármacos, sugerindo a sua utilidade prática no tratamento de enxaquecas e condições associadas. Este estudo destaca o potencial dos MNEs para proporcionar uma libertação sustentada e controlada de fármacos, melhorando assim a adesão dos doentes e a eficácia terapêutica em terapias direcionadas para o SNC.

INTRODUÇÃO

CAPÍTULO 1: INTRODUÇÃO

As cefaleias, caracterizadas por dores de cabeça recorrentes, estão entre as doenças mais comuns do sistema nervoso. A cefaleia propriamente dita é uma caraterística dolorosa e incapacitante de um pequeno número de cefaleias primárias, nomeadamente a enxaqueca, a cefaleia de tensão e a cefaleia em salvas [1]. [1] Entre estas, a enxaqueca é omnipresente, predominante, incapacitante e essencialmente tratável, mas ainda subestimada e subtratada. [2] A enxaqueca é uma cefaleia crónica comum, caracterizada por ataques recorrentes com duração de 4-72 horas, de qualidade pulsátil, intensidade moderada ou grave, agravada pela atividade física rotineira e associada a náuseas, vómitos, fotofobia ou fonofobia. Foi designada como o sétimo fator de incapacidade devido ao seu impacto considerável na qualidade de vida (QV) do doente[4]. [4] É a causa mais frequente de cefaleias em crianças e adolescentes. O estudo da enxaqueca na população pediátrica é fundamental devido ao fardo que representa para as crianças e suas famílias e às dificuldades diagnósticas e terapêuticas determinadas pela variação do fenótipo e pelos possíveis diagnósticos diferenciais. [5]

1.1.UMA BREVE HISTÓRIA DA ENXAQUECA

A enxaqueca, e a dor que lhe está associada, há muito que atormenta os seres humanos. Muitas pessoas sofreram de enxaquecas, incluindo Júlio César, S. Paulo, Thomas Jefferson e Charles Darwin. Há três mil anos a.C., um poeta sumério anónimo descreveu um estado de doença em que a dor de cabeça era tão forte que o doente desejava ser aliviado da dor pela morte. Na Mesopotâmia, acreditava-se que o espírito maligno de Ti'e atacava as suas vítimas, provocando terríveis sintomas de dor de cabeça. Foram encontrados crânios em escavações arqueológicas, que indicam que os médicos recomendavam a remoção de partes do crânio do paciente para aliviar as fortes dores de cabeça. Na medicina egípcia antiga (a partir de 3000 a.C.), as enxaquecas e as dores nos nervos, bem como as dores súbitas e fortes, eram claramente descritas. Hipócrates (460 - 370 a.C.), o pai da medicina, foi o primeiro a documentar cientificamente as suas observações clínicas sobre a enxaqueca, libertando a doença da superstição. Hipócrates descreveu uma luz brilhante no olho direito, seguida do aparecimento de dores fortes na cabeça, que eventualmente se estendiam a toda a área. Aretaeus da Capadócia (30-90 d.C.) forneceu uma das primeiras classificações formais das dores de cabeça. Dividiu as cefaleias em três tipos principais: (a) cefalalgia, uma cefaleia ligeira e de curta duração, (b) cefaleia, um tipo de cefaleia crónica e mais grave, e (c) heterocrania, uma cefaleia paroxística de um lado da cabeça, frequentemente acompanhada de náuseas, vómitos, fotofobia, sintomas oculares, sudação e alterações da perceção dos aromas. Galeno (129-216 d.C.) escreveu sobre uma dor intensa que afectava quase metade da cabeça. Galeno, tal como Hipócrates, acreditava que as enxaquecas eram causadas por vapores que subiam do estômago para a cabeça. Razi (também conhecido pelo seu nome latinizado Rhazes, 854-925 d.C.), um famoso médico iraniano, dedicou um capítulo inteiro às dores de cabeça no seu livro, no qual escreveu sobre os sintomas e o tratamento da enxaqueca. O seu trabalho descreveu em pormenor um dos diferentes tipos de dores de cabeça, atualmente conhecido na medicina moderna como enxaqueca em grupo, e sugeriu também que as dores de cabeça graves e súbitas podem ser um sinal preliminar de um acidente vascular cerebral. Ibn Sina, também conhecido no Ocidente como Avicena (980-1.037), outro famoso médico iraniano, escreveu um capítulo sobre dores de cabeça no seu livro "Cânone da Medicina", que descrevia diferentes tipos de dores de cabeça, incluindo um tipo que cobria toda a cabeça. Este tipo de dor de cabeça era grave, intensificava-se com a atividade e era também caracterizado por fotofobia e fobia ao ruído[6].

No século XVII, Thomas Willis (1621-1675) publicou a sua hipótese de que o "megrim" se devia à dilatação dos vasos sanguíneos na cabeça (o primeiro enunciado de uma teoria vascular). Em 1873, Edward Liveing propôs que a enxaqueca se devia a "tempestades nervosas que evoluíam a partir do tálamo ótico". Em 1898, Moebius afirmou que "o parênquima é o mestre, a circulação é a serva" e que tanto as disfunções cerebrais como as dos vasos sanguíneos eram necessárias para produzir uma crise de enxaqueca.

1.2.EPIDEMIOLOGIA E TENDÊNCIAS MUNDIAIS

A enxaqueca é uma das doenças neurológicas mais comuns em todo o mundo, sendo a prevalência global da enxaqueca estimada em 1,1 mil milhões [intervalo de incerteza (IU) a 95%: 0,98- 1,3] de casos em 2019. Nesse mesmo ano, a prevalência pontual nacional padronizada por idade da enxaqueca variou de 8.277 a 22.400,6 casos por 100.000. As taxas de prevalência pontual padronizadas por idade mais altas foram encontradas na Bélgica [22.400 (95% UI: 19.305,2-26.215,8)] e na Itália [20.337,7 (95% UI: 17.724.723.405,8)], enquanto as taxas mais baixas foram encontradas na Etiópia [8.277 (95% UI: 7.226,2-9.527,5)] e Djibuti [8.915,3 (95% UI: 7.629,9-10.476,6)] (7). Em 2019, as taxas nacionais de incidência padronizadas por idade da enxaqueca variaram entre 692,6 e 1.528,4 casos por 100.000, com a Itália [1.528,4 (95% UI: 1.345,4-1.709,3)] e a Noruega [1.515,7 (95% UI: 1.333,8-1.693,4)] a apresentarem as taxas mais elevadas. Em contrapartida, as taxas mais baixas foram observadas na Etiópia [692,6 (95% UI: 605,2-776,7)] e no Djibuti [737,2 (95% UI: 623,5-848,9)]. A prevalência global da enxaqueca aumentou substancialmente nas últimas três décadas. De acordo com o estudo Global Burden of Disease (GBD) 2019, a prevalência global estimada da enxaqueca aumentou de 721,9 milhões (95% UI: 624,9833,4) em 1990 para 1,1 mil milhões (95% UI: 0,98-1,3) em 2019. A variação percentual na taxa global de prevalência padronizada por idade e anos vividos com deficiência (YLDs), de 1990 a 2019, foi de 1,7 (95% UI: 0,7-2,8) e 1,5 (95% UI: -4,4 a 3,3), respetivamente. Durante esse período, os maiores aumentos na prevalência padronizada por idade por 100.000 habitantes foram no Leste Asiático [7,9% (95% UI: 4,3-12%)] e na América Latina Andina [6,7% (95% UI: 2,1- 11,9%)], enquanto as maiores reduções foram na América do Norte de alta renda [-2,2% (95% UI: -5,3 a 1,1%)] e no Sudeste Asiático [-2,2% (95% UI: -3 a -1,4%)]. Além disso, a taxa YLD padronizada por idade da enxaqueca também aumentou de 517,6 (95% UI: 82,0-1169,1) em 1990 para 525,5 (95% UI: 78,8-1194,0) em 2019. A prevalência da enxaqueca foi mais elevada nas mulheres do que nos homens, em todos os grupos etários. Em 2019, a taxa de prevalência global padronizada por idade em mulheres e homens foi de 17.902,5 (95% UI: 15.588,3, 20.531,7) e 10.337,6 (95% UI: 8.948,0, 12.013,0) por 100.000 habitantes, respetivamente. A taxa de incidência e o número de casos incidentes de enxaqueca mais elevados registaram-se no grupo etário dos 10-14 anos, tanto no sexo feminino como no masculino.

Em 2019, enquanto o número de YLDs começou a aumentar desde o nascimento, atingiu o pico na faixa etária de 30-34 anos e depois diminuiu gradualmente para ambos os sexos. O estatuto socioeconómico não parece estar associado ao fardo da enxaqueca, uma vez que não foi relatada uma associação clara entre o índice sociodemográfico (SDI) e a taxa de YLD da enxaqueca. [7-15]

1.3.FACTORES DE RISCO PSICOLÓGICOS E COMORBILIDADES

A relação entre a enxaqueca e determinados factores psicológicos, tais como a tendência para o perfeccionismo, o neuroticismo, a agressividade reprimida e o humor melancólico, tem sido referida há mais de um século. A nível teórico, os factores desencadeantes levantam questões intrigantes sobre a natureza das enxaquecas. Clinicamente, os factores desencadeantes parecem ser aditivos, resultando numa enxaqueca quando um determinado limiar é ultrapassado. No laboratório, os factores desencadeantes isolados tendem a ter menos efeito do que a exposição a vários factores desencadeantes em sucessão. Isto implica que os factores desencadeantes convergem através de uma via comum, mas o mecanismo através do qual, por exemplo, os factores psicológicos, sociais, profissionais, genéticos e nutricionais interagem necessita de mais investigação. [16-30]

1.4.FISIOPATOLOGIA

2. Teorias vasculares e neurogénicas

A causa da enxaqueca ainda não é completamente compreendida. Historicamente, foram propostas duas teorias independentes, a teoria vascular e a teoria neuronal, para explicar a etiologia da enxaqueca. A teoria vascular foi introduzida por Thomas Willis, que reconheceu que "toda a dor é uma ação violada" e argumentou que a dor da cefaleia é causada pela vasodilatação das artérias cerebrais e meníngeas. A teoria neurogénica alternativa centra-se na causa da dor da enxaqueca e está atualmente ligada à ativação do sistema trigeminovascular[31-41].

3. Depressão de propagação cortical

A teoria alternativa e amplamente aceite sugere que a depressão alastrante cortical (DAC), uma onda de hiperatividade neuronal seguida de uma área de depressão cortical, é responsável pela aura e que a cefaleia depende da ativação da via trigeminovascular da dor. Na enxaqueca crónica (CM), o processamento atípico da dor, a sensibilização central e periférica, a hiperexcitabilidade cortical e a inflamação neurogénica têm um papel a desempenhar. Pensa-se que a hiperexcitabilidade cortical é outro fator importante que participa na transformação da EM em CM. [42]

1.5.HIPEREXCITABILIDADE CORTICAL NA ENXAQUECA

Tal como acontece com muitas doenças episódicas, o fator desencadeante das crises de enxaqueca não foi identificado com precisão. Sabe-se que muitos factores clínicos, como a alimentação, as alterações do sono e o stress, predispõem os indivíduos para as crises. É particularmente intrigante o facto de a estimulação fótica poder desencadear tanto crises de enxaqueca como crises epilépticas. Não se sabe como é que estes factores desencadeiam uma crise de enxaqueca. No entanto, há provas de uma maior reatividade cortical a diversos estímulos em pessoas com enxaqueca. As técnicas que têm sido utilizadas para gerar esta evidência incluem estudos psicofísicos; potenciais evocados visuais, auditivos e somato-sensoriais; magnetoencefalografia; e estimulação magnética transcraniana do córtex motor. Em todos os casos, há provas de uma maior reatividade entre as crises de enxaqueca. Os resultados da estimulação magnética transcraniana do córtex occipital (visual) foram particularmente convincentes. A maioria dos estudos, mas não todos, observou que os enxaquecosos têm um limiar reduzido para a indução de fosfenos (a experiência da luz com estimulação não luminosa) em comparação com os controlos. Este fenómeno parece estar igualmente presente em indivíduos que sofrem de enxaquecas com e sem aura. Assim, um limiar patologicamente baixo para a ativação da hiperexcitabilidade cortical pode caraterizar a enxaqueca. [43]

1.6.GATILHO DA ENXAQUECA

Mollaoglu M, 2012, realizou um estudo que mostra que os factores desencadeantes mais comuns foram o stress emocional (79%), as perturbações do sono (64%) e os factores alimentares (44%). [8] O sono e o stress foram factores desencadeantes significativos em doentes com enxaqueca com aura, ao passo que os factores ambientais foram factores desencadeantes importantes em doentes com enxaqueca sem aura. O stress, o sono e os factores ambientais foram factores desencadeantes importantes nas mulheres e diferiram significativamente dos homens. Os factores desencadeantes são frequentes nos doentes com enxaqueca, e evitar esses factores pode resultar num melhor controlo da doença[44]

1.7.CARACTERÍSTICAS CLÍNICAS

As mulheres têm um risco de 18% de ter uma enxaqueca, em comparação com 6% de hipóteses nos homens. A maior prevalência nas mulheres é normalmente atribuída às flutuações hormonais, especialmente ao estrogénio. As enxaquecas começam normalmente durante a puberdade ou entre os 35 e os 45 anos de idade. A enxaqueca tem dois subtipos principais: Enxaqueca com aura, que se caracteriza principalmente pelos sintomas neurológicos focais transitórios que normalmente precedem ou por vezes acompanham a dor de cabeça. Alguns doentes também apresentam uma fase premonitória, que ocorre horas ou dias antes da dor de cabeça, e uma fase de resolução da dor de cabeça. Os sintomas premonitórios e de resolução incluem hiperatividade, hipoactividade e depressão, desejos por determinados alimentos, bocejos repetitivos, fadiga e rigidez e/ou dor no pescoço. A enxaqueca sem aura é uma síndrome clínica caracterizada por uma cefaleia com caraterísticas específicas e sintomas associados, tais como localização unilateral, qualidade pulsátil, intensidade da dor moderada ou grave, agravamento ou evitamento da atividade física de rotina, podendo ocorrer náuseas e/ou vómitos ou fotofobia e fonofobia durante a cefaleia. [45]

1.8.DIAGNÓSTICO

O diagnóstico de enxaqueca pode ser efectuado através da anamnese. As alternativas são excluídas com a ajuda de testes ortopédicos, exame do nervo craniano, hemograma completo, análise de urina e ressonância magnética craniana, se necessário.

A Classificação Internacional das Perturbações de Cefaleias define a enxaqueca de acordo com os seguintes critérios [46]

A. Pelo menos cinco ataques 1 que preencham os critérios B-D

B. Ataques de dor de cabeça com duração de 4-72 horas (não tratados ou tratados sem sucesso)

C. A dor de cabeça apresenta pelo menos duas das quatro caraterísticas seguintes:

- Localização unilateral
- Qualidade pulsante
- Intensidade da dor moderada ou grave
- Agravamento ou evitamento da atividade física de rotina (por exemplo, andar ou subir

escadas)

D. Durante a dor de cabeça, pelo menos uma das seguintes situações:

- Náuseas e/ou vómitos
- fotofobia e fonofobia

E. Não é melhor explicado por outro diagnóstico ICHD-3.

1.9. TRATAMENTO

Tratamento não farmacológico A enxaqueca é o tipo mais comum de cefaleia que leva os doentes a consultar um médico. Para a maioria dos doentes, deve ser utilizada uma combinação de intervenções não farmacológicas e farmacológicas para controlar a perturbação da dor de cabeça. Muitas das terapêuticas não farmacológicas baseiam-se no conceito teórico de que a enxaqueca resulta de uma instabilidade neuroquímica no cérebro. Estas abordagens, que são frequentemente "bio-comportamentais", podem ser complementares ou adjuvantes do tratamento farmacológico ou podem constituir uma alternativa a este. William EA. et al desenvolveram diretrizes para a gestão não farmacológica da enxaqueca na prática clínica, que incluem a aplicação de frio ou pressão na cabeça, a redução da atividade e da entrada sensorial num ambiente calmo ou escuro e tentativas de dormir, sendo complementadas pela utilização de terapias farmacológicas quando não são adequadas isoladamente. A terapia de relaxamento, a hipnose, a estimulação eléctrica transcutânea, a acupunctura e o bloqueio do nervo occipital ou supraorbital também têm sido utilizados na situação aguda e são considerados. Outro tratamento específico inclui medidas bio-comportamentais que incluem Biofeedback, terapia de relaxamento, terapia cognitivo-comportamental, psicoterapia, hipnose e medidas físicas como quiroprática, osteopatia e fisioterapia. Um relato de caso efectuado por Brette R. et al. recomendou mudanças na dieta e no estilo de vida para o tratamento da enxaqueca[47-56].

1.10. Nanoemulsões

As nanoemulsões são um sistema de partículas coloidais na gama de tamanhos submicrónicos que actuam como transportadores de moléculas de fármacos. O seu tamanho varia entre 10 e 1.000 nm. Estes transportadores são esferas sólidas e a sua superfície é amorfa e lipofílica com uma carga negativa. As nanopartículas magnéticas podem ser utilizadas para aumentar a especificidade local. Como sistema de administração de medicamentos, aumentam a eficácia terapêutica do medicamento e minimizam os efeitos adversos e as reacções tóxicas. As principais aplicações incluem o tratamento da infeção do sistema reticuloendotelial (RES), a terapia de substituição enzimática no fígado, o tratamento do cancro e a vacinação. Uma emulsão é um sistema bifásico em que uma fase está intimamente dispersa na outra fase sob a forma de gotículas minúsculas com um diâmetro que varia entre 0,1 e 100 lm. Trata-se de um sistema termodinamicamente instável, que pode ser estabilizado pela presença de um agente emulsionante (emulgente ou emulsionante). A fase dispersa é também conhecida como fase interna ou fase descontínua, enquanto a fase externa é denominada meio de dispersão, fase externa ou fase contínua. O agente emulsionante é também conhecido como fase intermédia ou inter-fase. O termo "nanoemulsão" também se refere a uma mini-emulsão que é uma fina dispersão óleo/água ou água/óleo estabilizada por uma película interfacial de moléculas de tensioativo com um tamanho de gotícula entre 20 e 600 nm. Devido ao seu pequeno tamanho, as nanoemulsões são transparentes. Existem três tipos de nanoemulsão que podem ser formados

- Nanoemulsão de óleo em água na qual o óleo está disperso na fase aquosa contínua,
- Nanoemulsão de água em óleo em que as gotículas de água estão dispersas numa fase oleosa contínua, e
- Nanoemulsões bi-contínuas

1.11. Técnicas de preparação de nanoemulsões

As nanoemulsões têm uma gama de tamanhos de partículas muito pequena; podem ser produzidas de forma mais eficaz utilizando equipamento de alta pressão. Os métodos mais utilizados para a produção de nanoemulsões são a homogeneização a alta pressão e a microfluidização, utilizados tanto à escala laboratorial como industrial. Outros métodos como. A ultra-sonificação e a emulsificação in situ também são adequados para a preparação de nanoemulsões[57].

1. Homogeneização a alta pressão

A preparação de nanoemulsões requer homogeneização a alta pressão. Esta técnica utiliza um homogeneizador de alta pressão/ homogeneizador de pistão para produzir nanoemulsões de tamanho de partícula extremamente baixo (até 1nm). A dispersão de dois líquidos (fase oleosa e fase aquosa) é conseguida forçando a sua mistura através de um pequeno orifício de entrada a uma pressão muito elevada (500 a 5000 psi), o que submete o produto a uma turbulência intensa e a um cisalhamento hidráulico que resulta em partículas extremamente finas de emulsão. Esta técnica tem uma grande eficiência, sendo a única desvantagem o elevado consumo de energia e o aumento da temperatura da emulsão durante o processamento. Para obter a formulação optimizada, devem ser investigadas as seguintes variáveis do processo:

Efeito da pressão de homogeneização: É optimizado o parâmetro de processo que varia entre 100 e 150 bar. Quanto maior for o tamanho, menor será o tamanho da partícula obtida, por exemplo, RMRP

1.12. N.º de ciclos de homogeneização:

Quanto maior for o número de ciclos de homogeneização, menor será o tamanho das partículas obtidas. Os ciclos são efectuados em 3, 4 ou 10 ciclos. O número de ciclos é analisado pelo índice de polidisparidade do fármaco após cada ciclo[57].

Vantagens

- Facilidade de aumento de escala e pouca variação de lote para lote.
- Distribuição estreita do tamanho do medicamento nanoparticulado.
- Flexibilidade no tratamento da qualidade dos medicamentos.
- Utilizado eficazmente para substâncias termolábeis.

1.13. Componentes da nanoemulsão

Os principais componentes da nanoemulsão são o óleo, os agentes emulsionantes e as fases aquosas. Os óleos podem ser de qualquer tipo, como óleo de rícino, óleo de milho, óleo de coco, óleo de onagra, óleo de linhaça, óleo mineral, azeite, óleo de amendoim, etc. Uma mistura de óleo e água pode dar origem a uma emulsão temporária bruta que, ao repousar, se separará em duas fases distintas devido à coalescência dos glóbulos dispersos. Os emulgentes ou agentes emulsionantes podem conferir estabilidade a estes sistemas. Os emulgentes são geralmente classificados como tensioactivos como os spans e os tweens, colóides hidrofílicos como a acácia e sólidos finamente divididos, por exemplo, bentonite e veegum. Um emulgente, para além das suas propriedades emulsionantes, deve ser não tóxico e o seu sabor, odor e estabilidade química devem ser compatíveis com o produto. Algumas das propriedades desejáveis de um emulgente são: (1) deve ser capaz de reduzir a tensão superficial para menos de 10 dynes/cm, (2) deve ser adsorvido rapidamente em torno do glóbulo da fase dispersa para formar uma película completa e coerente para evitar a coalescência, (3) deve ajudar a criar um potencial zeta e uma viscosidade adequados no sistema, de modo a conferir uma estabilidade óptima, e (4) deve ser eficaz numa concentração bastante baixa. Os emulgentes formam películas monomoleculares, multimoleculares ou particuladas em torno dos glóbulos dispersos[65].

1.14. Caracterização da nanoemulsão [66-80]

As qualidades e o desempenho únicos das nanopartículas como dispositivos de administração de medicamentos resultam diretamente das suas propriedades físico-químicas. Por conseguinte, é importante compreendê-las e determiná-las para caraterizar o seu comportamento. Uma boa compreensão permite a previsão do desempenho in vivo, bem como permite que o design de partículas, o desenvolvimento de formulações e a resolução de problemas do processo sejam realizados de forma racional (Haskell, 2012). Incluirá caraterísticas como o ensaio de estabilidade termodinâmica. (Shinha e Ganesh, 2015; Tadros, 2004; Guglielmini, 2008; Tadros, 1982) Medição da transmitância da estabilidade da diluição, distribuição do tamanho do glóbulo. Potencial zeta e ensaio. Para além da avaliação in vitro, deve ser avaliado o pH, a condutividade, o índice de refração, etc. (Pershing et al., 1993).

Para caraterizar a nanoemulsão, devem ser efectuadas medições do tamanho das gotículas, da viscosidade, da densidade, da turbidez, do índice de refração, da separação de fases e do pH. A distribuição do tamanho das gotículas das vesículas da nanoemulsão pode ser determinada através da técnica de dispersão da luz ou da microscopia eletrónica. Esta técnica tem sido defendida como o melhor método para prever a estabilidade da nanoemulsão

Solubilização de corantes

Um corante solúvel em água é solubilizado na fase aquosa do glóbulo W/O, mas é dispersável no glóbulo O/W. Um corante solúvel em óleo é solubilizado na fase oleosa do glóbulo O/W, mas é dispersável no glóbulo W/O.

Teste de Diluibilidade

As nanoemulsões O/W são diluíveis com água, enquanto as W/O não o são e sofrem inversão de fase em nanoemulsão O/W.

Medição de condutância

As nanoemulsões O/W, em que a fase externa é a água, são altamente condutoras, enquanto as W/O não o são, uma vez que a água é a fase interna ou de dispersão. Para determinar a natureza da fase contínua e detetar fenómenos de inversão de fase, as medições da condutividade eléctrica são muito úteis. Foi observado um aumento acentuado da condutividade em certos sistemas de nanoemulsão W/O a fracções de volume baixas e esse comportamento foi interpretado como uma indicação de um "comportamento percolativo" ou de troca de iões entre gotículas antes da formação de estruturas bicontínuas. As medições dieléctricas são um meio poderoso de sondar as caraterísticas estruturais e dinâmicas dos sistemas de nanoemulsão

Medições dinâmicas de dispersão de luz

As medições DLS são efectuadas a 90° num espetrofotómetro de dispersão dinâmica da luz que utiliza um laser de néon de comprimento de onda de 632 nm. O processamento dos dados é efectuado no computador incorporado no instrumento.

Polidispersão

Os diâmetros médios e o índice de polidispersão das amostras foram medidos por Espectroscopia de Correlação de Fotões. As medições foram efectuadas a 25oC utilizando um laser He-Ne.

Análise de fase

Para determinar o tipo de nanoemulsão que se formou, o sistema de fases (O/W ou W/O) das nanoemulsões é determinado através da medição da condutividade eléctrica utilizando um condutivímetro.

Tensão Interfacial

A formação e as propriedades da nanoemulsão podem ser estudadas através da medição da tensão interfacial. Os valores ultra baixos da tensão interfacial estão correlacionados com o comportamento das fases, nomeadamente a existência de uma fase tensioactiva ou de nanoemulsões de fase intermédia em equilíbrio com as fases aquosa e oleosa. Para medir a tensão interfacial ultrabaixa, pode utilizar-se o aparelho Spinning-drop. As tensões interfaciais são obtidas a partir da medição da forma de uma gota da fase de baixa densidade, rodando-a num capilar cilíndrico cheio de fase de alta densidade.

Medição da viscosidade

Temperaturas utilizando o viscosímetro rotativo do tipo Brookfield. A sala de amostras do instrumento A viscosidade das nanoemulsões de várias composições pode ser medida a diferentes taxas de cisalhamento em diferentes deve ser mantida a 37±0,2°C por um banho térmico, e as amostras para a medição devem ser imersas nele antes do teste.

pH

O pH aparente da formulação foi medido com um medidor de pH.

Índice de refração

O índice de refração, n, de um meio é definido como a razão entre a velocidade, c, de uma onda como a luz ou o som num meio de referência e a velocidade de fase, vp, da onda no meio. n=c/vp; Foi determinado utilizando um refratómetro do tipo Abbes (Nirmal International) a 25±0,5°C.

Microscopia Eletrónica de Transmissão (TEM)

A morfologia e a estrutura da nanoemulsão foram estudadas utilizando microscopia eletrónica de transmissão. A combinação de imagens de campo claro com ampliação crescente e de modos de difração foi utilizada para revelar a forma e o tamanho das gotículas de nanoemulsão. As observações foram efectuadas quando uma gota da nanoemulsão foi diretamente depositada na grelha de película holey e observada após secagem.

Estudos de permeação cutânea in vitro

Os estudos de permeação cutânea in vitro foram efectuados utilizando a célula de difusão de Keshary Chien. Foi efectuado em peles abdominais obtidas de ratos machos com um peso de 250±10 g, com um banho de água circulante e 12 células de difusão. As peles foram colocadas entre as câmaras dadora e recetora das células de difusão vertical. As câmaras receptoras foram enchidas com água fresca contendo etanol a 20%. As câmaras receptoras foram reguladas a 37oC e a solução nas câmaras receptoras foi agitada continuamente a 300 rpm. As formulações foram colocadas na câmara doadora. Às 2, 4, 6, 8 h, foram retirados 0,5 ml da solução na câmara recetora para análise por GC e substituídos imediatamente por um volume igual de solução fresca. Cada amostra foi efectuada três vezes. Foram efectuadas as correcções cumulativas para obter as quantidades totais de fármacos permeados em cada intervalo de tempo. As quantidades cumulativas de fármaco permeadas através da pele de rato foram representadas num gráfico em função do tempo. As taxas de permeação do fármaco em estado estacionário através da pele de rato foram calculadas a partir do declive da porção linear da quantidade cumulativa permeada através da pele de rato por unidade de área em função do tempo.

1.16. ADMINISTRAÇÃO NASAL DE MEDICAMENTOS

A administração nasal de fármacos, que está no centro deste artigo de revisão, tem recebido uma atenção significativa nos últimos anos como uma via conveniente e fiável, não só para a administração local mas também para a administração sistémica de fármacos. [81-93]

Anatomia e fisiologia do nariz

O nariz é a principal entrada para o trato respiratório, permitindo a entrada de ar no corpo para a respiração. A cavidade nasal tem 120-140 mm de profundidade, vai do vestíbulo nasal à nasofaringe e é dividida em duas por uma parede cartilaginosa chamada septo nasal. O nariz tem uma área de superfície de cerca de 160 cm2 e um volume total de ~16-19 ml . O nariz é responsável pelo transporte de ar quente e humidificado para os pulmões. É o principal órgão de filtragem de partículas do ar inspirado e também proporciona uma defesa imunológica de primeira linha ao colocar o ar inspirado em contacto com a membrana revestida de muco. O nariz está dividido em três secções: vestibular, cornetos e olfactiva. A região vestibular é a zona mais estreita da cavidade nasal e situa-se na parte anterior do nariz.

As vibrissas cobrem a maior parte desta região, permitindo-lhe filtrar as partículas com um tamanho aerodinâmico superior a 10 m que podem ser engolidas com o ar. O revestimento superficial da zona vestibular transforma-se de pele em epitélio escamoso estratificado na metade inicial da passagem. A região dos cornetos do nariz é uma vasta área vascular que está separada em secções superior, média e inferior (Figura 1. É revestida por um epitélio colunar pseudoestratificado.

É constituído por células secretoras de muco, células ciliadas, células não ciliadas e células basais (Figura 2). As células ciliadas e não ciliadas são cobertas por microvilosidades não móveis, responsáveis pelo aumento da área de superfície e, por isso, é a região onde a absorção de medicamentos é melhor. As células ciliadas têm cerca de 100 cílios móveis que são importantes para o transporte do muco, pelo que a depuração mucociliar é predominante. Uma vez que o medicamento (como partículas ou em solução) atinge a região mucociliar, ele é removido da cavidade nasal e tem acesso restrito ao local de absorção.

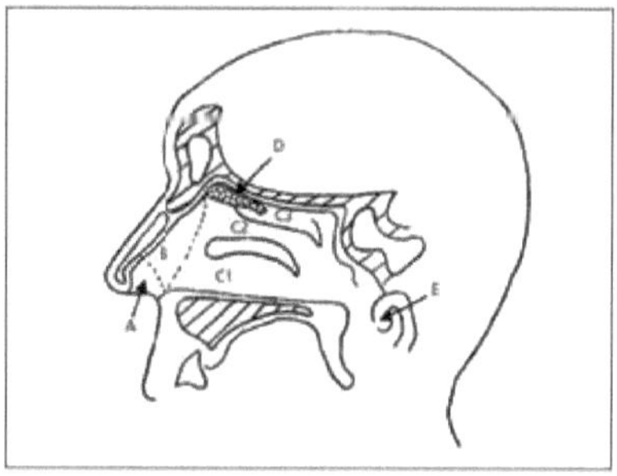

Figura 1.1. Corte sagital da cavidade nasal mostrando o vestíbulo nasal (A), o átrio (B), a área respiratória: corneto inferior (C1), corneto médio (C2) e o corneto superior (C3), a região olfactiva (D) e a nasofaringe (E)

A região olfactiva é um epitélio colunar pseudo-estratificado, não ciliado, que representa cerca de 8% da superfície total do epitélio nasal. É necessária para a administração de medicamentos ao cérebro e ao líquido cefalorraquidiano (LCR). As células epiteliais estão protegidas por uma camada de muco com 5 m de espessura que retém as partículas indesejáveis. A mucina, a água, os sais, as proteínas como a albumina, a imunoglobulina, a lisozima e a lactoferrina, e os lípidos constituem a secreção mucosa. O pH das secreções nasais varia entre 5,0 e 6,5.

Vantagens da via nasal de administração de medicamentos

1. A mucosa nasal tem uma permeabilidade mais elevada do que a epiderme ou a mucosa gastrointestinal.

Tecido subepitelial que é altamente vascularizado.

3. Absorção rápida, geralmente em meia hora.
4. Evitar o efeito de primeira passagem, que ocorre quando os medicamentos são absorvidos pelo trato gastrointestinal.
5. Evitar os sintomas de estase gástrica e de vómitos, como nas pessoas que sofrem de enxaquecas.
6. Facilidade de administração para as pessoas que estão habituadas a utilizar gotas e sprays nasais.
7. Maior biodisponibilidade do medicamento do que a via gástrica ou pulmonar.
8. A forma mais prática de administração de péptidos[95-97].

Desvantagens da via nasal de administração de medicamentos

1. A administração nasal de medicamentos, por outro lado, está confinada a quantidades extremamente pequenas (25-200 L), o que a torna adequada apenas para medicamentos potentes com elevada solubilidade em água.
2. Para ser absorvido, o componente ativo deve ter um peso molecular de 1 kDa.
3. A via de administração nasal não é adequada para medicamentos que sejam irritantes ou prejudiciais para a mucosa nasal
4. As doenças e perturbações nasais podem levar a uma má absorção.
5. Devido à estreita região disponível para absorção, a dose é limitada.
6. Devido à presença de muco que cobre a mucosa e que é continuamente movimentado pelos cílios das células epiteliais, os compostos que atingem o epitélio nasal raramente adquirem longos períodos de contacto com a superfície das células.

7. Pouco se sabe sobre o efeito da constipação comum na administração transnasal de medicamentos, e é provável que a injeção de um medicamento num nariz entupido ou num nariz com rinorreia aquosa excessiva faça com que o medicamento seja expelido do nariz.
8. A via de administração nasal não é adequada para todos os medicamentos. Os medicamentos polares e certas macromoléculas são pouco absorvidos na cavidade nasal devido à permeabilidade limitada da membrana, à depuração rápida e à destruição enzimática.
9. Embora seja pouco provável que a utilização pouco frequente prejudique o epitélio e/ou os cílios, a utilização crónica pode causar problemas de toxicidade mais significativos, acabando por danificar os cílios e comprometer as defesas do organismo [99-100]

Referências:

1. Shinoda K, Lindman B. Sistemas de surfactantes organizados: Microemulsões. Langmuir, 1987;3: 135-149.
2. Diat O, Roux D e Nallet F. Effect of shear on lyotropic lamellar phase. J Physique II, 1993; 3: 1427-1452.
3. Thakur N, Garg G, Sharma P K, Kumar Nitin. Nanoemulsões: A Review on VariousPharmaceutical Applications. Global Journal of Pharmacology, 2012; 6(3): 222-225.
4. Devarajan V, Ravichandran V. Nanoemulsions as modified drug delivery tool. PharmacieGlobale (IJCP), 2011; 2(4): 1-6.
5. Pranita S e Amrita B. Nanoemulsões - uma revisão. IJRPC., 2016; 6(2): 312-322.
6. Gordon EM, et al. Primeira experiência clínica utilizando um vetor retroviral injetável "patotrópico" (Rexin-G) como intervenção para o cancro do pâncreas em fase IV. Int J Oncol, 2004; 24: 177-185.
7. Nicolas ATF, Vandamme T. Nano-emulsões e Microemulsões: Esclarecimentos sobre as diferenças críticas. Expert Review, 2010; 28: 978-985.
8. Trotta M. Influence of phase transformation on indomethacin release from microemulsions (Influência da transformação de fase na libertação de indometacina de microemulsões). J Control Release, 1999; 60: 399-405.
9. Bouchemal K, Briancon S, Fessi H, Perrier E. Formulação de nano-emulsões utilizando emulsificação espontânea: otimização de solventes, óleos e tensioactivos. Int J Pharmaceutics, 2004; 280: 242.
10. Shah P, Bhalodia D1, Shelat P. Nanoemulsion-A Pharmaceutical Review. Sys Rev Pharm., 1(1): 2010.
11. Sarker A, Shimu I J, Tuhin M R H, Raju A A. Nanoemulsão: Um excelente modo de entrega de medicamentos pouco solúveis através de diferentes vias. Journal of Chemical and Pharmaceutical Research, 201; 7(12): 966-976.
12. Sukanya G, Subhrajit M, Shirin A. Revisão sobre Nanoemulsões. IJIPSR., 2013; 1(2): 192-205.
13. Gasco MR, Gallarate M, Pattarino F. Permeação in vitro do ácido azelaico a partir de microemulsões viscosizadas. Int J Pharm., 1991; 69: 193-196.
14. Kriwet K, Muller-Goymann C. Libertação de diclofenac a partir de sistemas de fármacos fosfolípidos
e permeação através do estrato córneo humano excisado. Int J Pharm, 1995; 125: 231-242.

15. Trotta M. Influence of phase transformation on indomethacin release from microemulsions (Influência da transformação de fase na libertação de indometacina de microemulsões). J Control Release, 1999, 60. 399-403.
16. Jumaa M, Mueller B.W. Formulação e estabilidade de benzodiazepinas numa nova formulação de emulsão lipídica. Pharmazie, 2002; 57: 740-743.
17. Anderson BD. Factores químicos e relacionados que controlam a solubilidade dos lípidos. BT Gattefosse, 1999; 92: 11-8.
18. Jaiswal M, Dudhe R, Sharma P K. Nanoemulsão: um modo avançado de sistema de administração de medicamentos. Biotech, 2015; 5: 123-127.
19. Carey M C, Small D M, Bliss C M. Lipid digestion and absorption. Ann. Rev. Physio, 1983; 45: 651-77.
20. Attwood D, Mallon C, Taylor C J. Estudo de fase em microemulsão de óleo em água. Int. J. Pharm., 1992; 84: R5-R8.
21. Aboofazeli R, Lawrence C B, Wicks S R, Lawrence M J. Investigações sobre a formação e caraterização de microemulsões de fosfolípidos. III. Diagramas de fase pseudo-ternários de sistemas que contêm água, lecitina, miristato de isopropilo e um ácido alcanóico, amina, alcanodiol, éter alquílico de polietilenoglicol ou álcool como co-surfactante. Int. J. Pharm., 1994; 111: 63-72.
22. Angelo M D, Fioretto D, Onori G, Palmieri L, Santucvelocity A. A. Dinâmica de micelas reversas de bis (2-etil-hex-il) sulfosuccinato de sódio (AOT) contendo água: um estudo dielétrico de alta frequência. Phys. Rev. E., 1996; 54: 993-996.
23. Date A.A, Nagarsenker S. Parenteral microemulsions: an overview. Int. J. Pharm., 2008; 355: 19-30.
24. Tiwari SB, Amiji MM. Nanoemulsion formulations for tumortargeted delivery. Nanotech Cancer Therapy. Taylor and Francis Group Editors, 2006; 723-739.
25. Perdiguer AC, Dachs FJG, Carreras N, Valdivia. Nanoemulsão do tipo óleo-água, útil como veículo oftálmico e processo para a sua preparação: Laboratorios Cusi, S.A. (Barcelona, ES), 1997.
26. Ahuja A, Ali J, Baboota S, Faisal MS, Shakeell F, Shafiq S. Avaliação da estabilidade da nanoemulsão de Celecoxib contendo Tween 80. Thai J Pharm Sci., 2008; 32: 4-9.
27. Hadgraft, J. Skin: the final frontier. Int J Pharm., 2001; 224: 1-18.
28. El-Aasser MS, Lack CD, Vanderhoff JW, Fowkes FM. Processo de miniemulsificação - forma diferente de emulsificação espontânea. Coll Surf, 1086; 29: 103-118.
29. Tanojo H, Junginger HE, Boddë HE. Aumento da permeabilidade da pele humana in vivo pelo ácido oleico: perda de água transepidérmica e estudos de espetroscopia de infravermelho com transformada de Fourier. J Control Release., 1997; 47: 31-39.
30. Anton N, Benoit JP, Saulnier P. Conceção e produção de nanopartículas formuladas a partir de modelos de nano-emulsão - uma revisão. J Control Release, 2008; 128: 185-199.
31. Walstra P, Becher P. Encyclopedia of Emulsion Technology, Nova Iorque; Marcel Dekke, 1996; 1-62.
32. Kim YH, Ghanem AH, Mahmoud H, Higuchi WI. Alcanóis de cadeia curta como potenciadores do transporte de permeantes lipofílicos e polares/iónicos na pele de ratos sem pêlos: mecanismo(s) de ação. Int J Pharm, 1992; 80: 17-31.
33. Charcosset C. Preparação de emulsões e partículas por emulsificação com membrana para a indústria alimentar. Journal of Food Engineering, 2013; 115: 443-451.

34. Hancocks R D, Spyropoulos F, Norton I T. Comparações entre membranas para utilização na emulsificação por membrana de fluxo cruzado. Journal of Food Engineering, 2013; 116: 382-389.

35. Fernandez P, Andre V, Rieger J, Kuhnle A. Nanoemulsion formation by emulsion phase inversion. Colloids and Surfaces: A Physicochemical and Engineering Aspects, 2004; 251(1-3): 53-58.

36. Hessien M, Singh N, Kim C, Prouzet E. Estabilidade e sintonização de nanoemulsões o/w preparadas por composição de inversão de fase. Langmuir., 2011; 27(6): 2299-2307.

37. Gutierrez J M, Gonzalez C, Maestro A, Sole I, Pey C M, Nolla J. Nanoemulsões: Novas aplicações e otimização da sua preparação. Opinião atual em Colloid & Amp. Interface Science, 2008; 13(4): 245-251.

38. Solans C, Izquierdo P, Nolla J, Azemar N, Garcia-Celma M J.Nanoemulsões. Curr Opin Coll Interface Sci., 2005; 10: 102-110.

39. Devarajan V, Ravichandran V. Nanoemulsões: As Modified Drug Delivery Tool. Revista Internacional de Farmácia Integral, 2011; 4(01): 1-6.

40. Israelachvili J N, Mitchell D J, Ninham B W. Theory of self assembly of hydrocarbon ambhiphiles into micelles and bilayers. Journal Of Chemical SocietyFaraday Transactions li., 1976; 72: 1525-1568.

41. Amiji M M, Tiwari S B. Nanoemulsion formulations for tumor-targeted delivery. Nanotechnology for cancer therapy, 2006; 3: 723-39.

42. Meor Mohd Affandi M M R, Julianto T, Majeed A B A. Desenvolvimento e avaliação da estabilidade da nanoemulsão de astaxantina. Jornal Asiático de Investigação Farmacêutica e Química, 2011; 4: 142-148.

43. Tadros TF. Formação e estabilidade de nanoemulsões. Adv Colloid Interface Sci., 2004; 108: 303-318.

44. Hanaor D A H, Michelazzi M, Leonelli C, Sorrell C C. Journal of the European Ceramic Society, 2012; 32(1): 235-244.

45. Greenwood R, Kendall K. Seleção de dispersantes adequados para suspensões aquosas de pós de zircónia e titânia utilizando a acustoforese. Journal of the European Ceramic Society, 1999; 19(4): 479-488.

46. Chen H, Du D, Mao CMD, Wan J, Xu H, Yang X. Sistema de nanoemulsão espessada com hidrogel para administração tópica de fármacos lipofílicos. Int J Pharm., 2008; 353: 272.

47. Sharma SN, Jain NK. A text book of professional pharmacy. 1st ed., Vallabh Prakashan, 1985; 201.

48. Kemken J, Ziegler A, Muller BW. Influência da supersaturação no efeito farmacodinâmico do bupranolol após administração dérmica utilizando microemulsões como veículo. Pharm Res., 1992; 9: 554-558.

49. Kreilgaard M, Kemme M J B, Burggraaf J, Schoemaker R C, Cohen A F. Influence of a microemulsion vehicle on cutaneous bioequivalence of a lipophilic model drug assessed by microdialysis and pharmacodynamics. Pharm Res., 2001; 18: 593-599.

50. Subhashis D, Satayanarayana J, Gampa VK. Nanoemulsão - um método para melhorar a solubilidade de fármacos lipofílicos. PHARMANEST- Int. J. Adv. Pharm Sci,. 2011; 2(2-3): 72-83.

51. Charles L, Attama AA. Estado atual das nanoemulsões na administração de medicamentos. J. Biomat. Nanobiotech, 2011; 2: 626-639.

52. Kadappan AS, Guo C, Gumus CE, Bessey A, Wood RJ, McClements DJ, Liu Z. The Efficacy of Nanoemulsion-Based Delivery to Improve Vitamin D Absorption: Comparação de estudos in vitro e in vivo. Mol Nutr Food Res., 2017; 12: 21.
53. Tripathi CB, Gupta N, Kumar P, Singh AK, Raj V, Parashar P, Singh M, Kanoujia J, Arya M, Saraf SA, Saha S. w-3 Fatty Acid Synergized Novel Nanoemulsifying Systemfor Rosuvastatin Delivery: Avaliação In Vitro e In Vivo. AAPS Pharm Sci Tech., 2017; doi: 10.1208 / s12249-017-0933-8.
54. Hancocks R D, Spyropoulos F, Norton I T. Comparações entre membranas para utilização na emulsificação por membrana de fluxo cruzado. Journal of Food Engineering, 2013; 116: 382-389.
55. Osanloo M, Sereshti H, Sedaghat MM, Amani A. Nanoemulsão de óleo essencial de endro como um larvicida verde e potente contra Anopheles stephensi. Environ Sci Pollut Res Int., 2017;doi: 10.1007/s11356-017-0822-4.
56. Liao W, Liu Z, Zhang T, Sun S, Ye J, Li Z, Mao L, Ren J. Melhoria das propriedades anti-inflamatórias da nobiletina em macrófagos por uma preparação de nano-emulsão. J Agric Food Chem., 2017; doi: 10.1021/acs.jafc.7b03953.
57. Ali, Le Potier I, Huang N, Rosilio V, Cheron M, Faivre V, Turbica I, Agnely F, Mekhloufi G. Efeito da homogeneização a alta pressão na estrutura e nas propriedades interfaciais e emulsionantes da в-lactoglobulina. Int J Pharm., 2017; 12(12): 111-121.
58. Yang M, Gu Y, Yang D, Tang X, Liu J. Desenvolvimento de géis de triptolida-nanoemulsão para administração percutânea: caraterísticas físico-químicas, de transporte, farmacocinéticas e farmacodinâmicas. J Nanobiotechnology., 2017; 415(1): 88.
59. Mahboobian M M, Seyfoddin A, Rupenthal I D, Aboofazeli R, Foroutan S M. Desenvolvimento de Formulação e Avaliação da Eficácia Terapêutica de Nanoemulsões Contendo Brinzolamida. Irão J Pharm Res., 2017; 16(3): 847-857.
60. Vermelho A B, da Silva Cardoso V, Ricci Junior E, Dos Santos E P, Supuran C T. Nanoemulsões de inibidores de anidrase carbônica sulfonamida inibem fortemente o crescimento de Trypanosoma cruzi. J Enzyme Inhib Med Chem, 2017; 33(1): 139-146.
61. Chen L, Chen B, Deng L, Gao B, Zhang Y, Wu C, Yu N, Zhou Q, Yao J, Chen J. Uma nanoemulsão lipídica de formulação de dois frascos otimizada de paclitaxel para entrega direcionada ao tumor. Int J Pharm., 2017; 20, 534 (1-2): 308-315.
62. Wu L, Bi Y, Wu H. Otimização da formulação e os mecanismos de absorção da nanoemulsão na melhoria da exposição oral da baicalina. Drug Dev Ind Pharm., 2018; 44(2): 266-275.
63. Shah P, Bhalodia D, Shelat P. Nanoemulsão: Uma revisão farmacêutica. Syst Rev Pharm, 2010; 1: 24
64. Verma M, Singh SK, Bhushan S, SharmaVK, DattP, et al., (2008) Potencial citotóxico in vitro da Polyalthia longifolia em linhas celulares de cancro humano e indução de apoptose através da via dependente da mitocôndria em células HL-60. Chem Biol Interact. 171(1): 45-56.
65. Shi M, Cai Q, Yao L, Mao Y, Ming Y, et al., (2006) Antiproliferação e apoptose induzidas pela curcumina em células de cancro do ovário humano. Cell Biol Int. 30(3): 221-6.
66. Hartwell JL (1971) Plantas utilizadas contra o cancro - Um estudo. Lloydia. 34(4): 204-55.
67. Newman DJ, Cragg GM, Snader KM (2003) Natural products as sources of new drugs

over the period 1981-2002. J Nat Prod. 66(7): 1022-37.
68. Cragg GM, Schepartz SA, Suffness M, Grever MG (1993) The taxol supply crisis. New NCI policies for handling the large scale production of novel natural product anticancer and anti-HIV agents. J Nat Prod. 56(10): 1657-68.
69. Hande KR (1998) Etopside: quatro décadas de desenvolvimento de um inibidor da topoisomerase II. Eur J Cancer. 34(10): 1514-21.
70. Chabner BA, Lango DL (2001) Inibidores da Topoisomerase II: as epipodofilotoxinas, o m-AMSA e os derivados da elipticina. Cancer Chemotheraphy and Biotherapy: Principles and Practice. 3rd (Edn), Lippoincott Williams and Wilkins, Philadelphia.
71. Wani MC, Taylor WHC, Coggon ME, Phail MC (1971) Agentes antitumorais vegetais. O isolamento e a estrutura do taxol, um novo agente antileucémico e antitumoral de Taxus brevifolia .J Am Chem Soc. 93(9): 2325-7.
72. Schiff PB, Fant J, Horwitz SB (1979) Promotion of microtubule assembly in vitro by taxol. Nature. 277(5698): 665-7.
73. Horwitz SB (2004) Personal recollections on the early development of taxol. J Nat Prod. 67(2): 136-8.
74. Moudi M, Go R, Yien CSK, Nazre M (2013) Vinca Alkaloids. Int J Prev Med. 4(11): 1231-5.
75. Nahata A (2013) Ganoderma lucidum: Um cogumelo medicinal potente com inúmeros benefícios para a saúde. Pharmaceut Anal Ata. 4: e159.
76. Gao JJ, Nakamura N, Min BS, Hirakawa A, Zuo F, et al., (2004) Determinação quantitativa de princípios amargos em espécimes de Ganoderma lucidum utilizando cromatografia líquida de alto desempenho e sua aplicação à avaliação de produtos Ganoderma. Chem Pharm Bull. 52(6): 688-95.
77. Nahata A, Saxena A, Suri N, Saxena AK, Dixit VK (2013) Sphaeranthus indicus induz apoptose através da via dependente de mitocôndrias em células HL-60 e exerce potencial citotóxico em várias linhas celulares de cancro humano. Integr Cancer Ther. 12(3): 236-47.
78. Chi HJK, Amalini CJ, Karen SB, Marcus PG, Lynnette RF (2013) Actividades anticancerígenas de Ganoderma lucidum: ingredientes activos e vias. Funct Food Health Dis. 3(2): 48-65.
79. Nahata A, Dixit VK (2012) Ganoderma lucidum é um inibidor da hiperplasia prostática induzida pela testosterona em ratos. Andrologia. 44(1): 160-74.
80. Nahata A, Dixit VK (2011) Sphaeranthus indicus atenua a hipertrofia prostática induzida pela testosterona em ratos albinos. Phytother Res. 25(12): 1839-48.
81. Nahata A, Dixit VK (2012) Efeitos benéficos da urtiga (Urtica dioica) na hiperplasia prostática induzida pela testosterona em ratos. Andrologia. 44(1): 396-409.
82. Cheung CSF, Chung KKW, Lui JC, Lau CP, Hon PM, et al., (2007) Leachianone A como potencial medicamento anti-cancro por indução de apoptose em células HepG2 de hepatoma humano. Cancer Lett. 253(2): 224-35.
83. Shah P, Bhalodia D, Shelat P. Nanoemulsão: Uma revisão farmacêutica. Syst Rev Pharm, 2010; 1: 24
84. Verma M, Singh SK, Bhushan S, SharmaVK, DattP, et al., (2008) Potencial citotóxico in vitro da Polyalthia longifolia em linhas celulares de cancro humano e indução de apoptose através da via dependente da mitocôndria em células HL-60. Chem

Biol Interact. 171(1): 45-56.

85. 'Lanksy EP, Robert AN (2007) Punica granatum (romã) e o seu potencial para a prevenção e tratamento da inflamação e do cancro. J Ethnopharmacol. 109(2): 177-206.

86. Pisha E, Chai H, Lee IS, Chagwedera TE, Farnsworth NR, et al., (1995) Descoberta do ácido betulínico como inibidor seletivo do melanoma humano que funciona por indução de apoptose. Nat Med. 1(10): 1046-51.

87. Yasmin H, Mazumdar T, Mittal P, Chakravarty AK (1998) Ativação de linfócitos mediada pela curcuma e indução de apoptose de células tumorais. J Immunol Cell Biol. 16(5): 221-32.

88. \Gupta NK, Nahata A, Dixit VK (2010) Desenvolvimento de um método espectrofluorimétrico para a determinação de curcumina. Asian J Traditional Med. 5(1): 12-8.

89. Kavimani S, Manisenthilkumar KT, Ilango R, Krishnamoorthy G (1999) Efeito do extrato metanólico de Glinus lotoides no linfoma ascítico de Dalton. Biol Pharm Bull. 22(11): 1251-2.

90. Kumar A, Sridevi K, Kumar NV, Nanduri S, Rajagopal S (2002) Hypericin in cancer treatment: more light on the way. Int J Biochem Cell Biol. 34(3): 221-41.

91. Masuda Y, Nishida A, Huri K, Hirabayashi T, Kajimoto S, et al., (2003) B-Hydroxyisovalerylshikonin (HIVS) induces apoptosis in human leukemia cells by inhibiting the activity of a Polo-like kinase 1(PLK-1). Oncogene. 22(7): 1012-23.

92. Ming SC, Syu Wan Jr, Jaw DM, Jin LJ, Hee LG (2003) Lactonas sesquiterpénicas citotóxicas da raiz de Saussurea lappa. J Nat Prod. 66(9): 1175-80.

93. Wang X, Yuan S, Wang J, Lin P, Liu G, et al., (2006) Anticancer activity of litchi fruit pericarp extract against human breast cancer in vitro and in vivo. Toxicol Appl Pharmacol. 215(2): 168-78.

94. Singh SK, Shanmugavel M, Kampasi H, Singh R, Mondhe DM, et al., (2007) Isolados quimicamente normalizados de Cedrus deodara Stem Wood com atividade anticancerígena. Planta Med. 73(6): 519-26.

95. Kwak CS, Moon SC, Lee MS (2006) Efeitos antioxidantes, antimutagénicos e antitumorais das agulhas de pinheiro (Pinus densiflora). Nutr Cancer. 56(2): 162-71.

96. Widodo N, Kaur K, Shrestha BG, Takagi Y, Ishii T, et al., (2007) Morte selectiva de células cancerígenas pelo extrato de folhas de Ashwagandha: identificação de um fator inibidor de tumores e os primeiros conhecimentos moleculares sobre o seu efeito. Clin Cancer Res. 13(7): 2298-
306.

97. Sharma M, Agrawal SK, Sharma PR, ChadhaBS, KhoslaMK, et al., (2010) Atividade citotóxica e apoptótica do óleo essencial de Ocimum viride em células COLO 205. Food Chem Toxicol. 48(1): 336-44.

98. Ali, Le Potier I, Huang N, Rosilio V, Cheron M, Faivre V, Turbica I, Agnely F, Mekhloufi G. Efeito da homogeneização a alta pressão na estrutura e nas propriedades interfaciais e emulsionantes da B-lactoglobulina. Int J Pharm., 2017; 12(12): 111-121.

99. Yang M, Gu Y, Yang D, Tang X, Liu J. Desenvolvimento de géis de triptolida-nanoemulsão para administração percutânea: caraterísticas físico-químicas, de transporte, farmacocinéticas e farmacodinâmicas. J Nanobiotechnology., 2017; 415(1): 88.

100. Tanojo H, Junginger HE, Boddë HE. Aumento da permeabilidade da pele humana in vivo pelo ácido oleico: perda de água transepidérmica e estudos de espetroscopia de infravermelho com transformada de Fourier. J Control Release., 1997; 47: 31-39.

CAPÍTULO 2

PERFIL DO MEDICAMENTO E REVISÃO DA LITERATURA

2.1 PERFIL DO MEDICAMENTO RELACIONADO COM OS MEDICAMENTOS DA FAMÍLIA DOS TRIPTANOS

2.1.1 SUMATRIPTANO

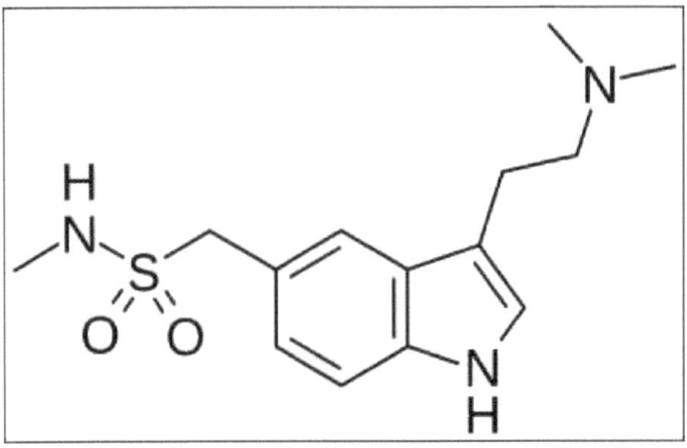

O sumatriptano, vendido vulgarmente sob as marcas Imitrex e Treximet, entre outras, é um medicamento utilizado para tratar enxaquecas e cefaleias em salvas. É tomado por via oral, intranasal ou por injeção subcutânea. Os efeitos terapêuticos ocorrem geralmente no prazo de três horas. O seu efeito primário como agonista dos receptores 5-HT1B/1D da serotonina pode criar efeitos secundários comuns, como pressão no peito, fadiga, vómitos, formigueiro e vertigens. Os efeitos secundários graves podem incluir síndroma da serotonina, ataques cardíacos, acidentes vasculares cerebrais e convulsões. Com o uso excessivo da medicação, podem ocorrer dores de cabeça. Não é claro se a utilização durante a gravidez ou amamentação é segura. O mecanismo de ação não é totalmente claro. Faz parte da classe de medicamentos triptanos. O sumatriptano foi patenteado em 1982 e aprovado para uso médico em 1991. Faz parte da Lista de Medicamentos Essenciais da Organização Mundial de Saúde e está disponível como medicamento genérico. Em 2020, foi o 111º medicamento mais prescrito nos Estados Unidos, com mais de 5 milhões de prescrições. Também está disponível como produto combinado sumatriptano/naproxeno.

História

Em 1991, a Glaxo obteve a aprovação do sumatriptano, que foi o primeiro triptano disponível.

Em julho de 2009, a FDA dos EUA aprovou uma formulação de sumatriptano para injectores a jato de utilização única. O dispositivo administra uma injeção subcutânea de sumatriptano, sem a utilização de uma agulha. Os auto-injectores com agulhas estavam anteriormente disponíveis na Europa e na América do Norte.

Os estudos de fase III com um adesivo transdérmico iontoforético (Zelrix/Zecuity) tiveram início em julho de 2008. Este adesivo utiliza baixa voltagem controlada por um microchip pré-programado para administrar uma dose única de sumatriptano através da pele em 30 minutos. O Zecuity foi aprovado pela FDA dos EUA em janeiro de 2013. As vendas do Zecuity foram interrompidas na sequência de relatos de queimaduras e irritação da pele.

Utilizações médicas

O sumatriptano é eficaz para acabar ou aliviar a intensidade da enxaqueca e das cefaleias em salvas. É mais eficaz quando tomado logo após o início da dor. O sumatriptano injetado é mais eficaz do que outras formulações.

O sumatriptano oral também pode ser utilizado no tratamento da cefaleia pós-punção dural.

Efeitos adversos

A sobredosagem de sumatriptano pode causar sulfemoglobinemia, uma condição rara em que o sangue muda de vermelho para verde, devido à integração do sulfu na molécula de hemoglobina.Se o sumatriptano for descontinuado, a condição reverte dentro de algumas semanas.

Ocorreram acontecimentos cardíacos graves, incluindo alguns que foram fatais, após a utilização da injeção ou dos comprimidos de sumatriptano. Os acontecimentos notificados incluíram vasoespasmo da artéria coronária, isquemia miocárdica transitória, enfarte do miocárdio, taquicardia ventricular e fibrilhação ventricular.

Os efeitos secundários mais frequentes notificados por pelo menos 2% dos doentes em ensaios controlados de sumatriptano (comprimidos de 25, 50 e 100 mg) para a enxaqueca são sensações atípicas (parestesias e sensações de calor/frio) notificadas por 4% no grupo do placebo e 5-6% nos grupos do sumatriptano, dor e outras sensações de pressão (incluindo dor no peito) notificadas por 4% no grupo do placebo e 6-8% nos grupos do sumatriptano, acontecimentos neurológicos (vertigens) notificados por menos de 1% no grupo do placebo e menos de 1% a 2% nos grupos do sumatriptano. O mal-estar/fadiga ocorreu em menos de 1% do grupo do placebo e em 2-3% dos grupos do sumatriptano. As perturbações do sono ocorreram em menos de 1% do grupo placebo e em 2% do grupo do sumatriptano.

Mecanismo de ação

O sumatriptano é molecularmente semelhante à serotonina (5-HT) e é um agonista dos receptores 5-HT (tipos 5-HT $_{1D}$ e 5-HT$_{1B}$). O efeito terapêutico primário do sumatriptano está relacionado com a inibição da libertação do péptido relacionado com o gene da calcitonina (CGRP), provavelmente através da sua ação de agonista dos receptores 5-HT$_{1D/1B}$. Este facto foi comprovado pela eficácia de fármacos e anticorpos mais recentemente desenvolvidos para o tratamento preventivo da enxaqueca. A forma como o agonismo dos receptores 5-HT$_{1D/1B}$ inibe a libertação de CGRP não é totalmente compreendida. Pensa-se que o CGRP provoca a sensibilização dos neurónios nociceptivos do trigémeo, contribuindo para a dor sentida na enxaqueca.

O sumatriptano também diminui a atividade do nervo trigémeo, o que presumivelmente explica a eficácia do sumatriptano no tratamento das cefaleias em salvas. Foi demonstrado que a forma injetável do medicamento aborta uma cefaleia em salvas no espaço de 30 minutos em 77% dos casos.

Estatuto jurídico

Nos Estados Unidos, só está disponível mediante receita médica. Está disponível ao balcão em muitos estados da Austrália. O produto requer rotulagem por um farmacêutico e só está disponível em embalagens de duas unidades sem receita médica. No entanto, pode ser comprado sem receita médica no Reino Unido e na Suécia.

Na Rússia, as versões do sumatriptano que não estão registadas no registo nacional de medicamentos podem ser consideradas estupefacientes (derivados da dimetiltriptamina).

Genéricos

As patentes da Glaxo para o sumatriptano expiraram em fevereiro de 2009. Nessa altura, o Imitrex era vendido por cerca de 25 dólares o comprimido. A Par Pharmaceutical introduziu então versões genéricas da injeção de sumatriptano (injeção de succinato de sumatriptano) em kits iniciais de 4 e 6 mg e cartuchos de seringas cheias de 4 e 6 mg, e frascos de 6 mg pouco depois.

Mylan Laboratories Inc., Ranbaxy Laboratories, Sandoz (uma subsidiária da Novartis), Dr. Reddy's Laboratories e outras empresas têm produzido versões genéricas de comprimidos de sumatriptano em doses de 25, 50 e 100 mg. As formas genéricas do medicamento estão disponíveis nos mercados dos EUA e da Europa depois de a proteção da patente da Glaxo ter expirado nos respectivos países. A Avanir desenvolveu uma forma de pulverização nasal de sumatriptano, conhecida como AVP-825, que está disponível genericamente em alguns países.

Farmacocinética

O sumatriptano é administrado sob várias formas: comprimidos, injeção subcutânea e spray nasal. A administração oral (como sal de succinato) tem uma biodisponibilidade baixa, em parte devido ao metabolismo pré-sistémico - parte do medicamento é decomposto no estômago e na corrente sanguínea antes de atingir as artérias-alvo. Uma formulação em comprimidos de libertação rápida com a mesma biodisponibilidade, mas com uma concentração elevada, pode alcançar efeitos terapêuticos em média 10-15 minutos mais cedo do que outras formulações orais. Quando injetado, o sumatriptano tem uma ação mais rápida (geralmente dentro de 10 minutos), mas o efeito dura menos tempo.

O sumatriptano é metabolizado principalmente pela monoamina oxidase A em ácido 2-{5-[(metilsulfamoil)metil]-indole-3-il}acético, que é depois conjugado com ácido glucurónico. Estes metabolitos são excretados na urina e na bílis. Apenas cerca de 3% do fármaco ativo pode ser recuperado inalterado.

Não existe uma relação simples e direta entre a concentração de sumatriptano (farmacocinética) per se no sangue e o seu efeito anti-enxaqueca (farmacodinâmica). Este paradoxo foi, em certa medida, resolvido através da comparação das taxas de absorção das várias formulações de sumatriptano, em vez das quantidades absolutas de fármaco que estas fornecem.

2.1.2 ZOLMITRIPTANO

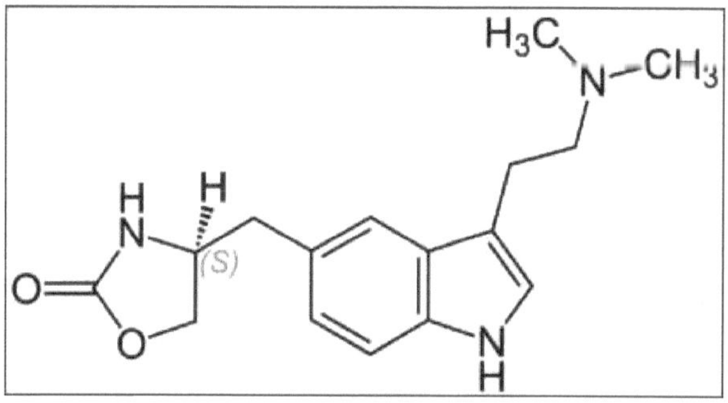

O zolmitriptano, vendido sob o nome comercial de Zomig, entre outros, é um triptano utilizado no tratamento agudo das crises de enxaqueca com ou sem aura e das cefaleias em salvas. É um agonista seletivo dos receptores da serotonina dos subtipos 1B e 1D.
Foi patenteado em 1990 e aprovado para uso médico em 1997.

Utilizações médicas

O zolmitriptano é utilizado para o tratamento agudo de enxaquecas com ou sem aura em adultos. O zolmitriptano não se destina à terapêutica profiláctica da enxaqueca nem a ser utilizado no tratamento da enxaqueca hemiplégica ou basilar.

O zolmitriptano está disponível sob a forma de comprimido para engolir, comprimido desintegrador oral e spray nasal, em doses de 2,5 e 5 mg. As pessoas que sofrem de enxaquecas devido ao aspartame não devem utilizar o comprimido desintegrado (Zomig ZMT), que contém aspartame.

Uma revisão Cochrane de 2014 mostrou que o zolmitriptano 5 mg em spray nasal foi significativamente mais eficaz do que o comprimido oral de 5 mg.

De acordo com um estudo efectuado em voluntários saudáveis, a ingestão de alimentos parece não ter um efeito significativo na eficácia do Zolmitriptano, tanto em homens como em mulheres.

Reacções adversas

Quanto aos efeitos secundários cardiovasculares, o zolmitriptano pode aumentar a tensão arterial sistólica nos idosos e a tensão arterial diastólica tanto nos idosos como nos jovens. Além disso, existe o efeito secundário de um aumento da sedação relacionado com a dose. Existe o risco de dores de cabeça causadas pela retirada do medicamento ou pelo uso excessivo do mesmo.

O zolmitriptano tem uma fraca afinidade pelos receptores 5-HT 1A; estes receptores têm implicações no desenvolvimento da síndrome da serotonina.

Contra-indicações

O zolmitriptano está contraindicado em doentes com doença cerebrovascular ou cardiovascular porque os receptores 5-HT 1B estão presentes nas artérias coronárias. Tais condições incluem, mas não se limitam a, doença arterial coronária, acidente vascular cerebral e doença vascular periférica.

Está também contraindicado na enxaqueca hemiplégica.

Mecanismo de ação

O zolmitriptano é um agonista seletivo dos receptores 1B/1D da 5-hidroxitriptamina, com uma fraca afinidade pelos subtipos de receptores 1A da 5-HT. A sua ação nos receptores 5-HT 1B/1D provoca vasoconstrição nos vasos sanguíneos intracranianos; pode também inibir a libertação de neuropeptídeos pró-inflamatórios das terminações nervosas perivasculares do trigémeo. Atravessa a barreira hemato-encefálica, como evidenciado pela presença de etiquetas radioactivas de [3H]-zolmitriptano nas células do núcleo caudal do trigémeo e do núcleo do trato solitário.

Farmacocinética

O zolmitriptano tem um rápido início de ação e foi detectado no cérebro 5 minutos após a administração intranasal. Em média, o zolmitriptano tem uma biodisponibilidade oral de 40%, um volume médio de distribuição de 8,3 L/kg após administração oral e 2,4 L/kg após administração intravenosa. O zolmitriptano é metabolizado em três metabolitos principais pelas enzimas do citocromo P450 hepático humano - principalmente CYP1A2. Dois terços do composto original decompõem-se no metabolito ativo N-desmetil-zolmitriptano (183C91), enquanto o terço restante se separa nos outros dois metabolitos inactivos: N-óxido de zolmitriptano e um derivado do ácido indol acético. Tem uma semi-vida de eliminação de cerca de três horas antes de sofrer eliminação renal; a sua depuração é superior à taxa de filtração glomerular, o que sugere a existência de alguma secreção tubular renal do composto.

2.1.3 ALMOTRIPTANO

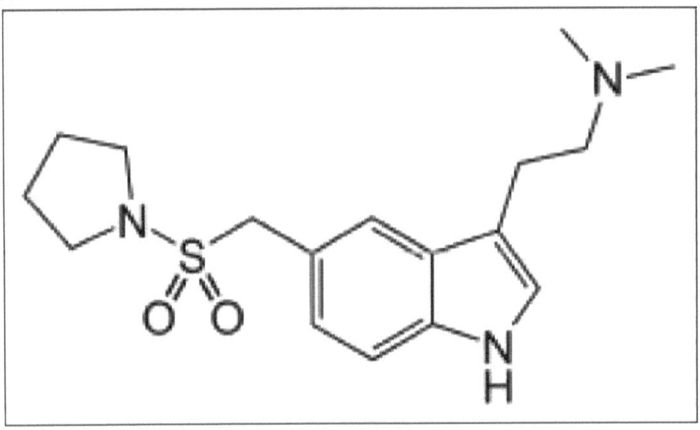

O almotriptano (nome comercial Axert e outros) é um medicamento triptano descoberto e desenvolvido pela Almirall para o tratamento das enxaquecas fortes.

Foi patenteado em 1992 e aprovado para uso médico em 2000.

Utilizações médicas

O almotriptano é prescrito para tratar a fase aguda da dor de cabeça das crises de enxaqueca com ou sem aura. O almotriptano é o único triptano oral aprovado nos EUA para o tratamento da enxaqueca em adolescentes dos 12 aos 17 anos de idade.

Eficácia

A eficácia e a tolerabilidade do almotriptano foram estudadas em numerosos ensaios aleatórios e controlados que totalizaram mais de 4800 adultos com crises moderadas ou graves de enxaqueca. A sua eficácia é significativamente superior à do placebo e alivia as náuseas, a fotofobia e a fonofobia associadas às crises de enxaqueca. O almotriptano tem uma eficácia semelhante à de uma dose padrão de sumatriptano, outro medicamento triptano, e menos efeitos adversos.

Contra-indicações

Tal como acontece com outros triptanos, o almotriptano não deve ser utilizado em doentes com antecedentes, sintomas ou sinais de doença cardíaca isquémica (enfarte do miocárdio, angina de peito, isquemia silenciosa documentada, angina de Prinzmetal) ou hipertensão grave e hipertensão ligeira ou moderada não controlada. Outras contra-indicações são acidente vascular cerebral (AVC) ou ataque isquémico transitório (AIT) anteriores, doença vascular periférica, insuficiência hepática grave, administração concomitante de ergotamina, derivados da ergotamina (incluindo metisergida) e outros agonistas 5-HT1B/D.

Efeitos secundários

O almotriptano demonstrou ter um perfil de efeitos adversos semelhante ao placebo quando utilizado de acordo com as instruções do Resumo das Caraterísticas do Medicamento (ver referências).

Farmacologia

Mecanismo de ação

Como todos os triptanos, o almotriptano tem uma afinidade elevada e específica pelos receptores 5-HT1B/1D da serotonina. A ligação do fármaco ao recetor leva à vasoconstrição dos vasos sanguíneos cranianos (cerebrais), afectando assim a redistribuição do fluxo sanguíneo. O almotriptano aumenta significativamente o fluxo sanguíneo cerebral e reduz o fluxo sanguíneo através dos vasos cranianos extracerebrais. Apesar de afetar os vasos sanguíneos cranianos, uma dose única padrão de almotriptano não tem efeito clinicamente significativo na pressão arterial ou na frequência cardíaca em voluntários saudáveis jovens e idosos. Doses maiores parecem aumentar ligeiramente a tensão arterial, mas não para além da relevância clínica.

Farmacocinética

O almotriptano tem uma farmacocinética linear até à dose padrão de 16 vezes. A sua semi-vida biológica é de 3 horas e a sua biodisponibilidade de 70%. A C_{max} é observada 1,5-4 horas após a administração oral, e aproximadamente 50% do fármaco é excretado inalterado na urina. O metabolismo é mediado pelas enzimas MAO-A e CYP3A4 e pela oxidação CYP2D6. A depuração do almotriptano é moderadamente reduzida nos idosos, mas não requer ajuste de dose. O sexo não altera a farmacocinética do medicamento. Recomenda-se que as pessoas com disfunção renal moderada a grave tomem apenas metade da dose.

Interações

O almotriptano é metabolizado principalmente pela MAO-A e, em menor grau, pelo CYP3A4 e CYP2D6. Estudos de medicamentos utilizados como preventivos da enxaqueca (propranolol e verapamil), antidepressivos (moclobemida e fluoxetina) produziram resultados que mostraram alterações significativas da farmacocinética do almotriptano, embora não tenham sido considerados clinicamente relevantes.

Sociedade e cultura

Nomes de marcas

As marcas incluem *Axert* (EUA, Canadá), *Almogran* (Bélgica, Dinamarca, Finlândia, França, Alemanha, Itália, Irlanda, Portugal, Espanha, Reino Unido, Países Baixos, Suécia, Suíça, Coreia do Sul.. .), *Almotrex* (Itália), *Almozen* (Bulgária e Polónia) e *Amignul* (Espanha).

2.2 REVISÃO DA LITERATURA RELACIONADA COM OS MEDICAMENTOS DA FAMÍLIA DOS TRIPTANOS

2.2.1 LITERATURA RELACIONADA COM O SUMATRIPTANO

1. **Lionetto L *et al.*, (2012)**[27] Esta revisão discute a farmacodinâmica e a farmacocinética do succinato de sumatriptano, considerando o impacto clínico de novas formulações do medicamento no tratamento da enxaqueca aguda e da cefaleia em salvas. Os dados foram obtidos através da busca das seguintes palavras-chave no MEDLINE: sumatriptan succinate, pharmacokinetics, pharmacodynamics, triptans, migraine, new delivery systems, referentes ao período de 1989 a 2012. O sumatriptano subcutâneo tem sido considerado como o tratamento mais eficaz na fase aguda da enxaqueca, tanto na dor isolada como nos sintomas autonómicos associados. Do ponto de vista farmacológico, os parâmetros farmacocinéticos, em particular a biodisponibilidade, o T(max) e o C(max), são responsáveis pela ampla eficácia do composto e pelo perfil limitado de efeitos adversos (EA). As novas formulações de medicamentos que mais se assemelham aos parâmetros farmacocinéticos da formulação subcutânea são promissoras porque melhoram a biodisponibilidade farmacocinética, contornando o metabolismo de primeira passagem, e aumentam a adesão dos doentes.
2. **Yadav R. K *et al.*, (2022)**[28] A enxaqueca é uma doença neurológica frequente caracterizada por dores de cabeça latejantes, náuseas, fotofobia e fonofobia, entre outros sintomas. O sumatriptano pertence a uma classe III da BCS, que apresenta uma biodisponibilidade oral fraca e vários efeitos secundários. O objetivo do presente estudo foi desenvolver nanopartículas lipídicas sólidas (SLNPs) de succinato de sumatriptano para a administração no cérebro por via nasal. O método de injeção de solvente foi utilizado para aumentar a eficiência de aprisionamento do fármaco hidrofílico. Assim, a formulação foi optimizada através de um desenho composto central com um tamanho mínimo de partícula, um potencial zeta optimizado e uma eficiência máxima de aprisionamento, que se verificou ser de 133,4 nm, -17,7 mV e 75,5%, respetivamente. O lote optimizado foi ainda avaliado quanto à morfologia da superfície, à espetroscopia de infravermelhos com transformada de Fourier, à libertação in vitro, à permeação através da mucosa nasal e à histopatologia. Verificou-se que a maioria das partículas tinha uma forma esférica, como confirmado pela microscopia eletrónica de varrimento e pela microscopia eletrónica de transmissão.
3. **Ronnander J. P *et al.*, (2019)**[29] Este estudo centra-se no transporte transdérmico in vitro de succinato de sumatriptano utilizando iontoforese combinada e matrizes de microagulhas poliméricas em dissolução. Foram realizadas experiências de permeação para avaliar os efeitos dos parâmetros da formulação na libertação do fármaco a partir de sistemas de polivinilpirrolidona sob corrente eléctrica moderada (<500 uA/cm2). As preparações consistiam em moléculas hidrofílicas, carregadas positivamente, encapsuladas num material polimérico biocompatível e solúvel em água. Foram aplicadas densidades de corrente de 100, 300 e 500 uA/cm2 durante um período de 6 horas, utilizando eléctrodos de prata/cloreto de prata.
4. **Abo Zaid M. H *et al.*, (2021)**[30] Foi investigado um método espectrofluorimétrico simples e altamente sensível para a estimativa do succinato de sumatriptano. O método sugerido depende da determinação das propriedades de fluorescência intrínsecas do fármaco em sistemas aquosos a 350 nm após lex a 225 nm. A gama de linearidade foi de

10-100 ng/ml, com um limite de deteção e limite de quantificação de 1,2 e 3,6 ng/ml, respetivamente. O método sugerido foi suficientemente bem sucedido para a determinação do sumatriptano nos seus comprimidos farmacêuticos, bem como no plasma humano enriquecido. Além disso, os parâmetros de validação foram determinados de acordo com as diretrizes do Conselho Internacional de Harmonização. A análise estatística dos resultados obtidos com os métodos proposto e de referência não revelou diferenças significativas entre os dois métodos no que respeita à exatidão e à precisão.

5. **Javed S *et al.*, (2022)[31]** O estudo teve como objetivo a quantificação simultânea de succinato de sumatriptano (SUM) e maleato de proclorperazina (PCP) numa película orodispersível utilizando dois métodos espectroscópicos validados, nomeadamente a equação simultânea (Método I) e o rácio de absorção Q (Método II). O método I envolveu a medição das absorvâncias no lmax de ambos os fármacos, enquanto no método II as absorvâncias foram medidas no comprimento de onda isosbéstico e no lmax de um dos dois componentes. A validação do método foi efectuada de acordo com as diretrizes da CIH. Uma mistura 1:1 dos fármacos e uma película orodispersível (ODF) contendo estes fármacos foram testadas por ambos os métodos. Os dados de absorvância do SUM e do PCP em ambos os métodos foram lineares nos respectivos comprimentos de onda com valores de coeficiente de correlação >0,995. Ambos os métodos foram precisos, uma vez que a % RSD na repetibilidade, precisão inter-dia e intradiária foi inferior a 2. A estimativa de SUM e PCP a partir da forma de dosagem da película pelo método I foi de 104,74% e 98,34% e pelo método II foi de 103,45% e 98,85%, respetivamente, com um desvio padrão <2.

6. **Hansraj, G. P *et al.*, (2015)[32]** O objetivo da presente investigação foi preparar nanopartículas lipídicas sólidas de quitosano (SLN), contendo succinato de sumatriptano, utilizando o método de injeção de solvente e otimizar as formulações para o potencial de segmentação do cérebro. A otimização da formulação foi realizada utilizando um desenho fatorial completo de três factores e dois níveis, de modo a minimizar o tamanho das partículas e o potencial zeta, maximizar a eficiência do aprisionamento, bem como maximizar a concentração do fármaco no cérebro com uma relação cérebro/plasma maximizada do fármaco. O tamanho da partícula, o potencial zeta e a eficiência de aprisionamento para todos os lotes situaram-se no intervalo de 192-301,4nm, 30,2-51,4mV e 76,3-91,1%, respetivamente. A formulação optimizada mostrou um aumento de 4,54 vezes na relação cérebro/sangue do fármaco após 2 horas de administração do fármaco em ratos Wistar machos. As nanopartículas optimizadas foram caracterizadas por espetroscopia FT-IR, DSC, TGA, estudo de difração de raios X em pó e análise TEM. Os estudos experimentais in vivo e comportamentais permitiram concluir que as formulações atravessaram com êxito a barreira hemato-encefálica e demonstraram significativamente a sua atividade anti-enxaqueca.

7. **Iwasawa, Y *et al.*, (2001)[33]** O succinato de sumatriptano (SMT) era um agonista altamente específico dos receptores 5-HT1-. Apresentava uma elevada afinidade apenas para a 5-HT, mas nenhuma afinidade para outros receptores de neurotransmissores, tais como muscarínicos, dopamina D1, D2, adrenérgicos alfa 1, alfa 2 e beta. Além disso, foi altamente selectiva para o recetor 5-HT1B/1D e não mostrou afinidade para os receptores 5-HT2 e 5-HT3. A SMT contraiu artérias cranianas isoladas, como as artérias basilar, cerebral média, temporal e grandes artérias da dura-máter, mas não contraiu artérias coronárias, femorais, mesentéricas e outras. Reflectindo estes resultados, a SMT induziu a

vasoconstrição da artéria carótida, mas praticamente não produziu respostas contrácteis nas outras artérias acima mencionadas em animais anestesiados. Estas caraterísticas farmacológicas da SMT são diferentes das dos alcalóides da cravagem do centeio, medicamentos anti-enxaqueca actuais, que também contraem as artérias coronárias, femorais e outras. A SMT inibiu a libertação de neurotransmissores, incluindo o CGRP, dos terminais nervosos do trigémeo.

8. **Tayel S. A *et al.*, (2016)**[34] O succinato de sumatriptano (SS) é um agonista do recetor 5-HT1 utilizado no tratamento da enxaqueca com uma biodisponibilidade reduzida (15%) devido ao seu extenso efeito de primeira passagem. O objetivo deste trabalho foi preparar películas finas de dissolução rápida sublingual de SS (SFDTFs), permitindo que o fármaco entre diretamente na circulação sistémica e contornando o metabolismo de primeira passagem. As películas finas simples foram preparadas utilizando a técnica de moldagem por solvente, adoptando um desenho fatorial 2(3) x 3 para estudar o efeito do tipo e da concentração do polímero e do plastificante nas propriedades mecânicas e no tempo de desintegração in vitro das películas simples preparadas, utilizando o Design-Expert®. As películas medicamentosas foram preparadas após a adição de 35 mg de SS a cada uma das duas fórmulas simples selecionadas (F6 e F7) com valores de desejabilidade superiores a 0,9, apresentando os valores de: 0,038, 0,039 kgf/mm(2) e 156,24, 164,16% e 0,0248, 0,0240 kgf/mm(2) como resistência à tração, alongamento percentual e módulo de elasticidade, respetivamente. O PVP K30 foi eficiente como inibidor de cristalização, retardando a cristalização da SS.

9. **Cady R *et al.*, (2006)**[35] O sumatriptano é o primeiro de uma nova classe de medicamentos designados por triptanos. Desde a sua aprovação para a enxaqueca na década de 1990, seis outros produtos triptanos receberam a aprovação da FDA. Apesar da proliferação de triptanos, o sumatriptano continua a ser o medicamento mais frequentemente prescrito nesta classe terapêutica. O sumatriptano tem sido fundamental na definição de uma base biológica para a enxaqueca. É eficaz no tratamento da enxaqueca com ou sem aura, bem tolerado e, quando corretamente prescrito, é seguro. O sumatriptano injetável é o único membro da classe dos triptanos aprovado para o tratamento da cefaleia em salvas. Os estudos com o sumatriptano também fizeram avançar o paradigma da intervenção terapêutica que permite tratar os doentes mais cedo e evitar uma incapacidade substancial. Numerosos estudos farmacoeconómicos demonstraram que o sumatriptano diminui a perda de produtividade no trabalho e melhora a qualidade de vida.

2.2.2 LITERATURA RELACIONADA COM O ZOLMITRIPTANO

1. **Gawel M *et al.*, (2005)**[36] O zolmitriptano intranasal foi recentemente lançado nos EUA e no Canadá e é uma nova formulação do medicamento anti-enxaqueca zolmitriptano. Este medicamento tem sido amplamente utilizado na sua formulação oral. A formulação intranasal oferece um início de ação mais rápido. Os estudos farmacocinéticos demonstraram que o zolmitriptano é rapidamente absorvido pela circulação sistémica e que podem ser observados vestígios no cérebro no espaço de 5 minutos. O início da eficácia no estudo Real Life Intranasal Zolmitriptan Exposure (REALIZE) foi mensurável aos 10 minutos e aos 15 minutos no estudo US 22, o que demonstra uma rápida absorção e efeito nos receptores 5-HT(1B/1D). Este artigo analisa os estudos iniciais do zolmitriptano intranasal; três dos estudos mais recentes serão

examinados em pormenor.

2. **Spencer C. M.** ***et al.*****, (1999)**[37] O zolmitriptano é um agonista seletivo dos receptores 5-HT1B/1D da serotonina ("triptano"). A sua eficácia e tolerabilidade foram avaliadas numa série de ensaios aleatórios, controlados por placebo e em dupla ocultação, num grande número de adultos com crises de enxaqueca moderadas a graves. O zolmitriptano oral 2,5 e 5 mg tem um rápido início de ação (observa-se um alívio significativo da dor de cabeça aos 45 minutos) e a eficácia é sustentada na maioria dos doentes que respondem às 2 horas. O medicamento é significativamente mais eficaz do que o placebo, conforme medido por uma série de parâmetros, incluindo taxas de resposta à dor de cabeça em 2 horas e taxas de resposta sem dor. Outros sintomas da enxaqueca, incluindo náuseas, fotofobia e fonofobia, também são aliviados com o zolmitriptano. O zolmitriptano é eficaz no tratamento da enxaqueca associada à menstruação e da enxaqueca com aura. Existem algumas evidências que apoiam a utilização do zolmitriptano em doentes com enxaqueca que tenham tido uma má resposta à terapêutica anterior. A eficácia do zolmitriptano parece manter-se, sem taquifilaxia, após a administração repetida em múltiplas crises de enxaqueca durante um período de tempo prolongado, com elevadas taxas de resposta às cefaleias registadas em todas as crises. Em comparação com o placebo, a incidência de enxaqueca persistente é reduzida pelo zolmitriptano e a enxaqueca recorrente ocorre menos frequentemente com o tratamento ativo.

3. **Tepper S. J** ***et al.*****, (2013)**[38] Rever a farmacocinética, a eficácia, a tolerabilidade e a aceitação pelos doentes do spray nasal de zolmitriptano (NS). A gastroparesia pode atrasar ou diminuir a absorção de triptanos orais, e as náuseas ou vómitos podem fazer o mesmo e/ou dificultar a toma de um comprimido. Algumas pessoas com enxaqueca necessitam ou preferem um alívio mais rápido do que o proporcionado pelos medicamentos orais. Os triptanos injectáveis proporcionam a administração mais rápida do medicamento na corrente sanguínea, mas muitos doentes têm relutância em utilizá-los. Os sprays nasais podem resolver alguns dos problemas dos comprimidos e dos injectáveis, ao mesmo tempo que proporcionam uma rápida absorção do medicamento.

4. **Spencer C. M.** ***et al.*****, (1999)**[39] O zolmitriptano oral 2,5 e 5 mg tem um rápido início de ação (observa-se um alívio significativo da cefaleia aos 45 minutos) e a eficácia é sustentada na maioria dos doentes que respondem às 2 horas. O medicamento é significativamente mais eficaz do que o placebo, conforme medido por uma série de parâmetros, incluindo taxas de resposta à dor de cabeça em 2 horas e taxas de resposta sem dor. Outros sintomas da enxaqueca, incluindo náuseas, fotofobia e fonofobia, também são aliviados com o zolmitriptano. O zolmitriptano é eficaz no tratamento da enxaqueca associada à menstruação e da enxaqueca com aura. Existem algumas evidências que apoiam a utilização do zolmitriptano em doentes com enxaqueca que tenham tido uma má resposta à terapêutica anterior. A eficácia do zolmitriptano parece manter-se, sem taquifilaxia, após a administração repetida em múltiplas crises de enxaqueca durante um período de tempo prolongado, com elevadas taxas de resposta às cefaleias registadas em todas as crises. Em comparação com o placebo, a incidência de enxaqueca persistente é reduzida pelo zolmitriptano e a enxaqueca recorrente ocorre menos frequentemente com o tratamento ativo. O zolmitriptano demonstrou igualmente eficácia no tratamento da enxaqueca persistente e/ou recorrente. Para o alívio da enxaqueca, o zolmitriptano 5 mg teve uma eficácia semelhante à do sumatriptano 100 mg para um único ataque, mas foi geralmente mais eficaz do que o sumatriptano 25 e 50 mg para ataques múltiplos, em

ensaios individuais.

5. **Tepper SJ *et al.*, (2013)**[40] Analisar a farmacocinética, a eficácia, a tolerabilidade e a aceitação do zolmitriptano em spray nasal (NS) pelos pacientes. A gastroparesia pode atrasar ou diminuir a absorção de triptanos orais, e as náuseas ou vómitos podem fazer o mesmo e/ou dificultar a ingestão de um comprimido. Algumas pessoas com enxaqueca necessitam ou preferem um alívio mais rápido do que o proporcionado pelos medicamentos orais. Os triptanos injectáveis proporcionam a administração mais rápida do medicamento na corrente sanguínea, mas muitos doentes têm relutância em utilizá-los. Os sprays nasais podem resolver alguns dos problemas dos comprimidos e dos injectáveis, ao mesmo tempo que proporcionam uma rápida absorção do medicamento.

6. **Bird S *et al.*, (2014)**[41] A enxaqueca é uma doença comum, incapacitante e um fardo para o indivíduo, os serviços de saúde e a sociedade. O zolmitriptano é um medicamento abortivo das crises de enxaqueca, pertencente à família dos triptanos. Estes medicamentos actuam de uma forma diferente dos analgésicos como o paracetamol e o ibuprofeno. Para determinar a eficácia e a tolerabilidade do zolmitriptano em comparação com placebo e outras intervenções activas no tratamento de crises agudas de enxaqueca em adultos. Pesquisámos na Cochrane Central Register of Controlled Trials (CENTRAL) na The Cochrane Library, MEDLINE, EMBASE, e na Oxford Pain Relief

Base de dados, juntamente com três bases de dados online (www.astrazenecaclinicaltrials.com, www.clinicaltrials.gov, e apps.who. int/trialsearch) para estudos até 12 de março de 2014. Também pesquisámos as listas de referências dos estudos incluídos e das revisões relevantes.

7. **Goadsby PJ *et al.*, (2001)**[42] O zolmitriptano é um potente agonista da 5-HT(1B/1D) cujos alvos incluem os componentes periféricos e centrais do sistema trigeminovascular. É geralmente bem tolerado e tem uma eficácia dose-dependente no tratamento da enxaqueca. Considera-se que a dose de 2,5 mg proporciona o melhor equilíbrio entre eficácia e efeitos adversos. Num estudo comparativo direto, a taxa de resposta à cefaleia nas 2 horas para o zolmitriptano 2,5 mg foi estatisticamente superior à do sumatriptano 25 e 50 mg, embora em 3,3% não seja clinicamente significativa. Dois estudos comparativos não encontraram diferenças na frequência dos acontecimentos adversos entre o zolmitriptano e o sumatriptano.

8. **Diener HC *et al.*, (2022)**[43] A cefaleia em salvas pertence ao grupo das cefaleias autonómicas do trigémeo. Esta revisão resume a terapia medicamentosa dos ataques de cluster e o tratamento profilático. Os métodos de neuroestimulação não são abordados. A terapêutica para os ataques agudos de cluster inclui a inalação de oxigénio a 100%, a administração subcutânea de sumatriptano e a aplicação intranasal de sumatriptano ou zolmitriptano. A terapêutica de transição, que é utilizada até que a terapêutica profiláctica oral seja eficaz, é realizada com prednisolona oral ou com um bloqueio farmacológico dos nervos occipitais principais. Os fármacos mais bem documentados para o tratamento preventivo da cefaleia em salvas são o verapamil e o lítio, e os fármacos possivelmente eficazes são a gabapentina, o topiramato, o divalproex sódico e a melatonina. Até à data, a eficácia dos anticorpos monoclonais para o péptido relacionado com o gene da calcitonina só foi demonstrada para a cefaleia em salvas episódica.

9. **McKeage K *et al.*, (2016)**[44] A formulação intranasal do zolmitriptano, um agonista seletivo da serotonina 5-HT1B/1D, foi recentemente aprovada pela Food and Drug Administration dos EUA para o tratamento da enxaqueca aguda em doentes pediátricos

com 12 anos de idade ou mais. Este artigo resume a eficácia e a tolerabilidade do zolmitriptano (Zomig(®)) spray nasal (NS) na enxaqueca aguda neste grupo de doentes. O zolmitriptano NS 5 mg foi mais eficaz no alívio da dor de cabeça do que o placebo em dois estudos em dupla ocultação em doentes pediátricos com 12-17 anos de idade com enxaqueca aguda. Além disso, o zolmitriptano NS 2,5 e 5 mg aliviou eficazmente a fotofobia e a fonofobia, e foi associado a um regresso mais rápido às actividades diárias normais do que o placebo.

10. **Han L *et al.*, (2021)**[45] Zolmitriptano (ZOL), um membro dos triptanos, tem sido usado para o tratamento da enxaqueca com efeitos terapêuticos definitivos. No entanto, foram relatados vários casos de lesão hepática associados ao ZOL e os mecanismos subjacentes permanecem pouco claros. O presente estudo teve como objetivo investigar a ativação metabólica do ZOL in vitro e in vivo. Foram detectados conjugados de glutationa (GSH) e N-acetilcisteína (NAC) derivados do ZOL em incubações de microssomas de fígado de rato. Além disso, os conjugados GSH e NAC também foram encontrados na bílis e na urina de ratos que receberam ZOL, respetivamente. O conjugado GSH M1 derivado do ZOL também foi observado em hepatócitos primários de ratos tratados com ZOL, e a formação de M1 foi inibida por pré-cultura com quinidina (um inibidor seletivo do CYP2D6).

11. **Goadsby PJ *et al.*, (2006)**[46] A enxaqueca é uma doença neurológica comum e incapacitante, associada a cefaleias, náuseas e, por vezes, vómitos. O zolmitriptano é um agonista dos receptores da serotonina 5HT(1B/1D) amplamente disponível, com um longo historial em estudos clínicos e no tratamento da enxaqueca aguda. Foi desenvolvida uma formulação nasal que apresenta provas claras de absorção local, resultando em concentrações plasmáticas do fármaco 2 minutos após a administração, penetração no sistema nervoso central 3 minutos depois e um benefício significativo em termos de eficácia em relação ao placebo 10 a 15 minutos após a administração. O zolmitriptano intranasal oferece vantagens às pessoas que sofrem de enxaquecas, em especial às que procuram um início de efeito mais rápido sem terem de se auto-injetar ou às que sofrem de perturbações gastrointestinais.

12. **Dowson AJ *et al.*, (2002)**[47] Estudos pré-clínicos demonstraram que o zolmitriptano é um agonista seletivo dos receptores 5-HT(1B/1D) da serotonina (triptano). Ensaios aleatorizados, controlados por placebo e em dupla ocultação em doentes com enxaqueca demonstraram que o zolmitriptano tem uma boa eficácia, medida através de taxas de resposta e de ausência de dor de 2 horas. Os sintomas associados à enxaqueca, incluindo náuseas, fotofobia e fonofobia, também melhoram com o zolmitriptano. O zolmitriptano oral (2,5 e 5 mg) tem um início de ação dentro de 45 minutos e a eficácia é sustentada na maioria dos doentes que respondem às 2 horas. O comprimido de zolmitriptano de desintegração oral tem a vantagem de poder ser tomado imediatamente, sem necessidade de líquidos adicionais, sempre que ocorre uma enxaqueca. Os doentes podem beneficiar, em termos de maior eficácia, da comodidade do comprimido desintegrável, uma vez que há provas de que é vantajoso tomar a terapêutica com triptanos o mais cedo possível numa crise. Por razões semelhantes, bem como para melhorar a eficácia, está a ser desenvolvida uma formulação em spray nasal.

13. **Cameron C *et al.*, (2015)** [48] Efectuámos revisões sistemáticas e meta-análises em rede para comparar a eficácia relativa dos triptanos (isoladamente ou em combinação com outros fármacos) para o tratamento agudo da enxaqueca, em comparação com outros

agentes triptanos, anti-inflamatórios não esteróides (AINE), ácido acetilsalicílico (AAS), acetaminofeno, ergots, opióides ou anti-eméticos. Foram pesquisados na Biblioteca Cochrane, MEDLINE e EMBASE ensaios clínicos aleatorizados que comparassem os triptanos (isoladamente ou em combinação com outros medicamentos) com tratamentos para a enxaqueca controlados por placebo ou activos. A seleção dos estudos, a extração de dados e a avaliação da qualidade foram efectuadas de forma independente por vários revisores. Os dados dos resultados foram combinados e analisados utilizando uma meta-análise de rede Bayesiana. Para cada resultado, foram calculados os rácios de probabilidades, os riscos relativos e a probabilidade absoluta de resposta.

2.2.3 LITERATURA RELACIONADA COM O ALMOTRIPTANO

1. **Sidhu G *et al.*, (2022)** [49] O almotriptano é um medicamento utilizado na gestão e no tratamento de enxaquecas agudas. Pertence à classe de medicamentos triptanos 5-HT. Esta atividade analisa as indicações, a ação e as contra-indicações do almotriptano como um agente valioso no tratamento e gestão das enxaquecas agudas. Esta atividade destacará o mecanismo de ação, os efeitos adversos e outros factores vitais, como a dosagem, a farmacodinâmica, a farmacocinética, a monitorização e as interações relevantes, pertinentes para os membros da equipa interprofissional no tratamento e nos cuidados de doentes com enxaquecas agudas e doenças relacionadas.
2. **Pascual J *et al.*, (2019)** [50] O almotriptano (ALT), um agonista da serotonina 5-HT1B/1D, tem sido utilizado no tratamento agudo da enxaqueca com ou sem aura há 20 anos, acumulando dados sobre mais de 15.000 pacientes em estudos e de uma estimativa de >150 milhões de ataques de enxaqueca tratados na prática clínica diária. A última grande revisão da ALT foi escrita há quase 10 anos. A atual revisão narrativa fornece uma visão geral da experiência adquirida com o almotriptano ao longo desse tempo e destaca os dados publicados na última década. Os triptanos são um dos pilares do tratamento anti-enxaqueca. Os resultados obtidos com a ALT nos últimos 10 anos reforçaram os resultados positivos de eficácia e tolerabilidade que foram comunicados durante os primeiros 10 anos após a sua introdução. Em particular, os resultados clínicos mais recentes confirmaram a sua eficácia em mulheres com enxaqueca menstrual, a utilidade da intervenção precoce, o benefício a longo prazo em adultos e também a sua eficácia e segurança em adolescentes. Globalmente, a ALT pode ser considerada uma escolha óptima para o tratamento da enxaqueca aguda resistente aos medicamentos de primeira linha.
3. **Keam SJ *et al.*, (2002)**[51] O almotriptano é um agonista seletivo dos receptores da serotonina 5-HT(1B/1D) ("triptano"). A sua eficácia e tolerabilidade foram avaliadas numa série de ensaios aleatórios e controlados em mais de 4800 adultos com crises moderadas ou graves de enxaqueca. O almotriptano oral tem um rápido início de ação (observa-se um alívio significativo da dor de cabeça 0,5 horas após a administração de uma dose de 12,5 mg) e a eficácia é sustentada na maioria dos doentes que respondem em 2 horas. O medicamento é significativamente mais eficaz do que o placebo, conforme medido por uma série de parâmetros, incluindo a resposta à dor de cabeça em 2 horas e as taxas de resposta sem dor. Outros sintomas da enxaqueca, incluindo náuseas, fotofobia e fonofobia, são também aliviados pelo almotriptano. A eficácia do almotriptano oral parece manter-se com doses repetidas em crises múltiplas de enxaqueca tratadas durante um longo período (até 1 ano). Foram registadas elevadas taxas de resposta às cefaleias em

todas as crises sem taquifilaxia. Para o alívio de crises únicas de enxaqueca, o almotriptano oral 12,5 mg teve uma eficácia semelhante à do sumatriptano oral 50 mg. Os doentes que tomam almotriptano referem menos preocupação com os efeitos adversos do que os doentes que tomam sumatriptano. A menor incidência de dor torácica após o tratamento com almotriptano do que com sumatriptano pode levar a uma redução dos custos diretos, com menos doentes a necessitarem de tratamento da dor torácica. O almotriptano é bem tolerado.

4. **Pascual J *et al.*, (2010)**[52] O almotriptano, um agonista da serotonina 5-HT 1B/1D, foi desenvolvido para o tratamento agudo da enxaqueca com ou sem aura e está disponível há 10 anos. Este artigo avalia a riqueza da experiência obtida com o almotriptano, incluindo grandes ensaios clínicos aleatórios (ECR) e estudos pós-comercialização que reflectem melhor a prática clínica diária. Os ensaios aleatórios iniciais exigiam que os doentes tomassem almotriptano quando a dor da enxaqueca era de intensidade moderada ou grave, e concluíram que 12,5 mg proporcionavam resultados óptimos tanto para o alívio da dor como para a tolerabilidade. O almotriptano melhorou efetivamente o alívio da dor em 2 horas, reduziu os sintomas associados à enxaqueca e demonstrou baixas taxas de recorrência. Estes resultados também foram demonstrados em subgrupos de pacientes, como adolescentes e enxaquecosos menstruais. Uma descoberta secundária nestes ensaios foi que os doentes que tomaram almotriptano precocemente, quando a dor ainda era ligeira, obtiveram melhores resultados.

5. **Pascual J *et al.*, (2003)**[53] Os dados clínicos do almotriptano, o novo agonista seletivo 5- HT(1B/1D) desenvolvido para o tratamento sintomático da enxaqueca, são aqui revistos. O desempenho farmacocinético do almotriptano é comparado com o de outros triptanos atualmente disponíveis. A dose que apresenta a melhor relação eficácia/tolerabilidade do almotriptano é de 12,5 mg. A eficácia desta dose de almotriptano é comparável à do triptano padrão "ouro", mas com uma taxa de recorrência mais baixa. O sexo ou a presença de alimentos no estômago não influenciam o perfil farmacocinético do almotriptano, e não foram notificadas interações relevantes do almotriptano com outros medicamentos. A tolerabilidade do almotriptano é semelhante à do placebo. A elevada eficácia do almotriptano, juntamente com a sua excelente tolerabilidade e perfil de segurança, confirmam este novo agonista 5-HT(1B/1D) como um medicamento de eleição para o tratamento sintomático das crises de enxaqueca.

6. **Bussone G *et al.*, (2011)**[54] Cerca de 50% das mulheres com enxaqueca associam a sua dor de cabeça temporalmente à menstruação. A enxaqueca relacionada com a menstruação (MRM) é uma forma incapacitante de enxaqueca caracterizada por ataques que são geralmente mais longos, mais graves e menos sensíveis aos medicamentos do que os ataques não menstruais. Uma vez que a MRM pode ser difícil de tratar, é importante encontrar uma opção de tratamento adequada para as mulheres que sofrem desta doença. Este artigo apresenta uma panorâmica das caraterísticas clínicas da MRM, com especial atenção para a utilização do almotriptano no seu tratamento. Existem quatro estudos na literatura médica sobre o almotriptano no tratamento da MRM.

2.4 PERFIL DE MEDICAMENTOS RELACIONADOS COM A FAMÍLIA DOS BETA-BLOQUEADORES

Propranolol

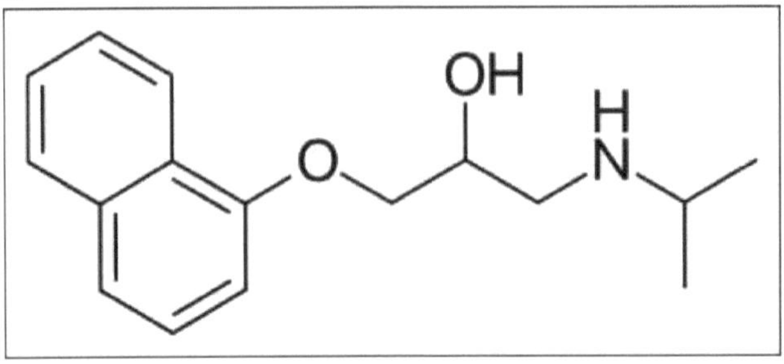

O propranolol, vendido sob o nome comercial de Inderal, entre outros, é um medicamento da classe dos bloqueadores beta. É utilizado para tratar a tensão arterial elevada, vários tipos de ritmo cardíaco irregular, tirotoxicose, hemangioma capilar, ansiedade de desempenho e tremores essenciais, bem como para prevenir enxaquecas e outros problemas cardíacos em pessoas com angina ou ataques cardíacos anteriores. Pode ser tomado por via oral ou por injeção numa veia. A formulação que é tomada por via oral apresenta-se em versões de ação curta e de ação prolongada. O propranolol aparece no sangue após 30 minutos e tem um efeito máximo entre 60 e 90 minutos quando tomado por via oral.

Efeitos secundários comuns

Os efeitos secundários mais comuns incluem náuseas, dores abdominais e obstipação. Não deve ser utilizado em pessoas com um ritmo cardíaco já lento e na maioria das pessoas com insuficiência cardíaca. A interrupção rápida da medicação em pessoas com doença arterial coronária pode agravar os sintomas. Pode agravar os sintomas de asma. Recomenda-se precaução em pessoas com problemas hepáticos ou renais. O propranolol pode causar efeitos nocivos para o bebé se tomado durante a gravidez. É um bloqueador beta não seletivo que actua bloqueando os receptores B-adrenérgicos.

O propranolol foi patenteado em 1962 e aprovado para uso médico em 1964. Faz parte da Lista de Medicamentos Essenciais da Organização Mundial de Saúde. O propranolol está disponível como medicamento genérico. Em 2020, foi o 88° medicamento mais prescrito nos Estados Unidos, com mais de 8 milhões de prescrições.

Farmacologia

O propranolol é classificado como um bloqueador beta simpatolítico competitivo não cardiosselectivo que atravessa a barreira hemato-encefálica. É lipossolúvel e tem também efeitos bloqueadores dos canais de sódio. O propranolol é um antagonista não seletivo dos receptores B-adrenérgicos, ou bloqueador beta; isto é, bloqueia a ação da epinefrina (adrenalina) e da norepinefrina (noradrenalina) nos receptores B1- e e2-adrenérgicos. Tem pouca atividade simpaticomimética intrínseca, mas tem uma forte atividade estabilizadora da membrana (apenas em concentrações sanguíneas elevadas, por exemplo, sobredosagem). O propranolol é capaz de atravessar a barreira hemato-encefálica e exercer efeitos no sistema nervoso central, para além da sua atividade periférica.

Além do bloqueio dos receptores adrenérgicos, o propranolol tem efeitos inibitórios muito fracos sobre o transportador de norepinefrina e/ou estimula fracamente a libertação de norepinefrina (ou seja, a concentração de norepinefrina é aumentada na sinapse). Uma vez que o propranolol bloqueia os B adrenoceptores, o aumento da norepinefrina sináptica resulta apenas na ativação dos a-adrenoceptores, sendo o a 1-adrenoceptor particularmente importante para os efeitos observados em modelos animais. Por conseguinte, pode ser considerada como um agonista indireto fraco do a 1-adrenoceptor, para além de um potente antagonista do B-adrenoceptor. Para além dos seus efeitos no sistema adrenérgico, existem provas que indicam que o propranolol pode atuar como um antagonista fraco de determinados receptores da serotonina, nomeadamente os receptores 5-HT1A, 5-HT1B e 5-HT2B. Estes últimos podem estar envolvidos na eficácia do propranolol no tratamento da enxaqueca em doses elevadas.

Ambos os enantiómeros do propranolol têm um efeito anestésico local (tópico), que é normalmente mediado pelo bloqueio dos canais de sódio dependentes da voltagem. Estudos demonstraram a capacidade do propranolol para bloquear os canais de sódio cardíacos, neuronais e esqueléticos dependentes da voltagem, o que explica o seu conhecido efeito estabilizador da membrana e os efeitos antiarrítmicos e outros efeitos no sistema nervoso central.

Nadolol

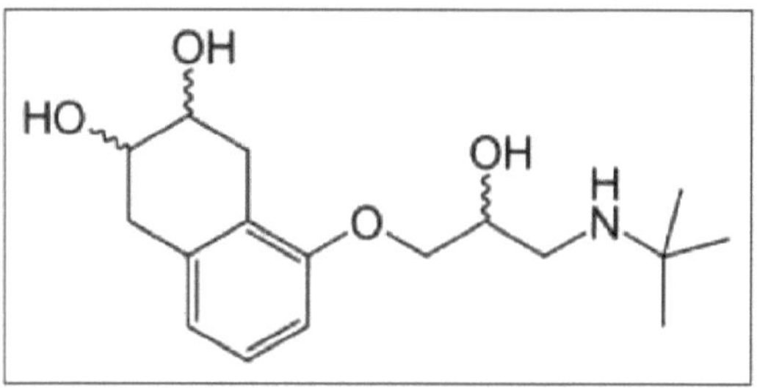

O Nadolol , vendido sob o nome comercial de Corgard, entre outros, é um medicamento utilizado para tratar a tensão arterial elevada, dores cardíacas, fibrilhação auricular e algumas síndromes arrítmicas hereditárias. Também tem sido utilizado para prevenir enxaquecas e complicações da cirrose. É tomado por via oral.

Os efeitos secundários mais comuns incluem tonturas, sensação de cansaço, ritmo cardíaco lento e síndrome de Raynaud. Os efeitos secundários graves podem incluir insuficiência cardíaca e broncoespasmo. A sua utilização na gravidez e na amamentação não é de segurança clara. É um bloqueador beta não seletivo e actua bloqueando os receptores B1-adrenérgicos no coração e os receptores e2-adrenérgicos nos vasos sanguíneos.

O Nadolol foi patenteado em 1970 e começou a ser utilizado para fins médicos em 1978. Está disponível como medicamento genérico. Em 2020, foi o 340.º medicamento mais prescrito nos Estados Unidos, com mais de 700 mil prescrições.

O Nadolol é utilizado no tratamento da hipertensão arterial e no tratamento a longo prazo da angina de peito e está aprovado pela FDA para estes fins.

É utilizado regularmente sem receita médica para o controlo do ritmo cardíaco em pessoas com fibrilhação auricular, prevenção de enxaquecas, prevenção de hemorragias vasculares em pessoas com hipertensão portal causada por cirrose e para tratar pessoas com níveis

elevados de hormonas da tiroide.
O Nadolol é o beta-bloqueador de eleição no tratamento de doentes com SQTL para prevenção de arritmias ventriculares. É mais eficaz do que os beta-bloqueadores selectivos ou o propranolol na prevenção de eventos cardíacos disruptivos. Do mesmo modo, é o tipo de beta-bloqueador preferido para o tratamento de doentes com TVPC, uma vez que demonstrou ser mais eficaz do que os beta-bloqueadores selectivos, como o atenolol ou o bisoprolol.
O nadolol tem a vantagem de ser administrado uma vez por dia, melhorando assim a adesão dos doentes ao tratamento. O nadolol tem a vantagem de ser administrado uma vez por dia, melhorando assim a adesão dos doentes à terapêutica. Nos doentes com função renal diminuída, o nadolol pode ser administrado com menor frequência. Também se verificou que é útil (não indicado) para várias perturbações neurológicas, como a prevenção de crises de enxaqueca, perturbação de défice de atenção/hiperatividade (PHDA) e a sua utilização tem sido explorada como tratamento do tremor essencial e da doença de Parkinson, mas nenhuma delas está bem estabelecida.

Timolol

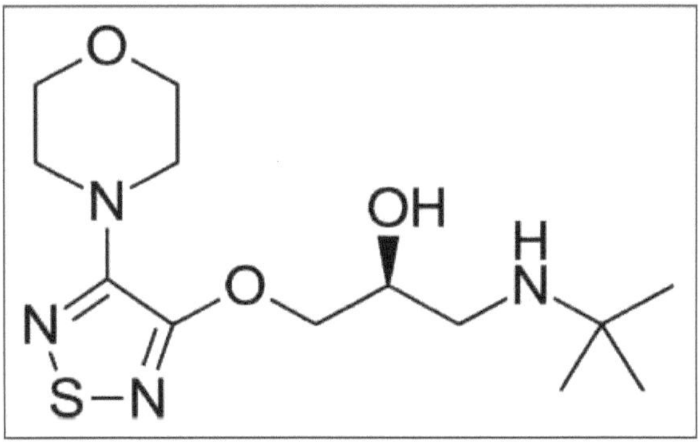

O timolol é um medicamento beta-bloqueador utilizado por via oral ou sob a forma de gotas para os olhos. Como colírio, é utilizado para tratar o aumento da pressão no interior do olho, como na hipertensão ocular e no glaucoma. Por via oral, é utilizado para a tensão arterial elevada, dores no peito devido a fluxo sanguíneo insuficiente para o coração, para prevenir complicações adicionais após um ataque cardíaco e para prevenir enxaquecas.
Os efeitos secundários mais comuns com as gotas são a irritação do olho. Os efeitos secundários comuns por via oral incluem cansaço, batimentos cardíacos lentos, comichão e falta de ar. Outros efeitos secundários incluem o mascaramento dos sintomas de baixa de açúcar no sangue em pessoas com diabetes. Não é recomendada a utilização em pessoas com asma, insuficiência cardíaca descompensada ou DPOC. Não é claro se a utilização durante a gravidez é segura para o bebé. O Timolol é um bloqueador beta não seletivo.
O timolol foi patenteado em 1968 e começou a ser utilizado para fins médicos em 1978. Faz parte da Lista de Medicamentos Essenciais da Organização Mundial de Saúde. O timolol está disponível como medicamento genérico. Em 2020, foi o 143.º medicamento mais frequentemente prescrito nos Estados Unidos, com mais de 4 milhões de prescrições.

2.5 REVISÃO DA LITERATURA RELACIONADA COM A FAMÍLIA DOS BETA-BLOQUEANTES

PROPRANOLOL

1. **Al-Majed AA** ***etal.*****, (2017)**[27] O propranolol é um β-bloqueador não cardioselectivo. É relatado como tendo propriedades estabilizadoras da membrana, mas não possui atividade simpaticomimética intrínseca. O cloridrato de propranolol é utilizado para controlar a hipertensão, o feocromocitoma, o enfarte do miocárdio, as arritmias cardíacas, a angina de peito e a cardiomiopatia hipertrófica. É também utilizado para controlar os sintomas de sobreactividade simpática no tratamento do hipertiroidismo, perturbações de ansiedade e tremores. Outras indicações abrangem a profilaxia da enxaqueca e da hemorragia gastrointestinal superior em doentes com hipertensão portal. Este estudo fornece um perfil detalhado e abrangente do propranolol, incluindo fórmulas, análise elementar e o aspeto do medicamento. Além disso, é descrita a síntese do fármaco. O capítulo abrange as propriedades físico-químicas, incluindo a difração de raios X em pó, pK, solubilidade, ponto de fusão e procedimentos de análise (espectroscópicos, electroquímicos e cromatográficos). É também apresentada uma farmacologia aprofundada (acções farmacológicas, dosagem terapêutica, utilizações, interações, efeitos adversos e precauções). Mais de 60 referências são fornecidas como prova dos estudos acima mencionados.
2. **Lonergan MH** ***et al.*****, (2013)**[28] Os estudos selecionados consistiram em experiências aleatórias, duplamente cegas, que avaliaram a memória de longo prazo para material emocional em adultos saudáveis e envolveram pelo menos 1 condição de propranolol e 1 condição de placebo. Pesquisámos PsycInfo, PubMed, Web of Science, Cochrane Central, PILOTS, Google Scholar e clinicaltrials.org para estudos elegíveis do período de 1995-2012. Dez experimentos de consolidação (n = 259) e 8 de reconsolidação (n = 308) preencheram os critérios de inclusão. Calculámos os tamanhos de efeito (Hedges g) utilizando um modelo de efeitos aleatórios. Em comparação com o placebo, o propranolol administrado antes da consolidação da memória reduziu a recordação subsequente de histórias, imagens e listas de palavras com valência negativa (Hedges g = 0,44, intervalo de confiança de 95% [IC] 0,14-0,74).

   O propranolol antes da reconsolidação também reduziu a recordação subsequente de palavras emocionais com valência negativa e a expressão de respostas de medo induzidas por estímulos (Hedges g = 0,56, 95% CI 0,13-1,00)
3. **Chen YY** ***et al.*****, (2020)**[29] O propranolol é recomendado como tratamento de primeira linha para a prevenção de ataques de enxaqueca; a acupunctura não foi comparada com o propranolol num ensaio comparativo. Incluímos 19 ensaios clínicos randomizados (n = 3656) após a triagem de 1078 artigos. A análise mostrou que a acupunctura teve uma vantagem significativa sobre o propranolol na redução dos episódios de enxaqueca durante um período de 4 semanas (DMP - 0,74, IC 95% - 1,04 a - 0,44). A acupunctura também teve uma vantagem significativa sobre o controlo em lista de espera na redução da frequência da enxaqueca (DMP - 1,57, 95% CI - 2,08 a - 1,06). A acupunctura causou menos eventos adversos do que o propranolol (RR 0,82, 95% CI 0,11-5,94). A acupunctura teve um efeito melhor do que o propranolol na redução dos episódios de enxaqueca em comparação indireta. O resultado deve ser confirmado em estudos comparativos posteriores.

4. Fumagalli C *et al.*, (2020)[30] A classe farmacológica dos β-bloqueadores inclui uma série de moléculas com caraterísticas farmacocinéticas e farmacodinâmicas muito diferentes, com um efeito protetor que pode ir muito além do sistema cardiovascular. Embora todos estes compostos partilhem o bloqueio farmacológico dos receptores adrenérgicos, cada um deles é caracterizado por propriedades farmacológicas específicas, incluindo a seletividade de ação em função dos subtipos de receptores adrenérgicos, a atividade simpaticomimética intrínseca (AIS), a solubilidade lipídica, o perfil farmacocinético e também outras propriedades auxiliares que têm impacto no seu efeito clínico. A sua utilização no tratamento da hipertensão tem sido amplamente debatida e, de momento, não existe uma indicação de classe. No entanto, em nichos específicos de doentes, como nos indivíduos jovens em que a hipertensão é principalmente causada por uma hiperactivação simpática, há fortes indícios de que os β-bloqueadores são um tratamento de primeira linha altamente razoável. Os β-bloqueadores lipofílicos, especificamente o propranolol e o metoprolol, podem atravessar a barreira hemato-encefálica e têm uma indicação de classe A para o tratamento profilático das crises de enxaqueca. Além disso, uma vez que os receptores β-adrenérgicos afectam o processo proliferativo das células cancerígenas e imunitárias, o seu bloqueio tem sido associado à redução das metástases em vários tumores epiteliais e de órgãos sólidos, o que faz dos β-bloqueadores uma nova estratégia terapêutica atraente, barata e relativamente segura em doentes com vários tipos de cancro.

5. Al-Majed AA *et al.*, (2017)[31] A maioria dos tratamentos preventivos da enxaqueca modifica o equilíbrio excitação/inibição do cérebro e/ou o metabolismo da serotonina, o que provavelmente explica o seu perfil desfavorável de efeitos adversos. As novas terapias biológicas que bloqueiam a transmissão do CGRP são eficazes e mais bem toleradas, mas são dispendiosas e podem não influenciar as disfunções cerebrais a montante na cascata fisiopatológica da enxaqueca, incluindo os sintomas premonitórios e de aura. Estudos bioquímicos e clínicos sugerem que pode haver outra estratégia de tratamento complementar, a que visa a subestimada faceta metabólica da fisiopatologia da enxaqueca

6. Tchivileva IE *et al.*, (2017)[32] Neste ensaio aleatório controlado, os doentes com perturbação temporomandibular miofascial foram tratados com propranolol ou placebo durante 9 semanas. O desfecho primário foi a mudança num índice de dor facial derivado de diários de sintomas diários. Os modelos de regressão linear e logística testaram a interação enxaqueca x grupo de tratamento na redução do índice de dor facial. Os modelos contrafactuais exploraram as alterações no impacto da dor de cabeça e na frequência cardíaca como mediadores da eficácia do propranolol. A eficácia do propranolol na redução do índice de dor facial foi maior entre os 104 enxaquecosos do que entre os 95 não enxaquecosos: Por exemplo, para o binário > 30% de redução do índice de dor facial, os rácios de probabilidades foram de 3,3 (limites de confiança de 95%: 1,4, 8,1) versus 1,3 (0,5, 3,2), respetivamente, embora a interação não tenha sido estatisticamente significativa (p = 0,139). As curvas de resposta cumulativa confirmaram uma maior eficácia para os doentes com enxaqueca do que para os não enxaquecosos (diferenças na área sob a curva de 26% e 6%, respetivamente; p = 0,081). Enquanto 9% do efeito do tratamento foi mediado pela redução do impacto da dor de cabeça, 46% foi mediado pela redução da frequência cardíaca.

7. Gorur K *et al.*, (2022)[33] Avaliar a eficácia do tipo de medicação oral (propranolol, flunarizina e amitriptilina) e da aplicação de toxina botulínica A nos sintomas vestibulares, gravidade da cefaleia e frequência de ataques em pacientes com enxaqueca vestibular. Foram incluídos sessenta doentes com enxaqueca vestibular. Trinta doentes receberam tratamento com toxina botulínica A (grupo B+) para além da medicação oral, enquanto 30 doentes receberam apenas medicação oral (grupo B-). A gravidade da dor de cabeça foi avaliada com a Migraine Disability Assessment Scale e a gravidade da vertigem foi avaliada com a escala Dizziness Handicap Inventory. Foi também avaliada a frequência das crises de enxaqueca vestibular nos últimos três meses.

8. **Yang F *et al.*, (2022)**[34] O propranolol é um antagonista competitivo não seletivo dos receptores beta que está disponível no mercado como uma mistura racémica. No presente estudo, foi monitorizada a glucuronidação do propranolol e do seu metabolito equipotente de fase I, o 4-hidroxipropranolol, por todos os 19 membros das famílias UGT1 e UGT2 humanas. Verificou-se que UGT1A7, UGT1A9, UGT1A10 e UGT2A1 glucuronidam o propranolol, sendo que UGT1A7, UGT1A9 e UGT2A1 actuam principalmente no (*S*)-propranolol, enquanto UGT1A10 apresenta a estereosselectividade oposta. Verificou-se que a UGT1A7, a UGT1A9 e a UGT2A1 também glucuronidam o 4-hidroxipropranolol. Em contraste com o propranolol, verificou-se que o 4-hidroxipropranolol era glucuronidatado pela UGT1A8, mas não pela UGT1A10. Biotransformações adicionais com 4-metoxipropanolol demonstraram diferentes regiosselectividades destas UGTs em relação aos grupos hidroxi alifáticos e aromáticos do substrato.

NADOLOL

1. **Kalsoom S *et al.*, (2022)** [35] O Nadolol é um antagonista beta-adrenérgico não seletivo utilizado no tratamento da hipertensão e da angina. A principal via de administração é a oral. É administrado uma vez por dia, uma vez que tem uma semi-vida mais longa (f/r). O objetivo da realização desta revisão sistemática é fornecer uma visão abrangente de todos os dados farmacocinéticos (PK) disponíveis sobre o nadolol em seres humanos. Esta revisão teve como objetivo reunir e analisar sistematicamente os dados publicados sobre a farmacocinética clínica do nadolol em seres humanos, o que pode ser benéfico para os clínicos nos ajustes de dosagem. Foram utilizadas duas bases de dados electrónicas, PubMed e Google Scholar, para realizar uma pesquisa bibliográfica sistemática. Foram recuperados todos os artigos relevantes que continham dados sobre a PK do nadolol em seres humanos. Foi pesquisado um total de 1275 artigos em ambas as bases de dados e, após a aplicação dos critérios de elegibilidade, foram finalmente incluídos 22 artigos para a realização da revisão sistemática.

2. **Yang W *et al.*, (2021)** [36] O beta-bloqueador propranolol é a terapêutica médica padrão para o hemangioma subglótico (SGH), mas os efeitos secundários e as taxas de resposta incompletas exigem uma monitorização atenta. O nadolol foi identificado como uma alternativa potencial, mas seu uso não foi examinado para o HGS. Foram incluídas 13 crianças (1 homem, 12 mulheres) com SGH: 6 foram tratadas com propranolol (2,0-3,5 mg/kg/d) e 7 com nadolol (2,0-4,0 mg/kg/d). O sintoma de apresentação mais comum foi o estridor (85%) e a duração média (DP) dos sintomas antes do diagnóstico foi de 4,6 (3,8) semanas. As lesões vasculares cutâneas estavam presentes em 54%. Havia 7 SGH do lado direito, 5 do lado esquerdo e 1 bilateral. A percentagem média (DP) de obstrução das vias aéreas foi de 60,6% (27,4). A taxa de resposta foi de 100% (6/6) para o propranolol e 85,7% (6/7) para o nadolol (p = 0,36). O tempo médio (DP) para a melhoria sintomática foi de 2,6 (2,2) dias, sem diferença entre os grupos (p = 0,71). Não se registaram

hipotensão, hipoglicemia, perda de peso ou perturbações do sono em nenhum dos grupos. Um doente do grupo do propranolol teve vómitos.

3. **Lee WG *et al.*, (2017)**[37] Um ensaio cruzado aleatório, em dupla ocultação e controlado por placebo de nadolol em doentes cirróticos examinou a sensibilidade à insulina, o índice de disposição e a tolerância à glucose. Os doentes cirróticos estáveis de etiologia mista foram submetidos a um teste de tolerância à glicose intravenosa e a um clamp hiperinsulinémico-euglicémico para medir a secreção de insulina e a sensibilidade à insulina (n = 16) e a um teste oral de tolerância à glicose de 75 g (n = 17). Estas medições foram efectuadas duas vezes (após 3 meses de tratamento com nadolol ou placebo e, após um período de washout de 1 mês, após 3 meses com o tratamento alternativo). A gordura corporal total e as catecolaminas plasmáticas foram medidas no final de cada tratamento de 3 meses. Em comparação com o placebo, o tratamento com nadolol reduziu a sensibilidade à insulina (79,7 ± 10,1 vs 99,6 ± 10,3 ul./kg de massa isenta de gordura^min'[1] - (mU/L)$^{-1}$, P = .005). A secreção de insulina manteve-se inalterada (P = 0,24), produzindo um índice de disposição mais baixo com o nadolol (6083 ± 2007 vs 8692 ± 2036, P = 0,050). Não se registaram alterações na gordura corporal total ou nas catecolaminas plasmáticas. A concentração de glucose plasmática de 2 horas do teste oral de tolerância à glucose foi mais elevada com o nadolol do que com o placebo (10,8 ± 0,9 vs 9,9 ± 0,9 mmol/L, P = 0,035). O nadolol piorou significativamente a sensibilidade à insulina, a glicémia e o índice de disposição em doentes com cirrose hepática. Estes resultados podem ter implicações clínicas significativas, uma vez que a cirrose já está associada a uma maior prevalência de diabetes.

4. **Leren IS *et al.*, (2016)**[38] O nosso objetivo foi explorar a incidência e a gravidade das arritmias ventriculares em doentes com TVPC antes do início do tratamento com в-bloqueadores, quando tratados com в-bloqueadores selectivos de в 1 e quando tratados com nadolol. Neste estudo, foram incluídos 34 pacientes com TVPC (idade média de 34 ± 19 anos; 15 (44%) mulheres; 30 (88%) variante 2 do recetor de rianodina positiva). Realizámos 3 testes de esforço em bicicleta em cada doente: (1) antes do início do tratamento com в-bloqueadores, (2) após >6 semanas de tratamento com в-bloqueadores selectivos de 1 в e (3) após >6 semanas de tratamento com nadolol. Registámos as frequências cardíacas em repouso e máxima e a arritmia ventricular mais grave ocorrida.
A gravidade das arritmias foi classificada em 1 ponto para ausência de arritmias ou apenas extra-sístoles ventriculares únicas, 2 pontos para >10 extra-sístoles ventriculares por minuto ou bigeminismo, 3 pontos para pares e 4 pontos para taquicardia ventricular não sustentada ou taquicardia ventricular sustentada.

5. **Lebrec D *et al.*, (1988)**[39] Este ensaio controlado foi concebido para avaliar o efeito profilático do nadolol na hemorragia gastrointestinal em doentes cirróticos com grandes varizes esofágicas que nunca tinham sangrado. O nadolol ou o placebo foram administrados aleatoriamente a dois grupos de 53 doentes. A percentagem de doentes sem hemorragia gastrointestinal um ano após a inclusão no estudo foi de 83 +/- 6% (média +/- S.D.) no grupo do nadolol e de 80 +/- 6% no grupo do placebo. Nos grupos do nadolol e do placebo, 40 e 47 doentes, respetivamente, foram cumpridores, ou seja, tomaram o nadolol ou o placebo continuamente. A percentagem de doentes sem hemorragias um ano após a inclusão foi de 97 +/- 3% no subgrupo de doentes que tomaram nadolol. Esta percentagem foi significativamente mais elevada do que a dos doentes sem hemorragias no grupo do placebo (P inferior a 0,03), bem como no subgrupo de doentes que cumpriram

o placebo (77 +/- 6%; P inferior a 0,02). Concluímos que, apesar de não ter havido um efeito global significativo do nadolol no risco de hemorragia em doentes cirróticos em bom estado com varizes esofágicas grandes, este estudo sugere que o nadolol reduziu o risco de hemorragia em doentes cumpridores.

6. **Allan ER *et al.*, (2022)**[40] Este estudo avaliou a segurança e a eficácia do nadolol 120 mg/dia em comparação com placebo, quando administrado como adjuvante de neurolépticos num grupo de doentes esquizofrénicos agudamente agressivos. Trinta e quatro doentes do sexo masculino participaram neste ensaio em dupla ocultação, controlado por placebo. Os sujeitos foram avaliados com a Brief Psychiatric Rating Scale (BPRS) e a Simpson Angus Neurologic Rating Scale para efeitos extrapiramidais. A pontuação total da BPRS, bem como três factores, perturbação do pensamento, hostilidade e ativação, foram analisados.

7. **Bergamaschi F *et al.*, (2022)**[41] Descrevemos um caso de hipoglicemia grave numa criança de 14 meses de idade como suspeita de reação adversa a medicamentos (RAM) ao nadolol, e realizámos uma análise da base de dados do Sistema de Notificação de Eventos Adversos da FDA (FAERS). Embora relatórios anteriores tenham identificado o risco de hipoglicemia grave em crianças durante o tratamento com в-bloqueadores, pouco se sabe sobre a hipoglicemia como uma RAM em bebés tratados com nadolol. Além disso, os perfis farmacodinâmico e farmacocinético do nadolol em crianças com menos de 1 ano de idade ainda não são totalmente conhecidos. Extraímos todos os relatórios de RAM envolvendo nadolol da base de dados FAERS; para reduzir o risco de enviesamento, considerámos apenas os casos que referiam exclusivamente o nadolol como medicamento suspeito. Em seguida, selecionámos casos de hipoglicemia na população pediátrica e procedemos a uma deduplicação manual.

8. **Chiang CH *et al.*, (2022)** O diacetil nadolol, um pró-fármaco do nadolol e um beta-bloqueador, tem uma permeabilidade corneana aproximadamente 20 vezes superior à do seu composto de origem devido à sua maior lipofilicidade. Foram efectuados estudos de hidrólise do diacetil nadolol a várias temperaturas elevadas e valores de pH para fornecer informações sobre a estabilidade das suas preparações oftálmicas. Foram determinadas as constantes de velocidade aparente para a hidrólise do diacetil nadolol em acetil nadolóis e nadolol. No intervalo de pH neutro (6,8 a 8,2), a hidrólise do diacetil nadolol pode ser proposta como uma catálise de base específica. Várias constantes para a hidrólise do diacetil nadolol em acetil nadolol e do acetil nadolol em nadolol foram, respetivamente, enumeradas da seguinte forma: energia de ativação, 9,78 e 11,39 kcal/mol; entropia a 25 graus C, -9,78 e -5,86 cal/mol.deg; constante de velocidade de segunda ordem a 75 graus C, 3,47 X 10(4) e 2,22 X 10(4) M-1h-1. De acordo com estas constantes cinéticas, uma solução aquosa de diacetil nadolol com pH 6,5 pode ser preparada como um agente antiglaucomatoso. O prazo de validade foi estimado em apenas 43 dias à temperatura ambiente (25 graus C). No entanto, quando a temperatura de armazenamento é reduzida para 5 graus C, o prazo de validade pode ser alargado para mais de 2 anos.

9. **Cohen IS *et al.*, (2022)**[42] Os efeitos agudos do nadolol intravenoso (0,01 e 0,02 mg/kg) nos parâmetros electrofisiológicos cardíacos foram avaliados com o registo do feixe de His e estimulação atrial programada. A dose mais elevada de nadolol reduziu a frequência cardíaca em repouso (71 vs. 65 batimentos/min, P inferior a 0,02), e o grau de abrandamento estava relacionado com a frequência cardíaca inicial (r = -0,68, P inferior a 0,05). O tempo de condução atrioventricular, definido pelo intervalo A-H estimulado,

aumentou 12 mseg (P menor que 0,001) após a administração de nadolol (0,02 mg/kg). A refratariedade atrial aumentou (em 10 mseg, P menor que 0,02) apenas na dose mais alta com nadolol. Em ambos os níveis de dose, os períodos refractários nodais atrioventriculares efectivos e funcionais aumentaram (P inferior a 0,02) numa média de 45 e 21 mseg, respetivamente, sugerindo uma maior sensibilidade da refractariedade nodal atrioventricular ao bloqueio beta-adrenérgico. Os efeitos do nadolol foram, de um modo geral, semelhantes aos de estudos anteriores com outros bloqueadores beta-adrenérgicos. Estes dados sugerem que o nadolol retarda a condução através do nódulo atrioventricular e aumenta a refratariedade nodal atrial e atrioventricular.

TIMOLOL

1. **Moshetova LK *et al.*, (2019)** [43] Nos últimos anos, os bloqueadores B-adrenérgicos tornaram-se os medicamentos de primeira escolha para o tratamento do glaucoma. O timolol ocupa a posição principal entre eles, fazendo parte da maioria das preparações antiglaucomatosas combinadas. A utilização do maleato de timolol na prática clínica pode ser acompanhada de efeitos secundários graves que afectam diferentes órgãos e sistemas. O facto de as células com receptores B-adrenérgicos serem muito comuns no corpo humano explica os efeitos farmacodinâmicos do maleato de timolol. Devido a estes efeitos secundários indesejáveis, o maleato de timolol provoca frequentemente reacções negativas por parte de médicos e doentes, o que, em certa medida, limita a sua utilização na prática oftalmológica. Obviamente, a eficácia e a segurança da administração do timolol dependem das caraterísticas individuais, tornando necessária uma abordagem personalizada para cada doente. Esta abordagem específica, que constitui a base da medicina personalizada, aumenta a eficácia e a segurança do timolol, reduzindo simultaneamente os custos através da utilização de doses direcionadas.
2. **Zimmerman TJ *et al.*, (1979)** [44] Dados de registos clínicos de doentes que utilizaram timolol confirmam o efeito hipotensor ocular do medicamento no glaucoma secundário, glaucoma afácico, hipertensão ocular e quando utilizado em combinação com várias outras formas de tratamento do glaucoma. Não foram observados efeitos secundários locais ou sistémicos graves. Embora muitos agentes adrenérgicos acabem por produzir taquifilaxia, este efeito é pouco frequente na terapêutica com timolol.
3. **Wang Z *et al.*, (2019)**[45] O Maleato de Timolol é um bloqueador beta-adrenérgico não seletivo que é normalmente utilizado para tratar o glaucoma de ângulo aberto. Apesar da sua administração tópica, o timolol oftálmico entra na circulação sistémica e produz um bloqueio beta-adrenérgico sistémico. Relatamos um caso de uso prolongado de timolol que revelou e agravou um defeito de condução cardíaca subjacente demonstrado como um bloqueio atrioventricular (AV) de terceiro grau. Um homem de 62 anos com 13 anos de história de glaucoma foi hospitalizado devido a falta de ar, tonturas e amaurose. O eletrocardiograma indicou uma frequência cardíaca (FC) de 29 bpm com bloqueio atrioventricular (AV) completo, tendo a FC aumentado significativamente com o tratamento com isoprenalina. No entanto, o doente teve episódios de bradicardia (- 20 Д bpm) imediatamente após a autoadministração de gotas oculares de timolol. O bloqueio AV e a bradicardia resolveram-se 48 horas após a interrupção do timolol. O homem teve alta 1 semana depois com um bloqueio A-V de primeiro grau assintomático. No entanto, apresentou um agravamento do bloqueio A-V no check-up de um ano.
4. **Saldanha C *et al.*, (2018)**[46] O maleato de timolol é um composto utilizado no

tratamento para reduzir o aumento da pressão intraocular, limitando a produção de humor aquoso. A diminuição da deformabilidade eritrocitária (DE), o aumento da atividade da acetilcolinesterase eritrocitária (AChE), o aumento dos valores de nitrosoglutationa (GSNO) e óxido nítrico (NO) e a diminuição dos níveis plasmáticos de metabolitos de NO, foram descritos em pacientes com glaucoma primário de ângulo aberto. Nos glóbulos vermelhos humanos saudáveis (hemácias), o timolol é um inibidor da AChE e induz o efluxo de NO e GSNO desse componente sanguíneo em concentrações inferiores às obtidas na presença do substrato natural da AChE, a acetilcolina (ACh). A via de transdução de sinal nas hemácias descrita para o NO na dependência do complexo ativo AChE-ACh envolve a proteína Gi, a proteína tirosina quinase (PTK como Syk e p53/56Lyn), a proteína tirosina fosfatase (PTP) e a adenilil ciclase (AC).O objetivo deste estudo in vitro foi verificar o efeito do maleato de timolol na DE, no efluxo de NO e nas moléculas derivadas do NO (NOx) como o nitrito (NO2-), o nitrato (NO3-, o peroxinitrito (-ONOO) e o GSNO na presença de inibidores das proteínas PTK, PTP, AC e da enzima guanilil ciclase (GC).As amostras de sangue de dadores saudáveis foram divididas em alíquotas na ausência (alíquotas de controlo) e na presença de timolol ou timolol mais cada inibidor e desacoplamento da proteína Gi. Não foram obtidas diferenças significativas nas concentrações de efluxo de NO eritrocitário, GSNO, peroxinitrito, nitrito e nitrato em resposta ao timolol quando comparadas com as alíquotas de amostras de sangue não tratadas. Foi observado um aumento da deformabilidade eritrocitária em altas tensões de cisalhamento induzidas pela presença simultânea de timolol e desfosforilação da proteína banda 3 pelo inibidor PTK syk.

5. Chiou GC *et al.*, (1990)[47] Verificou-se que o D-timolol é equipotente ou ligeiramente menos potente do que o L-timolol para baixar a pressão intraocular (PIO) em coelhos normotensos, coelhos com hipertensão ocular induzida por água, coelhos com glaucoma induzido por alfa-quimotripsina, modelo de recuperação da PIO de coelhos com infusão de solução salina hipertónica, voluntários humanos normotensos, doentes com glaucoma e indivíduos humanos com hipertensão ocular. Embora o L-timolol tenha sido amplamente utilizado para o tratamento do glaucoma e da hipertensão ocular, produz numerosos efeitos secundários, incluindo perturbações cardiovasculares, ataque asmático, depressão psicológica, etc. Uma vez que o D-timolol tem uma afinidade muito mais fraca para os receptores beta-adrenérgicos, verificou-se que tem 1/80-1/300 da potência de bloqueio beta-adrenérgico do L-timolol para bloquear os receptores beta-adrenérgicos em preparações traqueais de cobaias e 1/90 do L-timolol para bloquear os receptores beta-adrenérgicos em preparações auriculares de cobaias.

6. Heel RC *et al.*, (1979)[47] O maleato de timolol é um fármaco beta-bloqueador não seletivo utilizado para o tratamento tópico do aumento da pressão intraocular em doentes com glaucoma crónico de ângulo aberto. Em estudos comparativos, teve um efeito hipotensor ocular um pouco maior do que o agente simpaticomimético adrenalina (epinefrina), ou concentrações baixas a médias (até 4%) do fármaco miótico pilocarpina, diminuindo geralmente a pressão intraocular em cerca de 30 a 35% (redução absoluta da pressão). O timolol tem sido bem tolerado pela maioria dos doentes, produzindo menos queixas subjectivas do que os fármacos de comparação, e as medições objectivas do estado oftalmológico não revelaram quaisquer alterações significativas. Embora alguns doentes tenham sido tratados durante períodos prolongados sem efeitos adversos graves ou perda de eficácia, são necessários mais relatórios publicados sobre um maior número de doentes tratados durante vários anos para confirmar a aparente segurança a longo prazo e a eficácia contínua do medicamento. No entanto, com base nas provas actuais, o timolol parece representar um avanço importante no tratamento tópico do glaucoma

7. **Tuleski GL *et al.*, (2019)**[48] O objetivo deste estudo foi verificar o efeito de uma gota de solução oftálmica de timolol 0,5% na função sistólica do ventrículo esquerdo (VE) e do átrio esquerdo (AE) e confirmar se o timolol ajudou na avaliação da função diastólica, reduzindo a frequência cardíaca (FC) e separando as ondas de fluxo de saída transmitral da imagem do Doppler tecidual (TDI). Um total de 41 gatos saudáveis de propriedade de clientes foram submetidos a dois ecocardiogramas com 20 minutos de intervalo. O grupo timolol (33 gatos) recebeu uma gota de solução de timolol após o primeiro exame. O ecocardiograma padrão e o speckle-tracking avaliaram a função do VE e do AE de ambos os grupos nos dois momentos avaliados. O timolol reduziu a FC (19%), e a fração de encurtamento do VE (20,3%) e do AE (16,6%). O S' septal diminuiu em 51% (de 7,7 para 5,2 cm/s) e o S' lateral diminuiu em 43,1% (7,3 para 5,1 cm/s). A maioria das técnicas longitudinais não se alterou após o timolol, incluindo a excursão sistólica do plano anular mitral em relação ao anel interventricular, a excursão sistólica do plano anular tricúspide, o strain longitudinal do VE e o deslocamento anular do movimento tecidual do VE.

2.6 PERFIL DO MEDICAMENTO RELACIONADO COM O INIBIDOR DA ACE

Captopril

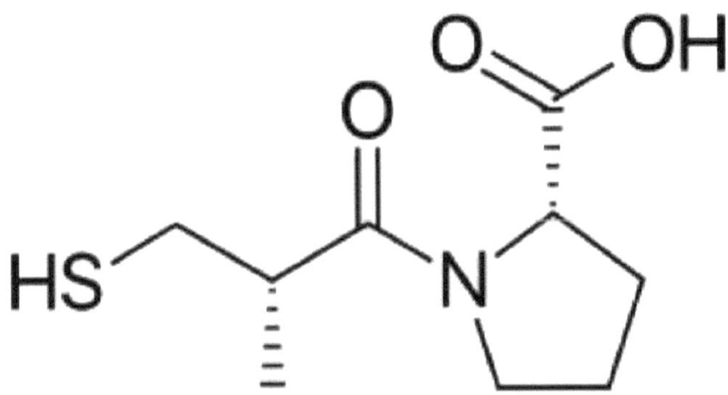

O captopril, vendido sob o nome comercial de Capoten, entre outros, é um inibidor da enzima de conversão da angiotensina (ECA) utilizado no tratamento da hipertensão e de alguns tipos de insuficiência cardíaca congestiva. O captopril foi o primeiro inibidor oral da ECA descoberto para o tratamento da hipertensão, não causando a fadiga associada aos beta-bloqueadores. Devido ao efeito adverso de causar hipercalemia, como acontece com a maioria dos inibidores da ECA, o medicamento é normalmente associado a um diurético. O captopril foi patenteado em 1976 e aprovado para utilização médica em 1980.

O captopril tem um grupo L-prolina que lhe permite uma maior biodisponibilidade nas formulações orais. A porção tiol da molécula tem sido associada a dois efeitos adversos significativos: o hapteno ou a resposta imunitária. Esta resposta imunitária, também conhecida como agranulocitose, pode explicar os efeitos adversos que podem ser observados no captopril com a resposta alérgica, que seria: urticária, dor de estômago grave, dificuldade em respirar, inchaço da face, lábios, língua ou garganta.

Em termos de interação com a enzima, a porção tiol da molécula liga-se ao local de ligação da enzima ECA. Isto irá inibir a porta à qual a molécula de angiotensina-1 se ligaria normalmente, inibindo assim os efeitos a jusante no sistema renina-angiotensina.

Utilizações médicas

As principais utilizações do captopril baseiam-se na sua vasodilatação e na inibição de algumas actividades da função renal.

Hipertensão

Doenças cardíacas como a insuficiência cardíaca congestiva e após enfarte do miocárdio Preservação da função renal na nefropatia diabética.

Além disso, demonstrou propriedades de elevação do humor em alguns doentes. Isto é consistente com a observação de que os modelos de rastreio em animais indicam uma atividade antidepressiva putativa para este composto, embora um estudo tenha sido negativo. Não foram registados ensaios clínicos formais em doentes deprimidos.

Foi também investigada a sua utilização no tratamento do cancro. Os estereoisómeros do captopril também inibem algumas metalo-e-lactamases.

Mecanismo de ação

O captopril bloqueia a conversão da angiotensina I em angiotensina II e impede a degradação das prostaglandinas vasodilatadoras, inibindo assim a vasoconstrição e promovendo a vasodilatação sistémica.

Farmacocinética

Ao contrário da maioria dos inibidores da ECA, o captopril não é administrado como pró-fármaco (o único outro é o lisinopril). Cerca de 70% do captopril administrado por via oral é absorvido. A biodisponibilidade é reduzida pela presença de alimentos no estômago. É parcialmente metabolizado e parcialmente excretado inalterado na urina. O captopril tem também um perfil farmacocinético relativamente fraco. A sua curta semi-vida exige a administração de doses duas ou três vezes por dia, o que pode reduzir a adesão dos doentes ao tratamento. O captopril tem uma semi-vida curta de 2-3 horas e uma duração de ação de 12-24 horas.

Enalpril

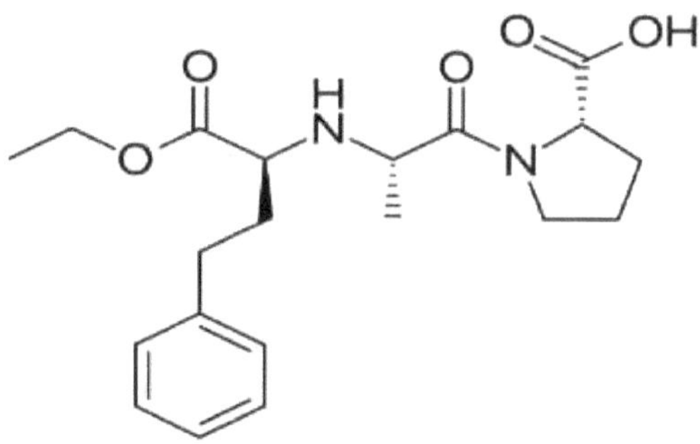

O enalapril, vendido sob o nome comercial de Vasotec, entre outros, é um medicamento inibidor da ECA utilizado para tratar a tensão arterial elevada, a doença renal diabética e a insuficiência cardíaca. Na insuficiência cardíaca, é geralmente utilizado com um diurético, como a furosemida. É administrado por via oral ou por injeção numa veia. O início dos efeitos ocorre normalmente dentro de uma hora quando tomado por via oral e dura até um dia

Os efeitos secundários mais comuns incluem dores de cabeça, cansaço, sensação de tonturas ao levantar-se e tosse. Os efeitos secundários graves incluem angioedema e tensão arterial baixa. Acredita-se que a sua utilização durante a gravidez pode ser prejudicial para o bebé. Faz parte da família de medicamentos inibidores da enzima de conversão da angiotensina (ECA)

O enalapril foi patenteado em 1978 e entrou em uso médico em 1984. Faz parte da Lista de Medicamentos Essenciais da Organização Mundial de Saúde. Em 2020, foi o 329º medicamento mais prescrito nos Estados Unidos, com mais de 800 mil prescrições. A partir de agosto de 2021, o enalapril está disponível como medicamento genérico nos EUA.

Estrutura Relação de atividade

O enalapril tem uma fração de L-prolina como parte da molécula, que é responsável pela biodisponibilidade oral do medicamento. É um pró-fármaco, o que significa que exerce a sua função depois de ser metabolizado. A parte "-OCH2CH3" da molécula irá dividir-se durante o metabolismo e no carbono será um carboxilato, que depois interage com o sítio Zn+2 da enzima ACE. Esta caraterística estrutural e o mecanismo de metabolismo que tem de ocorrer antes de o fármaco poder inibir a enzima explicam a razão pela qual tem uma maior duração de ação do que outro fármaco semelhante utilizado para a mesma indicação, o captopril. O enalapril tem um início de ação mais lento do que o captopril, mas uma maior duração de ação. Contudo, ao contrário do captopril, o enalapril não possui uma fração tiol.

Utilizações médicas

O enalapril é utilizado para tratar a hipertensão, a insuficiência cardíaca sintomática e a disfunção ventricular esquerda assintomática. Os inibidores da ECA (incluindo o enalapril) demonstraram a sua capacidade para reduzir a progressão e o agravamento da doença renal crónica existente na presença de proteinúria/microalbuminúria (proteína na urina, um biomarcador da doença renal crónica). Este efeito protetor renal não é observado na ausência de proteinúria/microalbuminúria, incluindo em populações diabéticas.O benefício foi particularmente demonstrado em doentes com hipertensão e/ou diabetes e é provável que se verifique noutras populações (embora sejam necessários mais estudos e análises de subgrupos dos estudos existentes). Além disso, o enalapril é um tratamento emergente para a polidipsia psicogénica. Um ensaio em dupla ocultação, controlado por placebo, mostrou que, quando utilizado para este fim, o enalapril conduziu a uma diminuição do consumo de água (determinado pelo débito urinário e pela osmolalidade) em 60% dos doentes.

Lisinopril

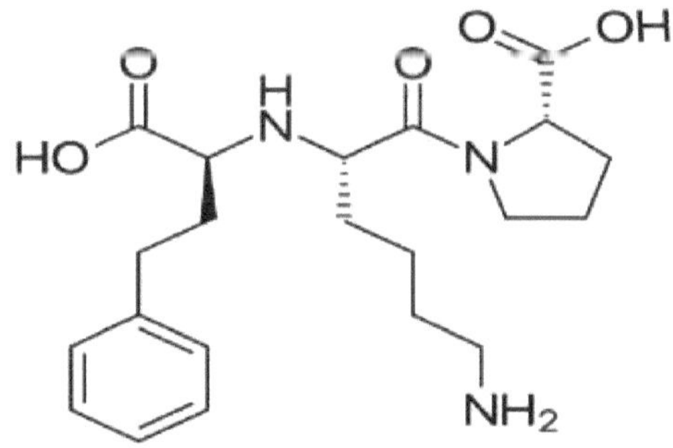

Lisinopril é um medicamento do grupo dos inibidores da enzima de conversão da angiotensina (ECA) e é utilizado para tratar a tensão arterial elevada, a insuficiência cardíaca e após ataques cardíacos. É também utilizado para prevenir problemas renais em pessoas com diabetes mellitus. O lisinopril é tomado por via oral e o seu efeito completo pode demorar até quatro semanas a ocorrer.

Os efeitos secundários mais comuns incluem dores de cabeça, tonturas, sensação de cansaço, tosse, náuseas e erupção cutânea. Os efeitos secundários graves podem incluir tensão arterial baixa, problemas hepáticos, potássio elevado no sangue e angioedema. A sua utilização não é recomendada durante toda a gravidez, pois pode prejudicar o bebé. Lisinopril actua através da inibição do sistema renina-angiotensina-aldosterona.

O lisinopril foi patenteado em 1978 e aprovado para uso médico nos Estados Unidos em 1987. Está disponível como medicamento genérico. Em 2020, era o quarto medicamento mais frequentemente prescrito nos Estados Unidos, com mais de 88 milhões de receitas. Em julho de 2016, foi aprovada para utilização nos Estados Unidos uma formulação de solução oral de lisinopril.

Relações estrutura-atividade

O lisinopril tem um grupo prolina que é responsável pela disponibilidade do medicamento na formulação oral. O grupo carboxilato interage com iões de zinco para inibir a enzima ACE presente nos rins e nos pulmões. Os outros substituintes participam na ligação à mesma enzima. Ao contrário do Captopril, outro inibidor da ECA, o Lisinopril não possui um grupo tiol.

Utilizações médicas

O lisinopril é normalmente utilizado no tratamento da hipertensão arterial, insuficiência cardíaca congestiva, nefropatia diabética e após enfarte agudo do miocárdio (ataque cardíaco)[7][1]. Em comparação com outros medicamentos da mesma classe, como o captopril e o enalapril, o lisinopril tem uma duração de ação mais longa.

2.7 MEDICAMENTOS INIBIDORES DA ECA RELACIONADOS COM A LITERATURA

CAPTOPRIL

1. **Rosendorff C (1982)**[27] O captopril (Capoten; Squibb) é um antagonista específico, ativo por via oral, da peptidil-dipeptídeo carboxihidrolase, a enzima que converte a angiotensina I em angiotensina II e que inativa a bradicinina. Por conseguinte, o captopril reduz a pressão arterial numa série de modelos animais de hipertensão. Em 96 estudos

efectuados em 1570 doentes, o captopril demonstrou ser superior ao placebo e equivalente ao propranolol ou a um diurético no tratamento da hipertensão essencial. No tratamento da hipertensão grave resistente ao tratamento, a resposta ao captopril (isoladamente ou em associação com um diurético e/ou propranolol) foi melhor do que a resposta à terapêutica tripla padrão. O captopril, juntamente com digitálicos e um diurético, também melhorou o estado hemodinâmico e clínico dos doentes com insuficiência cardíaca congestiva refractária. Os efeitos secundários incluem erupções cutâneas (15%), proteinúria (1,1%, ou 0,4% dos doentes sem doença renal prévia) e síndrome nefrótica (0,9%, ou 0,3% dos doentes sem doença renal prévia). Quase todos os doentes com síndrome nefrótica nos quais foram efectuadas biopsias renais apresentavam glomerulopatia membranosa.

2. **Plosker GL *et al.*, (1995)[28]** O captopril é um inibidor da enzima de conversão da angiotensina (ECA) que tem sido amplamente utilizado no tratamento de doentes com hipertensão e insuficiência cardíaca congestiva. Nos últimos anos, estudos em animais e humanos demonstraram que o captopril atenua a remodelação do ventrículo esquerdo (alterações estruturais e alargamento) que ocorre após o enfarte do miocárdio e que pode levar à disfunção ventricular esquerda e ao aumento do risco de morte. Posteriormente, grandes ensaios clínicos demonstraram uma redução da mortalidade e da morbilidade em doentes que receberam captopril ou outros inibidores da ECA (para além da terapêutica padrão) após um enfarte agudo do miocárdio. Os resultados do 4º Estudo Internacional de Sobrevivência ao Enfarte (ISIS-4), um ensaio fatorial que aleatorizou mais de 58 000 doentes, indicam que o captopril, iniciado nas 24 horas seguintes ao enfarte do miocárdio e titulado para 50 mg duas vezes por dia durante 1 mês, reduziu significativamente a mortalidade global 5 semanas após a aleatorização, em comparação com o placebo (7,19 vs 7,69%; p = 0,02). Isto corresponde a um benefício absoluto de 5 vidas salvas por cada 1000 pacientes tratados com captopril durante este período.

3. **Brogden RN *et al.*, (1988)[29]** O captopril é um inibidor oral da enzima de conversão da angiotensina (ECA) e tem sido amplamente estudado no tratamento de doentes com hipertensão essencial ligeira a moderada, hipertensão grave que não responde aos regimes convencionais de diuréticos/bloqueadores dos adrenoceptores beta/vasodilatadores e doentes com insuficiência cardíaca congestiva crónica refractária ao tratamento com diuréticos e digitálicos. Em doentes com hipertensão essencial ligeira ou moderada, as doses baixas tituladas de captopril utilizadas isoladamente ou em conjunto com um diurético são semelhantes em termos de eficácia às doses habituais de hidroclorotiazida, clortalidona ou fármacos bloqueadores dos receptores beta, bem como aos outros inibidores da ECA. Além disso, o captopril melhorou o bem-estar em maior grau do que a metildopa ou o propranolol num estudo concebido especificamente para determinar o efeito do tratamento na qualidade de vida dos doentes com hipertensão essencial ligeira ou moderada. A eficácia anteriormente demonstrada do captopril, utilizado com um diurético e, frequentemente, também com um fármaco bloqueador dos receptores beta, no tratamento da hipertensão grave refractária à "terapêutica tripla" convencional foi confirmada em ensaios mais recentes que ilustram o efeito anti-hipertensivo geralmente acentuado dos regimes que contêm captopril nesses doentes.

4. **Zhou SH *et al.*, (2022)[30]** O captopril pode ter efeitos nefrotóxicos, que são em grande parte atribuídos à renina acumulada e à angiotensina II "escapada" (Ang II). Aqui testamos se a inibição da enzima conversora de angiotensina-1 (ACE1) danifica os rins através da alteração das respostas arteriolares aferentes renais à Ang II e à sinalização

inflamatória. Os ratinhos C57Bl/6 receberam veículo ou captopril (60 mg/kg por dia) durante quatro semanas. A hipertensão foi obtida através de uma minibomba que forneceu Ang II (100 ng/kg por minuto) durante as segundas duas semanas. Avaliámos a histologia renal por coloração com ácido periódico de Schiff (PAS) e Masson, a taxa de filtração glomerular (TFG) por depuração de inulina marcada com FITC e as respostas à Ang II avaliadas em arteríolas aferentes in vitro. Além disso, o H2O2 e a catalase arteriolares, a renina plasmática foram testados por kits comerciais, e os mRNAs do recetor de renina, do fator de crescimento transformador-B (TGF-P) e da ciclooxigenase-2 (COX-2) no córtex renal, os mRNAs do recetor de angiotensina-1 (AT1R) e AT2R nas arteríolas pré-glomerulares foram detectados por RT-q PCR. Os resultados mostraram que, em comparação com o veículo, os ratinhos que receberam captopril apresentaram uma diminuição da pressão arterial, uma redução da taxa de filtração glomerular, um aumento da renina plasmática, fibrose intersticial renal e degeneração vacuolar do epitélio tubular, um aumento da expressão dos ARNm do TGF-B e da COX-2 renais, uma diminuição da produção de H2O2 e um aumento da atividade da catalase nas arteríolas pré-glomerulares e um aumento das contracções da Ang II arteriolar aferente. Estas últimas foram atenuadas pela incubação com H2O2.

5. **Duchin KL *et al.*, (1988)**[31] O captopril, o primeiro inibidor oralmente ativo da enzima de conversão da angiotensina, é amplamente utilizado no tratamento da hipertensão e da insuficiência cardíaca congestiva. A farmacocinética deste agente foi amplamente estudada em indivíduos saudáveis e em doentes com hipertensão, insuficiência cardíaca congestiva e insuficiência renal crónica. O captopril contém um grupo sulfidrilo e liga-se facilmente à albumina e a outras proteínas plasmáticas. O fármaco forma também dissulfuretos mistos com compostos endógenos que contêm tiol (cisteína, glutatião), bem como o dímero de dissulfureto do composto original. Estes componentes no sangue e na urina são medidos coletivamente como captopril total. Devido à reversibilidade da formação destes dissulfuretos inactivos, o captopril total pode servir de reservatório da fração farmacologicamente ativa, contribuindo assim para uma duração de ação superior à prevista pelas concentrações sanguíneas de captopril inalterado. Para medir as concentrações de captopril livre ou inalterado, é necessário adicionar um estabilizador químico às amostras biológicas para evitar a formação de dissulfuretos de captopril ex vivo. Em indivíduos saudáveis que receberam captopril por via intravenosa, a depuração corporal do captopril e o volume de distribuição no estado estacionário foram de cerca de 0,7 L/h/kg e 0,8 L/kg, respetivamente. A semi-vida de eliminação do captopril inalterado foi de aproximadamente 2 horas. A principal via de eliminação do captopril é o rim.

ENALPRPRIL

1. **Ahmed OM *et al.*, (2019)**[32] Este estudo teve como objetivo avaliar o efeito renopreventivo do enalapril e / ou paricalcitol na nefropatia induzida por diabetes estreptozotocina (STZ) e elucidar seus mecanismos de ação através da investigação dos efeitos no estresse oxidativo renal, sistema de defesa antioxidante e expressões de TNF-a, p53, caspase-3 e Bcl-2. A diabetes mellitus foi induzida em ratos Wistar machos em jejum através de uma única injeção intraperitoneal de STZ (45 mg /kg b.w.) dissolvida em tampão citrato (pH 4,5). Dez dias após a injeção de STZ, os ratos diabéticos foram tratados com enalapril (25 mg/l de água potável) e/ou paricalcitol (8 pg/kg b.w. *per os*)

dissolvido em 5% DMSO diariamente durante 4 semanas. Os dados obtidos revelaram que o tratamento de ratos Wistar diabéticos com enalapril e/ou paricalcitol conduziu a uma diminuição significativa dos níveis elevados de ureia, ácido úrico, creatinina, sódio e potássio no soro, reflectindo assim a melhoria da função renal comprometida. A peroxidação lipídica renal deteriorada, o conteúdo de GSH e as actividades de GST e catalase em ratos diabéticos foram significativamente melhorados como resultado do tratamento com enalapril e/ou paricalcitol. Os níveis elevados de glucose sérica em jejum e pós-prandial e os níveis reduzidos de insulina sérica e de péptido C também foram melhorados.

2. **Yang Y *et al.*, (2019)**[33] 5-Fluorouracil (5-FU) é um dos medicamentos mais eficazes para o tratamento do cancro colorrectal (CRC). No entanto, há uma necessidade urgente de reduzir seus efeitos colaterais sistêmicos e quimiorresistência para tornar a quimioterapia baseada em 5-FU mais eficaz e menos tóxica no tratamento do CRC. Aqui, o enalapril, um fármaco anti-hipertensivo e anti-insuficiência cardíaca amplamente utilizado clinicamente, foi verificado como um quimiossensibilizador que melhora extremamente a sensibilidade das células CRC ao 5-FU. O enalapril aumentou consideravelmente a citotoxicidade do 5-FU no crescimento celular em células CRC estabelecidas e primárias. A combinação de enalapril e 5-FU suprimiu sinergicamente a migração e invasão celular em células CRC sensíveis e resistentes ao 5-FU in vitro, e inibiu a angiogénese, o crescimento tumoral e a metástase de células CRC resistentes ao 5-FU in vivo sem aumentar a toxicidade sistémica em concentrações que eram ineficazes como agentes individuais.

3. **Keller K *et al.*, (2019)**[33] Este estudo investiga a associação de 5 polimorfismos de nucleotídeo único (SNPs) em genes selecionados (ABO, VEGFA, BDKRB2, NOS3 e ADRB2) com a resposta da pressão arterial (PA) ao enalapril. O estudo avaliou ainda as interações genéticas existentes nestes genes e as suas implicações na resposta ao tratamento com enalapril em adultos sul-africanos com hipertensão. Foi recrutado um total de 284 participantes pertencentes à tribo Nguni da África do Sul em tratamento contínuo para a hipertensão. Foram selecionados e genotipados cinco SNP nos farmacogenes do enalapril utilizando o MassArray. A hipertensão não controlada foi definida como PA >140/90mmHg. A associação entre os genótipos, os alelos e a resposta da PA ao tratamento foi determinada através da análise de modelos de regressão logística multivariada, e as interações genéticas entre os SNPs foram avaliadas através da redução da dimensionalidade multifatorial.

4. **Masilela C *et al.*, (2019)**[34] Os estudos sobre intervenções que podem atrasar ou tratar a fragilidade em humanos são limitados. Há evidências de efeitos benéficos dos inibidores da enzima conversora de angiotensina (ECA) em aspectos relacionados à fragilidade, como a função física, mesmo naqueles sem doença cardiovascular. Este estudo teve como objetivo investigar longitudinalmente o efeito de um inibidor da ECA na fragilidade em ratos machos e fêmeas em envelhecimento. A fragilidade foi avaliada com um índice de fragilidade clínica (FI) que quantifica os défices relacionados com a saúde em ratinhos de meia-idade (9-13 meses) e mais velhos (16-25 meses). O tratamento crónico com enalapril (30 mg/kg/dia na ração) atenuou a fragilidade em ratinhos fêmeas de meia-idade e mais velhos, e em ratinhos machos mais velhos, sem um efeito a longo prazo na pressão sanguínea. O tratamento com enalapril resultou numa redução das citocinas pró-inflamatórias interleucina (IL)-1a, proteína quimioatraente de monócitos-1 e

proteína inflamatória de macrófagos-1a em ratinhos fêmeas mais velhos, e num aumento da citocina anti-inflamatória IL-10 em ratinhos machos mais velhos, em comparação com animais de controlo. Estes efeitos específicos do sexo na inflamação podem contribuir para os efeitos protectores do enalapril contra a fragilidade. Este é o primeiro estudo a examinar o efeito longitudinal de uma intervenção na IF em ratinhos e fornece provas pré-clínicas de que o enalapril pode atrasar o aparecimento da fragilidade, mesmo quando iniciado mais tarde na vida.

5. Gierthmuehlen M *et al.*, (2016)[35] Foi demonstrado que a estimulação selectiva do nervo vagal (sVNS) reduz a pressão arterial (PA) em ratos sem causar efeitos secundários importantes. Este método poderia ser adaptado para o tratamento da hipertensão resistente à terapia em pacientes. Os inibidores da enzima de conversão (IEC) estão entre os primeiros fármacos administrados para a hipertensão arterial e reduzem de forma proeminente a PA, principalmente através da interação com o sistema renina-angiotensina dos rins. Para além da redução da PA, os IEC têm um efeito positivo na taxa de sobrevivência após enfarte do miocárdio; reduzem as taxas de acidente vascular cerebral e melhoram o estado neuro-hormonal em doentes com insuficiência cardíaca. Se o sVNS puder ser introduzido como uma terapia contra a hipertensão resistente, os doentes manterão, pelo menos parcialmente, a sua medicação para os CEI. Por conseguinte, o objetivo deste estudo é investigar a influência do enalapril CEI nos efeitos hemodinâmicos e respiratórios da sVNS. Em 10 ratos Wistar machos, foi colocado um elétrodo-cuff multicanal à base de poliimida à volta do feixe do nervo vagal para estimular seletivamente as fibras do nervo depressor aórtico. Os parâmetros de estimulação foram adaptados aos limiares de cada animal e incluíram frequências de repetição entre 30 e 50 Hz, amplitudes de 0,5 a 1,5 mA e larguras de pulso entre 0,4 ms e 1,0 ms. As respostas da PA foram detectadas com um transdutor de microponta na artéria carótida esquerda e a eletrocardiografia foi registada com eléctrodos subcutâneos. Após a administração intravenosa de enalapril (2 mg/kg de peso corporal), as pressões sanguíneas arteriais médias (PAMs) dos animais diminuíram significativamente, enquanto as frequências cardíacas (FCs) não foram significativamente influenciadas. Os efeitos da sVNS na PA e na FC foram atenuados pelo enalapril, mas ainda estavam presentes. Concluímos que a sVNS pode baixar a PAM durante o tratamento com enalapril sem efeitos secundários relevantes.

6. Mansuri A *et al.*, (2019)[36] Foi demonstrado que uma dieta materna pobre em proteínas programa a hipertensão e uma redução na taxa de filtração glomerular na descendência adulta. Este estudo examinou o efeito da administração contínua de enalapril na água potável e da administração transitória de enalapril administrada de 21 a 42 dias de idade na pressão arterial e na taxa de filtração glomerular (TFG) em ratos machos cujas mães foram alimentadas com uma dieta de 20% de proteína (controlo) ou uma dieta de 6% de proteína (programada) durante a última metade da gravidez. Após o nascimento, todos os ratos foram alimentados com uma dieta de 20% de proteínas. Os ratos programados (dieta materna com 6% de proteínas) eram hipertensos aos 15 meses de idade, em comparação com os ratos de controlo, e a administração contínua e transitória de enalapril não teve qualquer efeito na pressão sanguínea da descendência de controlo, mas normalizou a pressão sanguínea da descendência programada. A TFG foi de 3,2 ± 0,1 mL/min no grupo de controlo e de 1,7 ± 0,1 mL/min nos ratos programados aos 17 meses de idade ($P < 0{,}001$). A TFG foi de 3,0 ± 0,1 mL/min no grupo controle e 2,7 ± 0,1 mL/min no grupo programado que recebeu enalapril contínuo na água de beber, mostrando que o enalapril pode prevenir a diminuição da TFG em ratos programados.

7. **Ham O *et al.*, (2019)**[37] A doença cardiovascular constitui a principal causa de mortalidade em doentes com doença renal crónica (DRC) e doença renal em fase terminal. Apesar do crescente reconhecimento de uma estreita interação entre a disfunção renal e a doença cardiovascular, denominada síndrome cardiorrenal (SRC), os mecanismos subjacentes à SRC permanecem mal compreendidos. Aqui relatamos o desenvolvimento de hipertrofia e fibrose cardíaca patológica na fase inicial da DRC não urémica. A insuficiência renal moderada foi induzida três semanas após a obstrução urinária unilateral (UUO) em ratinhos. Observámos hipertrofia cardíaca patológica e aumento da fibrose em animais com DRC induzida por UUO (UUO/DRC). Uma análise mais aprofundada indicou que esta fibrose cardíaca estava associada a um aumento da expressão do fator de crescimento transformador β (TGF-β), juntamente com uma regulação positiva significativa da sinalização Smad 2/3 no coração.

8. **Wang G *et al.*, (2019)**[38] Existem fortes evidências que sugerem que os inibidores da enzima de conversão da angiotensina (IECA) protegem contra a lesão local de isquemia/reperfusão (I/R) do miocárdio. Este estudo foi concebido para explorar se os IECA exercem efeitos cardioprotectores num modelo suíno de paragem cardíaca (PC) e reanimação. Os porcos machos foram distribuídos aleatoriamente em três grupos: grupo de operação simulada, grupo de tratamento com solução salina e grupo de tratamento com enalapril. Trinta minutos após a infusão do fármaco, os animais dos grupos salina e enalapril foram submetidos a fibrilhação ventricular (8 min) seguida de reanimação cardiopulmonar (até 30 min). A função cardíaca foi monitorizada e o tecido do miocárdio e o sangue foram recolhidos para análise. O pré-tratamento com enalapril não melhorou a função cardíaca nem a taxa de sobrevivência de 6 horas após PCR e reanimação; no entanto, esta intervenção melhorou os danos ultra-estruturais do miocárdio, reduziu o nível de troponina I cardíaca plasmática e diminuiu a apoptose do miocárdio. Os níveis plasmáticos de angiotensina (Ang) II e Ang-(1-7) estavam aumentados no modelo de PCR e reanimação. O enalapril reduziu o nível plasmático de Ang II 4 e 6 horas após o retorno da circulação espontânea, enquanto que o enalapril não afectou o nível plasmático de Ang-(1-7). O pré-tratamento com enalapril diminuiu o ARNm do miocárdio e a expressão proteica da enzima de conversão da angiotensina (ECA).

9. **Lam PH *et al.*, (2019)**[39] Examinar associações de dose abaixo do alvo e alvo de enalapril, um inibidor da enzima de conversão da angiotensina (ACE), com resultados em pacientes com insuficiência cardíaca e fração de ejeção reduzida (HFrEF) no estudo de Tratamento de Estudos de Disfunção Ventricular Esquerda (SOLVD). Dois mil quinhentos e sessenta e nove pacientes com ICFEr (fração de ejeção <35%) foram aleatorizados para uma dose abaixo do objetivo (5 - 10 mg/dia) de placebo (n = 1284) ou enalapril (n = 1285). Um mês após a randomização, foi tentada a titulação cega para a dose alvo (20 mg/dia) para ambos os medicamentos do estudo em 2458 pacientes. Entre os 1444 doentes que conseguiram aumentar a dose (placebo, n = 748; enalapril, n = 696; dose média para ambos os grupos, 20,0 mg/dia), a dose alvo de enalapril (vs. dose alvo de placebo) foi associada a um risco 9% mais baixo do endpoint combinado de hospitalização por insuficiência cardíaca ou mortalidade por todas as causas [hazard ratio (HR) ajustado 0,70; intervalo de confiança (IC) 95% 0,60 - 0,81; P < 0,001] durante 4 anos de seguimento. Entre os 1014 pacientes que não conseguiram atingir a dose alvo (placebo, n

= 486; enalapril, *n* = 528; dose média para ambos os grupos, 8,8 mg/dia), a dose abaixo da dose alvo de enalapril (vs. dose abaixo da dose alvo de placebo) foi associada a um risco 12% menor de desfecho combinado de hospitalização por insuficiência cardíaca ou mortalidade por todas as causas (HR ajustado 0,68; IC 95% 0,57 - 0,81; $P < 0,001$). Entre os 1224 pacientes que receberam enalapril, a dose alvo (vs. abaixo da dose alvo) não teve associação com o desfecho combinado de hospitalização por insuficiência cardíaca ou mortalidade por todas as causas (HR ajustado 1,04; IC 95% 0,87 - 1,23; $P = 0,695$).

10. McCallum W *et al.*, (2019)[40] Os inibidores da enzima de conversão da angiotensina (IECA) são benéficos na insuficiência cardíaca com insuficiência de ejeção reduzida (HFrEF), mas estão associados a declínios agudos na eGFR. Os estudos anteriores que avaliaram os limiares de declínio da TFGe durante a utilização de IECA na IC-FER não tiveram em conta este declínio provocado pela medicação. Utilizando os ensaios dos Studies of Left Ventricular Dysfunction (SOLVD) (n=6245), foram utilizados modelos de regressão de riscos proporcionais de Cox para calcular os rácios de risco de mortalidade por todas as causas e de hospitalização por insuficiência cardíaca (IC) associados ao declínio da %eGFR às 2 semanas e 6 semanas após a aleatorização para enalapril versus placebo. Em referência ao placebo com igual grau de declínio da %eGFR, qualquer declínio da eGFR no braço do enalapril foi associado a um menor risco de ambos os resultados.

LISINOPRIL

1. **Tsai T *et al.*, (2019)**[41] Este estudo de coorte retrospetivo comparou a administração de lisinopril duas vezes por dia e uma vez por dia para a hipertensão. Os dados foram recolhidos de um registo eletrónico de saúde ambulatório entre 2011 e 2014. Os doentes que anteriormente recebiam lisinopril 20 mg foram colocados na coorte de uma vez por dia se mudassem para 40 mg uma vez por dia ou na coorte de duas vezes por dia se mudassem para 20 mg duas vezes por dia. As medidas de eficácia foram a alteração da pressão arterial sistólica e da pressão arterial diastólica e a obtenção do controlo da pressão arterial (<140/90 mm Hg). Dos 90 pacientes incluídos (45 por coorte), a idade média foi de 61,8 anos e 17,8% eram negros. As administrações uma e duas vezes por dia foram associadas a reduções da pressão arterial de 6,2/1,5 mm Hg e 16,5/5,9 mm Hg, com uma redução 10,2/4,3 mm Hg maior com a administração duas vezes por dia (pressão arterial sistólica, P=.016; pressão arterial diastólica, P=.068).
2. **Sukalo A *et al.*, (2016)**[42] Neste estudo retrospetivo e aleatório foi efectuado o processamento de dados recolhidos por questionário de desenho especial do campo através de estudos e análises realizados em 5 instituições de cuidados de saúde no território da Bósnia e Herzegovina. O estudo incluiu 270 pacientes que foram submetidos a três exames médicos consecutivos. A redução total da pressão arterial em média foi de 32,8 mmHg para a sistólica e 17,1 mmHg para a diastólica, o que é consistente com os resultados publicados anteriormente. O Lisinopril/Hidroclorotiazida é, portanto, uma terapia valiosa no domínio da medicina interna. O estudo deste medicamento confirmou a sua eficácia no tratamento .
3. **Packer M *et al.*, (1999)**[43] Os inibidores da enzima de conversão da angiotensina (ECA) são geralmente prescritos pelos médicos em doses inferiores às doses elevadas que demonstraram reduzir a morbilidade e a mortalidade em doentes com insuficiência cardíaca. Não é claro, no entanto, se as doses baixas e altas de inibidores da ECA têm benefícios semelhantes. Foram distribuídos aleatoriamente 3164 doentes com insuficiência

cardíaca de classe II a IV da New York Heart Association e uma fração de ejeção < ou = 30% para tratamento duplamente cego com doses baixas (2,5 a 5,0 mg por dia, n=1596) ou doses altas (32,5 a 35 mg por dia, n=1568) do inibidor da ECA, lisinopril, durante 39 a 58 meses, enquanto a terapêutica de fundo para a insuficiência cardíaca foi mantida. Quando comparados com o grupo de dose baixa, os doentes no grupo de dose elevada tiveram um risco de morte 8% inferior não significativo (P=0,128), mas um risco 12% inferior significativo de morte ou hospitalização por qualquer motivo (P=0,002) e 24% menos hospitalizações por insuficiência cardíaca (P=0,002).

4. **Elewa SH *et al.*, (2022)**[44] O lisinopril é um fármaco anti-hipertensivo com fraca permeabilidade intestinal. O aumento da absorção intestinal depende de uma compreensão clara das vias de permeação e dos mecanismos de absorção. Infelizmente, estes não estão totalmente elucidados no caso do lisinopril. Assim, o objetivo foi determinar as vias de permeação do lisinopril e os obstáculos que limitam o transporte membranar com a subsequente nomeação de potenciadores de permeação adequados. Para o efeito, foi utilizada uma técnica de perfusão intestinal de coelho in situ, que revelou uma depuração de absorção dependente do local (PeA/L) a partir de uma solução simples de lisinopril (5 pg/ml), com a absorção paracelular a desempenhar um papel importante. A permeabilidade regional ao fármaco foi classificada como cólon > duodeno > jejuno > íleo, opondo-se à expressão intestinal dos transportadores de efluxo da glicoproteína-P (P-gp). A perfusão duodenal e jejunal de uma concentração mais elevada de lisinopril (50 ug/ml) reflectiu uma absorção saturável, sugerindo um transporte mediado pelo transportador.

5. **Hajjar I *et al.*, (2020)**[45] Estudos observacionais sugeriram que os bloqueadores dos receptores da angiotensina estão associados a uma proteção cognitiva única. Não é claro se tal se deve à redução da pressão arterial (PA) ou ao bloqueio dos receptores da angiotensina tipo 1. Determinar os efeitos neurocognitivos do candesartan vs lisinopril em adultos mais velhos com défice cognitivo ligeiro (MCI). Este ensaio clínico aleatório incluiu participantes com idade igual ou superior a 55 anos com DCL e hipertensão. Os indivíduos foram retirados da terapia anti-hipertensiva anterior e randomizados em uma proporção de 1 para 1 para candesartan ou lisinopril de junho de 2014 a dezembro de 2018. Os participantes foram submetidos a avaliações cognitivas na linha de base e aos 6 e 12 meses. Imagens de ressonância magnética do cérebro foram obtidas na linha de base e 12 meses. Este estudo de intenção de tratar foi duplamente cego e alimentado para um tamanho de amostra que contabiliza 20% de desistência. Os dados foram analisados de maio a outubro de 2019

6. **Goa KL *et al.*, (1997)**[45] O lisinopril, tal como outros inibidores da ECA, baixa a pressão arterial e preserva a função renal em doentes hipertensos com diabetes mellitus não insulino-dependente ou insulino-dependente (NIDDM ou IDDM) e nefropatia precoce ou evidente, sem afetar negativamente o controlo glicémico ou os perfis lipídicos. Com base nos dados disponíveis, os efeitos renoprotectores parecem ser maiores com o lisinopril do que com os bloqueadores dos canais de cálcio, diuréticos e beta-bloqueadores, apesar de uma eficácia anti-hipertensiva semelhante. Como demonstrado pelo estudo EUCLID (EUrodiab Controlled trial of Lisinopril in InsulinDependent Diabetes), o lisinopril é também renoprotector em doentes normotensos com IDDM e microalbuminúria. O efeito em doentes normotensos com normoalbuminúria foi menor do que nos doentes com microalbuminúria, pelo que ainda não é possível tirar conclusões

sobre a sua utilização em doentes com normoalbuminúria. Em outras complicações para além da nefropatia, o lisinopril demonstrou algum benefício. A progressão para retinopatia foi retardada durante 2 anos de terapêutica com lisinopril no estudo EUCLID. Embora ainda não tenham sido publicados na íntegra, estes resultados fornecem a evidência mais convincente até à data para um efeito de um inibidor da ECA na retinopatia.

7. **Whitehead WJ *et al,* (2022)** [46] O angioedema induzido por lisinopril (LIA) é um acontecimento adverso a medicamentos (EAM) raro mas grave, com uma incidência publicada de 0,1% a 0,7%. É sabido que os EAM são largamente subnotificados; no entanto, o angioedema induzido por lisinopril é um dos EAM mais notificados na Administração de Saúde dos Veteranos (VHA). O risco notificado de LIA foi calculado a partir de relatórios submetidos ao Sistema de Notificação de Eventos Adversos a Medicamentos dos Assuntos dos Veteranos (VA) (VA ADERS) e do número de veteranos a quem foi prescrito lisinopril. Para estimar a subnotificação, a análise dos registos locais identificou casos de LIA que foram comparados com os relatórios apresentados. A taxa de subnotificação foi então aplicada ao risco notificado a nível nacional. A nível local, dos 21 262 doentes a quem foi prescrito lisinopril, foram apresentadas 68 notificações de LIA, para um risco notificado de 0,32%. A nível nacional, foram submetidos 14 289 relatórios de LIA dos 3 109 661 doentes a quem foi prescrito lisinopril, para um risco bruto notificado de 0,46%. Dos 324 doentes identificados para análise dos processos clínicos, 240 doentes foram diagnosticados com LIA, o que sugere que pelo menos 71,7% dos casos não foram notificados. Quando esta taxa de subnotificação é extrapolada para o risco notificado a nível nacional, uma melhor estimativa do risco de LIA na VHA pode aumentar para 1,6%.

8. **Simpson K *et al,* (2019)** [47] O inibidor da ECA lisinopril é um derivado de lisina do enalaprilato, o metabolito ativo do enalapril. Em doentes com insuficiência cardíaca, os efeitos farmacodinâmicos máximos são produzidos 6 a 8 horas após a administração do fármaco e persistem durante 12 a 24 horas. Doses elevadas (32,5 a 35 mg, administradas uma vez por dia) de lisinopril no estudo Assessment of Treatment with Lisinopril and Survival (ATLAS) demonstraram vantagens clinicamente importantes em relação a doses baixas (2,5 a 5 mg, administradas uma vez por dia) do medicamento no tratamento da insuficiência cardíaca congestiva. As doses elevadas de lisinopril foram mais eficazes do que as doses baixas na redução do risco de eventos clínicos importantes em doentes com insuficiência cardíaca tratados durante 39 a 58 meses. Em comparação com os que receberam doses baixas, os que receberam doses elevadas de lisinopril tiveram um risco 8% menor de mortalidade por todas as causas ($p = 0,128$), um risco 12% menor de morte ou hospitalização por qualquer motivo ($p = 0,002$) e 24% menos hospitalizações por insuficiência cardíaca ($p = 0,002$).

Referências

REFERÊNCIAS RELACIONADAS COM OS MEDICAMENTOS DA FAMÍLIA DOS TRIPTANOS

1. Verma P, Meher JG, Asthana S, et al. (2014). Perspectivas de entrega oral assistida por nanoemulsão de docetaxel para melhorar a quimioterapia do cancro. Drug Deliv 1-10

2. Xi J, Chang Q, Chan CK, et al. (2009). Desenvolvimento da formulação e avaliação da biodisponibilidade de um sistema de administração de fármacos auto-nanoemulsionado de ácido oleanólico. AAPS PharmSciTech 10: 172-82.

3. Keyhanfar F, Khani S, Bohlooli S. (2014). Avaliação do sistema de administração de medicamentos à

base de lípidos (Phytosolve) na biodisponibilidade oral da dibudipina. Iran J Pharm Res 13:1149-1156.

4. Khani S, Keyhanfar F. (2014). Melhoria da bioavaliabilidade oral da mebudipina após administração na formulação baseada em PhytoSolve e Phosal (PBF). AAPS PharmSciTech 15:96-102.

5. Kim C-K, Cho Y-J, Gao Z-G. (2001). Preparação e avaliação de microemulsões de dicarboxilato de bifenilo e dimetilo para administração oral. J Control Rel 70:149-55. Kotta S, Khan AW, Ansari S, et al. (2013).

6. Formulação de nanoemulsão: uma comparação entre o método de composição por inversão de fases e o método de homogeneização a alta pressão. Drug Deliv 22: 455-466.

7. Sepehr-Ara L, Mohajeri SA, Mahmoudian M. (2011). Efeito dos dois novos bloqueadores dos canais de cálcio mebudipina e dibudipina no fluxo vascular do rim isolado de ratos normais e diabéticos. Pathophysiology 18:175-84.

8. Shafiq S, Shakeel F, Talegaonkar S, et al. (2007). Desenvolvimento e avaliação da biodisponibilidade da formulação de nanoemulsão de ramipril. Eur J Pharm Biopharm 66:227-43.

9. Shafiq-Un-Nabi S, Shakeel F, Talegaonkar S, et al. (2007). Desenvolvimento e otimização de formulações utilizando a técnica de nanoemulsão: uma nota técnica. AAPS PharmSciTech

10. Sharma S, Sahni JK, Ali J, Baboota S. (2014). Efeito da homogeneização a alta pressão na formulação de nanoemulsão carregada com TPGS de estudos farmacodinâmicos e antioxidantes de rutina. Drug Deliv 22: 541-551

11. Richman MD, Fox D, Shangraw RF. Preparação e estabilidade de comprimidos sublinguais de trinitrato de glicerilo preparados por compressão direta. J Pharm Sci. 1965;54:447-5

12. Milton KA, Scott NR, Allen MJ, Abel S, Jenkins VC, James GC, et al. Farmacocinética, farmacodinâmica e segurança do agonista 5-HT (1B/1D) eletriptano após administração intravenosa e oral. J Clin Pharmacol. 2002;42:528-39.

13. Bali V, Ali M, Ali J. (2010). Estudo de combinações de surfactantes e desenvolvimento de uma nova nanoemulsão para minimizar as variações na biodisponibilidade do ezetimiba. Coll Surf B Biointerfaces 76:410-

14. Bohlooli S, Keyhanfar F, Mahmoudian M. (2004a). Pharmacokinetics of mebudipine, a new calcium antagonist, following single intravenous and oral administrations in rats. Biopharm Drug Dispos 25:187

15. Bohlooli S, Mahmoudian M, Skellern G, et al. (2004b). Metabolismo dos bloqueadores dos canais de cálcio dihidropiridínicos mebudipina e dibudipina por hepatócitos isolados de ratos. J Pharm Pharmacol 56: 1469-74.

16. Bravo Gonzalez RC, Huwyler J, Boess F, et al. (2004). Investigação in vitro sobre o impacto dos excipientes tensioactivos Cremophor EL, Tween 80 e Solutol HS 15 no metabolismo do midazolam. Biopharm Drug Dispos 25:37-49.

17. Chhabra G, Chuttani K, Mishra AK, Pathak K. (2011a). Conceção e desenvolvimento de um sistema de administração de medicamentos em nanoemulsão de besilato de amlodipina para melhorar a biodisponibilidade oral. Drug Dev Ind Pharm 37:907-16.

18. Choi H-G, Kim D-D, Won Jun H, et al. (2003). Melhoria da dissolução e biodisponibilidade da nitrendipina por inclusão em hidroxipropil-b-ciclodextrina. Drug Dev Ind Pharm 29:1085-94.

19. Prajapati ST, Patel PB, Patel CN. Formulação e avaliação de comprimidos sublinguais contendo succinato de sumatriptano. Int J Pharm Investig. 2012 Jul;2(3):162-8.

20. Choi YA, Yoon YH, Choi K, et al. (2015). Biodisponibilidade oral melhorada de morina administrada em formulação mista de micelas com PluronicF127 e Tween80 em ratos. Biol Pharmaceut Bull 38:208-17.

21. Debnath S, Satayanarayana D, Vijay Kumar G. (2011). Nanoemulsão - Um método para melhorar a solubilidade de fármacos lipofílicos. Pharmanest 2: 72-83.

22. Elsheikh MA, Elnaggar YS, Gohar EY, Abdallah OY. (2012). Pré-concentrados líquidos de nanoemulsão para cloridrato de raloxifeno: otimização e avaliação in vivo. Int J Nanomedicine 7:3787-802.

23. olychniatou V, Tzia C. (2014). Estudo da formulação e estabilidade de emulsões nano e submicrónicas de óleo de oliva sem cosurfactante e água com surfactantes não iónicos de qualidade alimentar. J Am Oil Chem Soc 91:79-88.

24. Salager JL, Anderez JM, Briceno MI, et al. (2002). Rendimento de emulsificação relacionado com as variáveis de formulação e composição, bem como com a energia de agitação. Revista Tecnica de la Facultad de Ingenieria Universidad del Zulia 25:129-39.

25. Shafiq S, Shakeel F, Talegaonkar S, et al. (2007). Desenvolvimento e avaliação da biodisponibilidade da formulação de nanoemulsão de ramipril. Eur J Pharm Biopharm 66:227-43.

26. Shafiq-Un-Nabi S, Shakeel F, Talegaonkar S, et al. (2007). Desenvolvimento e otimização de formulações utilizando a técnica de nanoemulsão: uma nota técnica. AAPS PharmSciTech 8.

27. Lionetto, L., Negro, A., Casolla, B., Simmaco, M., & Martelletti, P. (2012). Succinato de sumatriptano: farmacocinética de diferentes formulações na prática clínica. Parecer de peritos em farmacoterapia, 13(16), 2369-2380. https://doi.org/10.1517/14656566.2012.730041

28. Yadav, R. K., Shah, K., & Dewangan, H. K. (2022). Entrega de medicamentos intranasais de nanopartículas lipídicas sólidas poliméricas carregadas com succinato de sumatriptano para direcionamento do cérebro. Drug development and industrial pharmacy, 48(1), 21-28. https://doi.org/10.1080/03639045.2022.2090575

29. Ronnander, J. P., Simon, L., & Koch, A. (2019). Entrega transdérmica de succinato de sumatriptano usando iontoforese e microagulhas em dissolução. Jornal de ciências farmacêuticas, 108(11), 3649-3656. https://doi.org/10.1016/j.xphs.2019.07.020

30. Javed, S., Hussain, A., Akhtar Shah, P., Ishtiaq, S., Ali, E., Abbas, N., & Bukhari, N. I. (2022). Quantificação simultânea de succinato de sumatriptano e maleato de proclorperazina em películas orodispersíveis utilizando dois métodos espectroscópicos UV validados. Jornal paquistanês de ciências farmacêuticas, 35(1(Suplemento)), 183-194.

31. Hansraj, G. P., Singh, S. K., & Kumar, P. (2015). Nanopartículas lipídicas sólidas de quitosana carregadas com succinato de sumatriptano para aumentar o potencial anti-enxaqueca. Revista internacional de macromoléculas biológicas, 81, 467-476. https://doi.org/10.1016/j.ijbiomac.2015.08.035

32. Iwasawa, Y., & Danjo, T. (2001). Nihon yakurigaku zasshi. Folia pharmacologica Japonica, 117(6), 387-393. https://doi.org/10.1254/fpj.117.387

33. Tayel, S. A., El Nabarawi, M. A., Amin, M. M., & Abou Ghaly, M. H. (2016). Películas finas de dissolução rápida sublingual de succinato de sumatriptano: formulação e avaliação in vitro / in vivo. Desenvolvimento e tecnologia farmacêutica, 21(3), 328-337.
https://doi.org/10.3109/10837450.2014.1003655

34. Cady, R., & Schreiber, C. (2006). Sumatriptan: atualização e revisão. Expert opinion on pharmacotherapy, 7(11), 1503-1514. https://doi.org/10.1517/14656566.7.11.1503

35. Gawel, M., & Worthington, I. (2005). Intranasal zolmitriptan. Expert opinion on

pharmacotherapy, 6(6), 1019-1024. https://doi.org/10.1517/14656566.6.6.1019
36. Spencer, C. M., Gunasekara, N. S., & Hills, C. (1999). Zolmitriptan: uma revisão da sua utilização na enxaqueca. Drugs, 58(2), 347-374. https://doi.org/10.2165/00003495-199958020-00016
37. Tepper, S. J., Chen, S., Reidenbach, F., & Rapoport, A. M. (2013). Zolmitriptano intranasal para o tratamento da enxaqueca aguda. Headache, 53 Suppl 2, 62-71. https://doi.org/10.1111/head.12181
38. Tepper SJ, Chen S, Reidenbach F, Rapoport AM. Intranasal zolmitriptan for the treatment of acute migraine. Headache. 2013 Sep;53 Suppl 2:62-71. doi: 10.1111/head.12181. PMID: 24024604.
39. Bird S, Derry S, Moore RA. Zolmitriptano para ataques agudos de enxaqueca em adultos. Cochrane Database Syst Rev. 2014 21 de maio; 2014 (5): CD008616. doi: 10.1002 / 14651858.CD008616.pub2. PMID: 24848613; PMCID: PMC6485805.
40. Goadsby PJ, Boes CJ. Zolmitriptano: diferenças em relação ao sumatriptano. Curr Med Res Opin. 2001;17 Suppl 1:s46-50. doi: 10.1185/0300799039117013. PMID: 12463277.
41. Diener HC, May A. Drug Treatment of Cluster Headache. Drogas. 2022 Jan;82(1):33-42. doi: 10.1007/s40265-021-01658-z. Epub 2021 Dez 17. PMID: 34919214; PMCID: PMC8748342.
42. McKeage K. Zolmitriptan Nasal Spray: A Review in Acute Migraine in Pediatric Patients 12 Years of Age or Older. Medicamentos Pediátricos. 2016 Feb;18(1):75-81. doi: 10.1007/s40272- 015-0160-2. PMID: 26747634.
43. Han L, Jia Y, Zhao Y, Sun C, Zhao M, Peng Y, Zheng J. Ativação metabólica do zolmitriptano mediada pelo CYP2D6. Xenobiotica. 2021 Nov; 51 (11): 1292-1302. doi: 10.1080 / 00498254.2021.1938290. Epub 2021 Nov 3. PMID: 34096834.
44. Goadsby PJ, Yates R. Zolmitriptan intranasal: uma revisão da farmacocinética e da eficácia clínica. Headache. 2006Jan ;46(1):138-49. doi: 10.1111/j.1526-4610.2006.00301.x. PMID: 16412161.
45. Dowson AJ, Charlesworth B. Revisão do zolmitriptano e das suas aplicações clínicas na enxaqueca. Expert Opin Pharmacother. 2002Jul ;3(7):993-1005. doi: 10.1517/14656566.3.7.993. PMID: 12083998.
46. Cameron C, Kelly S, Hsieh SC, Murphy M, Chen L, Kotb A, Peterson J, Coyle D, Skidmore B, Gomes T, Clifford T, Wells G. Triptans in the Acute Treatment of Migraine: A Systematic Review and Network Meta-Analysis. Headache. 2015 Jul-Ago;55 Suppl 4:221-35. doi: 10.1111/head.12601. Epub 2015 Jul 14. PMID: 26178694.
47. Sidhu G, Preuss CV, Patel P. Almotriptan. 2022 Sep 21. Em: StatPearls [Internet]. Treasure Island (FL): StatPearls Publishing; 2022 Jan-. PMID: 31082136.
48. Pascual J, Vila C. Almotriptan: uma revisão de 20 anos de experiência clínica. Expert Rev Neurother. 2019 Aug;19(8):759-768. doi: 10.1080/14737175.2019.1591951. Epub 2019 Mar 21. PMID: 30845850.
49. Keam SJ, Goa KL, Figgitt DP. Almotriptan: uma revisão da sua utilização na enxaqueca. Drugs. 2002;62(2):387-414. doi: 10.2165/00003495-200262020-00010. PMID: 11817980.
50. Pascual J, Vila C, McGown CC. Almotriptano: uma revisão de 10 anos de experiência clínica. Expert Rev Neurother. 2010 Oct;10(10):1505-17. doi: 10.1586/ern.10.131. PMID: 20945537.

51. Pascual J. Almotriptano: um tratamento eficaz e bem tolerado para a enxaqueca. Drugs Today (Barc). 2003; 39 Suppl D:31-6. PMID: 15071618.

52. Bussone G, Allais G, Castagnoli Gabellari I, Benedetto C. Almotriptan for menstrually related migraine. Expert Opin Pharmacother. 2011 Aug;12(12):1933-43. doi: 10.1517/14656566.2011.594794. Epub 2011 Jul 5. PMID: 21726161.

REFERÊNCIAS RELACIONADAS COM A FAMÍLIA DOS BETA-BLOQUEADORES

1. Verma P, Meher JG, Asthana S, et al. (2014). Perspectivas de entrega oral assistida por nanoemulsão de docetaxel para melhorar a quimioterapia do cancro. Drug Deliv 1-10

2. Xi J, Chang Q, Chan CK, et al. (2009). Desenvolvimento da formulação e avaliação da biodisponibilidade de um sistema de administração de fármacos auto-nanoemulsionado de ácido oleanólico. AAPS PharmSciTech 10: 172-82.

3. Keyhanfar F, Khani S, Bohlooli S. (2014). Avaliação do sistema de administração de medicamentos à base de lípidos (Phytosolve) na biodisponibilidade oral da dibudipina. Iran J Pharm Res 13:1149-1156.

4. Khani S, Keyhanfar F. (2014). Melhoria da bioavaliabilidade oral da mebudipina após administração na formulação baseada em PhytoSolve e Phosal (PBF). AAPS PharmSciTech 15:96-102.

5. Kim C-K, Cho Y-J, Gao Z-G. (2001). Preparação e avaliação de microemulsões de dicarboxilato de bifenilo e dimetilo para administração oral. J Control Rel 70:149-55. Kotta S, Khan AW, Ansari S, et al. (2013).

6. Formulação de nanoemulsão: uma comparação entre o método de composição por inversão de fases e o método de composição por alta
método de homogeneização por pressão. Drug Deliv 22: 455-466.

7. Sepehr-Ara L, Mohajeri SA, Mahmoudian M. (2011). Efeito dos dois novos bloqueadores dos canais de cálcio mebudipina e dibudipina no fluxo vascular do rim isolado de ratos normais e diabéticos. Pathophysiology 18:175-84.

8. Shafiq S, Shakeel F, Talegaonkar S, et al. (2007). Desenvolvimento e avaliação da biodisponibilidade da formulação de nanoemulsão de ramipril. Eur J Pharm Biopharm 66:227-43.

9. Shafiq-Un-Nabi S, Shakeel F, Talegaonkar S, et al. (2007). Desenvolvimento e otimização de formulações utilizando a técnica de nanoemulsão: uma nota técnica. AAPS PharmSciTech

10. Sharma S, Sahni JK, Ali J, Baboota S. (2014). Efeito da homogeneização a alta pressão na formulação de nanoemulsão carregada com TPGS de estudos farmacodinâmicos e antioxidantes de rutina. Drug Deliv 22: 541-551

11. Richman MD, Fox D, Shangraw RF. Preparação e estabilidade de comprimidos sublinguais de trinitrato de glicerilo preparados por compressão direta. J Pharm Sci. 1965;54:447-5

12. Milton KA, Scott NR, Allen MJ, Abel S, Jenkins VC, James GC, et al. Farmacocinética, farmacodinâmica e segurança do agonista 5-HT (1B/1D) eletriptano após administração intravenosa e oral. J Clin Pharmacol. 2002;42:528-39.

13. Bali V, Ali M, Ali J. (2010). Estudo de combinações de surfactantes e desenvolvimento de uma nova nanoemulsão para minimizar as variações na biodisponibilidade do ezetimiba. Coll Surf B Biointerfaces 76:410

14. Bohlooli S, Keyhanfar F, Mahmoudian M. (2004a). Pharmacokinetics of mebudipine, a new calcium antagonist, following single intravenous and oral administrations in rats. Biopharm Drug Dispos 25:187

15. Bohlooli S, Mahmoudian M, Skellern G, et al. (2004b). Metabolismo dos bloqueadores dos canais de cálcio dihidropiridínicos mebudipina e dibudipina por hepatócitos isolados de ratos. J Pharm Pharmacol 56: 1469-74.

16. Bravo Gonzalez RC, Huwyler J, Boess F, et al. (2004). Investigação in vitro sobre o impacto dos excipientes tensioactivos Cremophor EL, Tween 80 e Solutol HS 15 no metabolismo do midazolam. Biopharm Drug Dispos 25:37-49.

17. Chhabra G, Chuttani K, Mishra AK, Pathak K. (2011a). Conceção e desenvolvimento de um sistema de administração de medicamentos em nanoemulsão de besilato de amlodipina para melhorar a biodisponibilidade oral. Drug Dev Ind Pharm 37:907-16.

18. Choi H-G, Kim D-D, Won Jun H, et al. (2003). Melhoria da dissolução e biodisponibilidade da nitrendipina por inclusão em hidroxipropil-b-ciclodextrina. Drug Dev Ind
Pharm 29:1085-94.

19. Prajapati ST, Patel PB, Patel CN. Formulação e avaliação de comprimidos sublinguais contendo succinato de sumatriptano. Int J Pharm Investig. 2012 Jul;2(3):162-8.

20. Choi YA, Yoon YH, Choi K, et al. (2015). Biodisponibilidade oral melhorada de morina administrada em formulação mista de micelas com PluronicF127 e Tween80 em ratos. Biol Pharmaceut Bull 38:208-17.

21. Debnath S, Satayanarayana D, Vijay Kumar G. (2011). Nanoemulsão - Um método para melhorar a solubilidade de fármacos lipofílicos. Pharmanest 2: 72-83.

22. Elsheikh MA, Elnaggar YS, Gohar EY, Abdallah OY. (2012). Pré-concentrados líquidos de nanoemulsão para cloridrato de raloxifeno: otimização e avaliação in vivo. Int J Nanomedicine 7:3787-802.

23. olychniatou V, Tzia C. (2014). Estudo da formulação e estabilidade de emulsões nano e submicrónicas de óleo de oliva sem cosurfactante e água com surfactantes não iónicos de qualidade alimentar. J Am Oil Chem Soc 91:79-88.

24. Salager JL, Anderez JM, Briceno MI, et al. (2002). Rendimento de emulsificação relacionado com as variáveis de formulação e composição, bem como com a energia de agitação. Revista Tecnica de la Facultad de Ingenieria Universidad del Zulia 25:129-39.

25. Shafiq S, Shakeel F, Talegaonkar S, et al. (2007). Desenvolvimento e avaliação da biodisponibilidade da formulação de nanoemulsão de ramipril. Eur J Pharm Biopharm 66:227-43.

26. Shafiq-Un-Nabi S, Shakeel F, Talegaonkar S, et al. (2007). Desenvolvimento e otimização de formulações utilizando a técnica de nanoemulsão: uma nota técnica. AAPS PharmSciTech 8.

27. Al-Majed AA, Bakheit AHH, Abdel Aziz HA, Alajmi FM, AlRabiah H. Propranolol. Perfis Drug Subst Excip Relat Methodol. 2017;42:287-338. doi: 10.1016/bs.podrm.2017.02.006. Epub 2017 Abr 6. PMID: 28431779.

28. Lonergan MH, Olivera-Figueroa LA, Pitman RK, Brunet A. Propranolol's effects on the consolidation and reconsolidation of long-term emotional memory in healthy participants: a meta-analysis. J Psychiatry Neurosci. 2013 Jul;38(4):222-31. doi: 10.1503/jpn. 120111. PMID: 23182304; PMCID: PMC3692719.

29. Chen YY, Li J, Chen M, Yue L, She TW, Zheng H. Acupunctura versus propranolol na profilaxia da enxaqueca: uma meta-análise de comparação indireta de tratamentos. J Neurol. 2020 Jan;267(1): 14-25. doi: 10.1007/s00415-019-09510-x. Epub 2019 Aug 21. PMID: 31435770.

30. Fumagalli C, Maurizi N, Marchionni N, Fornasari D. в-blockers: A sua nova vida da hipertensão ao cancro e à enxaqueca. Pharmacol Res. 2020 Jan; 151: 104587. doi: 10.1016 / j.phrs.2019.104587. Epub 2019 Dec 3. PMID: 31809852.

31. Lisicki M, Schoenen J. Metabolic treatments of migraine (tratamentos metabólicos da enxaqueca). Expert Rev Neurother. 2020 Mar;20(3):295-302. doi: 10.1080/14737175.2020.1729130. Epub 2020 Fev 19. PMID: 32067520.

32. Tchivileva IE, Ohrbach R, Fillingim RB, Lim PF, Giosia MD, Ribeiro-Dasilva M, Campbell JH, Hadgraft H, Willis J, Arbes SJ Jr, Slade GD. Effect of comorbid migraine on propranolol efficacy for painful TMD in a randomized controlled trial. Cefalalgia. 2021 Jun;41(7):839-850. doi: 10.1177/0333102421989268. Epub 2021 Feb 9. PMID: 33560875; PMCID: PMC8166404.

33. Gorur K, Gur H, ismi O, Ozcan C, Vayisoglu Y. A eficácia do propranolol, flunarizina, amitriptilina e toxina botulínica na queixa e profilaxia da enxaqueca vestibular: um estudo controlado não randomizado. Braz J Otorhinolaryngol. 2022 Nov-Dez;88(6):975-981. doi: 10.1016/j.bjorl.2021.02.005. Epub 2021 Mar 7. PMID: 33722518; PMCID: PMC9615515.

34. Yang F, Liu S, Wolber G, Bureik M, Parr MK. Fenotipagem de reação completa de propranolol e 4-hidroxipropranolol com as 19 enzimas das famílias UGT1 e UGT2 humanas. Int J Mol Sci. 2022 Jul 5;23(13):7476. doi: 10.3390/ijms23137476. PMID: 35806479; PMCID: PMC9267274.

35. Kalsoom S, Zamir A, Rehman AU, Ashraf W, Imran I, Saeed H, Majeed A, Alqahtani F, Rasool MF. Clinical pharmacokinetics of nadolol: Uma revisão sistemática. J Clin Pharm Ther. 2022 Oct;47(10):1506-1516. doi: 10.1111/jcpt. 13764. Epub 2022 Aug 30. PMID: 36040016.

36. Yang W, Wolter NE, Cushing SL, Pope E, Wolter JK, Propst EJ. Propranolol versus nadolol para tratamento de hemangioma subglótico pediátrico. Int J Pediatr Otorhinolaryngol.
2021 maio;144:110688. doi: 10.1016/j.ijporl.2021.110688. Epub 2021 Mar 21. PMID: 33773428.

37. Lee WG, Murphy R, McCall JL, Gane EJ, Soop M, Tura A, Plank LD. Nadolol reduz a sensibilidade à insulina na cirrose hepática: um estudo cruzado duplo-cego randomizado. Diabetes Metab Res Rev. 2017 Mar;33(3). doi: 10.1002/dmrr.2859. Epub 2016 Nov 10. PMID: 27667324.

38. Leren IS, Saberniak J, Majid E, Haland TF, Edvardsen T, Haugaa KH. O Nadolol diminui a incidência e a gravidade das arritmias ventriculares durante o teste de esforço em comparação com os bloqueadores в 1-selectivos em doentes com taquicardia ventricular polimórfica catecolaminérgica. Heart Rhythm. 2016Feb;13(2):433-40. doi: 10.1016/j.hrthm.2015.09.029. Epub 2015 Sep 30. PMID: 26432584.

39. Lebrec D, Poynard T, Capron JP, Hillon P, Geoffroy P, Roulot D, Chaput JC, Rueff B, Benhamou JP. Nadolol para profilaxia de hemorragia gastrointestinal em doentes com cirrose. Um ensaio aleatório. J Hepatol. 1988 Aug;7(1): 118-25. doi: 10.1016/s0168-8278(88)80515-4. PMID: 3053888.

40. Allan ER, Alpert M, Sison CE, Citrome L, Laury G, Berman I. Nadolol adjuvante no tratamento de pacientes esquizofrénicos agudamente agressivos. J Clin Psychiatry. 1996 Oct;57(10):455-9. doi: 10.4088/jcp.v57n1003. PMID: 8909331.

41. Bergamaschi F, Fumagalli M, Mannarino S, Carlucci P, Radice S, Gringeri M, Mosini G, Carnovale C, Battini V, Fabiano V. Hipoglicemia grave em crianças tratadas com nadolol: Um relato de caso e uma análise da base de dados do sistema de notificação de eventos adversos da FDA (FAERS). Int J Clin Pharmacol Ther. 2021 Abr;59(4):333-340.

doi: 10.5414/CP203786. PMID: 33300862.
42. Chiang CH, Wu CY, Huang HS. Cinética de hidrólise do diacetil nadolol. J Pharm Sci. 1987 Dec;76(12):914-7. doi: 10.1002/jps.2600761215. PMID: 3440937.
43. Cohen IS, Widrich W, Duchin KL, Wharton TP Jr, Fluri-Lundeen J, Hargus SM. Acute electrophysiologic effects of nadolol. J Clin Pharmacol. 1983 Feb-Mar;23(2-3):93-9. doi: 10.1002/j.1552-4604.1983.tb02710.x. PMID: 6133885.
44. Moshetova LK, Soshina MM, Sychev DA, Turkina KI. Farmakogenetika timolola [Farmacogenética do timolol]. Vestn Oftalmol. 2019;135(3): 137-143. Russo. doi: 10.17116/oftalma2019135031137. PMID: 31393458.
45. Zimmerman TJ, Canale P. Timolol - outras observações. Ophthalmology 1979 Jan; 86(1):166-9. doi: 10.1016/s0161-6420(79)35537-3. PMID: 530562.
46. Wang Z, Denys I, Chen F, Cai L, Wang X, Kapusta DR, Lv Y, Gao J. Bloqueio atrioventricular completo devido a colírio de timolol: relato de caso e revisão da literatura. BMC Pharmacol Toxicol. 2019 Dez 2; 20 (1): 73. doi: 10.1186 / s40360-019-0370-2. PMID: 31791399; PMCID: PMC6889336.
47. Chiou GC. Desenvolvimento do D-timolol para o tratamento do glaucoma e da hipertensão ocular. J Ocul Pharmacol. 1990 Spring;6(1):67-74. doi: 10.1089/jop. 1990.6.67. PMID: 2193994.
48. Heel RC, Brogden RN, Speight TM, Avery GS. Timolol: uma revisão da sua eficácia terapêutica no tratamento tópico do glaucoma. Drugs. 1979 Jan;17(1):38-55. doi: 10.2165/00003495-197917010-00002. PMID: 369807.
49. Tuleski GL, Pscheidt MJGR, Dos Santos JP, Sousa MG. A solução oftálmica de Timolol 0,5% influencia a função cardíaca em gatos saudáveis. J Feline Med Surg. 2022 Jun; 24 (6): e57-e69. doi: 10.1177 / 1098612X221083372. Epub 2022 Apr 26. PMID: 35470745.

REFERÊNCIAS MEDICAMENTOS INIBIDORES DA ECA RELACIONADOS

1. Verma P, Meher JG, Asthana S, et al. (2014). Perspectivas de entrega oral assistida por nanoemulsão de docetaxel para melhorar a quimioterapia do cancro. Drug Deliv 1-10
2. Xi J, Chang Q, Chan CK, et al. (2009). Desenvolvimento da formulação e avaliação da biodisponibilidade de um sistema de administração de fármacos auto-nanoemulsionado de ácido oleanólico. AAPS PharmSciTech 10: 172-82.
3. Keyhanfar F, Khani S, Bohlooli S. (2014). Avaliação do sistema de administração de medicamentos à base de lípidos (Phytosolve) na biodisponibilidade oral da dibudipina. Iran J Pharm Res 13:1149-1156.
4. Khani S, Keyhanfar F. (2014). Melhoria da bioavaliabilidade oral da mebudipina após administração na formulação baseada em PhytoSolve e Phosal (PBF). AAPS PharmSciTech 15:96-102.
5. Kim C-K, Cho Y-J, Gao Z-G. (2001). Preparação e avaliação de microemulsões de dicarboxilato de bifenilo e dimetilo para administração oral. J Control Rel 70:149-55. Kotta S, Khan AW, Ansari S, et al. (2013).
6. Formulação de nanoemulsão: uma comparação entre o método de composição por inversão de fases e o método de homogeneização a alta pressão. Drug Deliv 22: 455-466.
7. Sepehr-Ara L, Mohajeri SA, Mahmoudian M. (2011). Efeito dos dois novos bloqueadores dos canais de cálcio mebudipina e dibudipina no fluxo vascular do rim

isolado de ratos normais e diabéticos. Pathophysiology 18:175-84.

8. Shafiq S, Shakeel F, Talegaonkar S, et al. (2007). Desenvolvimento e avaliação da biodisponibilidade da formulação do nanoemulsão de ramipril. Eur J Pharm Biopharm 66:227-43.

9. Shafiq-Un-Nabi S, Shakeel F, Talegaonkar S, et al. (2007). Desenvolvimento e otimização de formulações utilizando a técnica de nanoemulsão: uma nota técnica. AAPS PharmSciTech

10. Sharma S, Sahni JK, Ali J, Baboota S. (2014). Efeito da homogeneização a alta pressão na formulação de nanoemulsão carregada com TPGS de estudos farmacodinâmicos e antioxidantes de rutina. Drug Deliv 22: 541-551

11. Richman MD, Fox D, Shangraw RF. Preparação e estabilidade de comprimidos sublinguais de trinitrato de glicerilo preparados por compressão direta. J Pharm Sci. 1965;54:447-5

12. Milton KA, Scott NR, Allen MJ, Abel S, Jenkins VC, James GC, et al. Farmacocinética, farmacodinâmica e segurança do agonista 5-HT (1B/1D) eletriptano após administração intravenosa e oral. J Clin Pharmacol. 2002;42:528-39.

13. Bali V, Ali M, Ali J. (2010). Estudo de combinações de surfactantes e desenvolvimento de uma nova nanoemulsão para minimizar as variações na biodisponibilidade do ezetimiba. Coll Surf B Biointerfaces 76:410

14. Bohlooli S, Keyhanfar F, Mahmoudian M. (2004a). Pharmacokinetics of mebudipine, a new calcium antagonist, following single intravenous and oral administrations in rats. Biopharm Drug Dispos 25:187-

15. Bohlooli S, Mahmoudian M, Skellern G, et al. (2004b). Metabolismo dos bloqueadores dos canais de cálcio dihidropiridínicos mebudipina e dibudipina por hepatócitos isolados de ratos. J Pharm Pharmacol 56: 1469-74.

16. Bravo Gonzalez RC, Huwyler J, Boess F, et al. (2004). Investigação in vitro sobre o impacto dos excipientes tensioactivos Cremophor EL, Tween 80 e Solutol HS 15 no metabolismo do midazolam. Biopharm Drug Dispos 25:37-49.

17. Chhabra G, Chuttani K, Mishra AK, Pathak K. (2011a). Conceção e desenvolvimento de um sistema de administração de medicamentos em nanoemulsão de besilato de amlodipina para melhorar a biodisponibilidade oral. Drug Dev Ind Pharm 37:907-16.

18. Choi H-G, Kim D-D, Won Jun H, et al. (2003). Melhoria da dissolução e biodisponibilidade da nitrendipina por inclusão em hidroxipropil-b-ciclodextrina. Drug Dev Ind Pharm 29:1085-94.

19. Prajapati ST, Patel PB, Patel CN. Formulação e avaliação de comprimidos sublinguais contendo succinato de sumatriptano. Int J Pharm Investig. 2012 Jul;2(3):162-8.

20. Choi YA, Yoon YH, Choi K, et al. (2015). Biodisponibilidade oral melhorada de morina administrada em formulação de micelas mistas com PluronicF127 e Tween80 em ratos. Biol Pharmaceut Bull 38:208-17.

21. Debnath S, Satayanarayana D, Vijay Kumar G. (2011). Nanoemulsão - Um método para melhorar a solubilidade de fármacos lipofílicos. Pharmanest 2: 72-83.

22. Elsheikh MA, Elnaggar YS, Gohar EY, Abdallah OY. (2012). Pré-concentrados líquidos de nanoemulsão para cloridrato de raloxifeno: otimização e avaliação in vivo. Int J Nanomedicine 7:3787-802.

23. olychniatou V, Tzia C. (2014). Estudo da formulação e estabilidade de emulsões nano

e submicrónicas de óleo de oliva sem cosurfactante e água com surfactantes não iónicos de qualidade alimentar. J Am Oil Chem Soc 91:79-88.

24. Salager JL, Anderez JM, Briceno MI, et al. (2002). Rendimento de emulsificação relacionado com as variáveis de formulação e composição, bem como com a energia de agitação. Revista Tecnica de la Facultad de Ingenieria Universidad del Zulia 25:129-39.

25. Shafiq S, Shakeel F, Talegaonkar S, et al. (2007). Desenvolvimento e avaliação da biodisponibilidade da formulação de nanoemulsão de ramipril. Eur J Pharm Biopharm 66:227-43.

26. Shafiq-Un-Nabi S, Shakeel F, Talegaonkar S, et al. (2007). Desenvolvimento e otimização de formulações utilizando a técnica de nanoemulsão: uma nota técnica. AAPS PharmSciTech 8.

27. Rosendorff C. Captopril - uma visão geral. S Afr Med J. 1982 Oct 16;62(17):593-9. PMID: 6214858.

28. Plosker GL, McTavish D. Captopril. Uma revisão da sua farmacologia e eficácia terapêutica após enfarte do miocárdio e na doença cardíaca isquémica. Drugs Aging. 1995 Sep;7(3):226-53. doi: 10.2165/00002512-199507030-00007. PMID: 8535052.

29. Brogden RN, Todd PA, Sorkin EM. Captopril. Uma atualização das suas propriedades farmacodinâmicas e farmacocinéticas, e utilização terapêutica na hipertensão e insuficiência cardíaca congestiva. Drugs. 1988 Nov;36(5):540-600. doi: 10.2165/00003495-198836050-00003. PMID: 3063499.

30.

31. Zhou SH, Huang Q, Zhou Y, Cai XX, Cui Y, Zhou Q, Guo J, Jiang S, Xu N, Chen JH, Li LL, Lai EY, Zhao L. Danos renais relacionados com o captopril: respostas arteriolares aferentes renais à angiotensina II e sinalização inflamatória. Sheng Li Xue Bao. 2022 Feb 25;74(1):125- 133. PMID: 35199133.

32. Duchin KL, McKinstry DN, Cohen AI, Migdalof BH. Pharmacokinetics of captopril in healthy subjects and in patients with cardiovascular diseases. Clin Pharmacokinet. 1988 Apr;14(4):241-59. doi: 10.2165/00003088-198814040-00002. PMID: 3292102.

33. Ahmed OM, Ali TM, Abdel Gaid MA, Elberry AA. Efeitos do tratamento com enalapril e paricalcitol na nefropatia diabética e nas expressões renais de TNF-a, p53, caspase-3 e Bcl- 2 em ratos diabéticos induzidos por STZ. PLoS One. 2019 Sep 17;14(9):e0214349. doi: 10.1371/journal.pone.0214349. PMID: 31527864; PMCID: PMC6748411.

34.

35. Yang Y, Ma L, Xu Y, Liu Y, Li W, Cai J, Zhang Y. O enalapril supera a quimiorresistência e potencia a eficácia antitumoral do 5-FU no cancro colorrectal, suprimindo a proliferação, a angiogénese e as proteínas reguladas por NF-KB/STAT3. Cell Death Dis. 2020 Jun 24; 11 (6): 477. doi: 10.1038 / s41419-020-2675-x. PMID: 32581212; PMCID: PMC7314775.

36. Masilela C, Pearce B, Ongole JJ, Adeniyi OV, Johnson R, Benjeddou M. Estudo transversal da associação de 5 polimorfismos de nucleótido único com a resposta ao tratamento com enalapril em adultos sul-africanos com hipertensão. Medicina (Baltimore). 2021 Nov 19;100(46):e27836. doi: 10.1097/MD.0000000000027836. PMID: 34797313; PMCID: PMC8601271.

37. Keller K, Kane A, Heinze-Milne S, Grandy SA, Howlett SE. O tratamento crônico com o inibidor da ECA Enalapril atenua o desenvolvimento da fragilidade e modifica

diferencialmente as citocinas pró e anti-inflamatórias no envelhecimento de camundongos C57BL / 6 machos e fêmeas. J Gerontol A Biol Sci Med Sci. 2019 Jul 12; 74 (8): 1149-1157. doi. 10.1093 / gerona / gly219. PMID. 30230910; PMCID: PMC6625592.

38. Gierthmuehlen M, Stieglitz T, Zentner J, Plachta DT. Respostas Hemodinâmicas à Estimulação Selectiva do Nervo Vagal sob Medicação com Enalapril em Ratos. PLoS One. 2016 Jan 14;11(1):e0147045. doi: 10.1371/journal.pone.0147045. PMID: 26766419; PMCID: PMC4713053.

39. Mansuri A, Elmaghrabi A, Alhamoud I, Legan SK, Gattineni J, Baum M. O enalapril transitório atenua a redução da taxa de filtração glomerular em ratos programados pré-natalmente. Physiol Rep. 2017 Abr;5(8):e13266. doi: 10.14814/phy2.13266. PMID: 28438986; PMCID: PMC5408291.

40. Ham O, Jin W, Lei L, Huang HH, Tsuji K, Huang M, Roh J, Rosenzweig A, Lu HAJ. O remodelamento cardíaco patológico ocorre precocemente em camundongos com DRC por obstrução urinária unilateral e é atenuado pelo Enalapril. Sci Rep. 2018 Oct 31;8(1): 16087. doi: 10.1038/s41598-018-34216-x. PMID: 30382174; PMCID: PMC6208335.

41. Wang G, Zhang Q, Yuan W, Wu J, Li C. O enalapril protege contra a lesão de isquemia/reperfusão do miocárdio num modelo suíno de paragem cardíaca e reanimação. Int J Mol Med. 2016 Nov;38(5): 1463-1473. doi: 10.3892/ijmm.2016.2737. Epub 2016 Sep 15. PMID: 27633002; PMCID: PMC5065301.

42. Lam PH, Dooley DJ, Fonarow GC, Butler J, Bhatt DL, Filippatos GS, Deedwania P, Forman DE, White M, Fletcher RD, Arundel C, Blackman MR, Adamopoulos C, Kanonidis IE, Aban IB, Patel K, Aronow WS, Allman RM, Anker SD, Pitt B, Ahmed A. Benefícios clínicos semelhantes de enalapril em doses abaixo do objetivo e do objetivo em doentes com insuficiência cardíaca no ensaio SOLVD Treatment. Eur J Heart Fail. 2018 Feb;20(2):359-369. doi: 10.1002/ejhf.937. Epub 2017 Oct 5. PMID: 28980368; PMCID: PMC6500736.

43. McCallum W, Tighiouart H, Ku E, Salem D, Sarnak MJ. Declínios agudos na taxa de filtração glomerular estimada em enalapril e mortalidade e resultados cardiovasculares em pacientes com insuficiência cardíaca com fração de ejeção reduzida. Kidney Int. 2019 Nov;96(5): 1185-1194. doi: 10.1016/j.kint.2019.05.019. Epub 2019 Jun 11. PMID: 31420191; PMCID: PMC7392085.

44. Tsai T, Kroehl ME, Smith SM, Thompson AM, Dai IY, Trinkley KE. Efficacy and safety of twice- vs once-daily dosing of lisinopril for hypertension. J Clin Hypertens (Greenwich). 2017 Sep; 19 (9): 868-873. doi: 10.1111 / jch.13011. Epub 2017 Abr 25. PMID: 28439946; PMCID: PMC8031210.

45. Sukalo A, Deljo D, Krupalija A, Zjajo N, Kos S, Curic A, Divkovic G, Hubjar S, Smailagic M, Hodzic E, Marjanovic D, Medjedovic S. Treatment of Hypertension with Combination of Lisinopril/Hydrochlorothiazide. Med Arch. 2016 Jul 27;70(4):299-302. doi: 10.5455/medarh.2016.70.299-302. PMID: 27703294; PMCID: PMC5034990.

46. Elewa SH, Osman MA, Essa EA, Sultan AA. Vias de absorção intestinal do lisinopril: Investigações mecanicistas. Biopharm Drug Dispos. 2022 Dez; 43 (6): 233-246. doi: 10.1002 / bdd.2336. Epub 2022 Nov 7. PMID: 36299167.

47. Hajjar I, Okafor M, McDaniel D, Obideen M, Dee E, Shokouhi M, Quyyumi AA, Levey A, Goldstein F. Effects of Candesartan vs Lisinopril on Neurocognitive Function in Older Adults With Executive Mild Cognitive Impairment: A Randomized Clinical Trial. JAMA Netw Open. 2020 Aug 3;3(8):e2012252. doi:

10.1001/jamanetworkopen.2020.12252. PMID: 32761160; PMCID: PMC7411539.
48. Goa KL, Haria M, Wilde MI. Lisinopril. Uma revisão da sua farmacologia e utilização no tratamento das complicações da diabetes mellitus. Drugs. 1997 Jun;53(6):1081-105. doi: 10.2165/00003495-199753060-00010. PMID: 9179532.
49. Whitehead WJ, Reid JM. Underreported Risk of Lisinopril-Induced Angioedema in a Veteran Population (Risco Subnotificado de Angioedema Induzido por Lisinopril numa População de Veteranos). Ann Pharmacother. 2022Abr ;56(4):430-435. doi: 10.1177/10600280211032404. Epub 2021 Jul 20. PMID: 34282637.
50. Simpson K, Jarvis B. Lisinopril: uma revisão da sua utilização na insuficiência cardíaca congestiva. Drugs. 2000 May;59(5):1149-67. doi: 10.2165/00003495-200059050-00012. PMID: 10852646.

CAPÍTULO 3

MATERIAIS E MÉTODO

3.1 ATERIAIS UTILIZADOS

Tabela 3.1: Lista de fármacos, excipientes e produtos químicos utilizados para a formulação da Nanoemulsão Mucoadesiva (MNEs)

SR NÃO	NOME	FORNECEDOR
	Medicamentos	
	TRIPTAN FAM	**ESTUDO SOBRE MEDICAMENTOS FAMILIARES**
1	Succinato de sumatriptano	MSN Laboratories Pvt, Ltd. Hyderabad
2	Zolmitriptano	MSN Laboratories Pvt, Ltd. Lisboa
3	Amlotriptano	MSN Laboratories Pvt, Ltd. Lisboa
ESTUDO FAMILIAR SOBRE BETA-BLOQUEADORES		
1	Captopril	MSN Laboratories Pvt, Ltd. Hyderabad
2	Enalpril	MSN Laboratories Pvt, Ltd. Hyderabad
3	Lisinopril	MSN Laboratories Pvt, Ltd. Hyderabad
ESTUDO RELACIONADO COM O FÁRMACO INIBIDOR DA ACE		
1	Captopril	MSN Laboratories Pvt, Ltd. Hyderabad
2	Enalpril	MSN Laboratories Pvt, Ltd. Hyderabad
3	Lisinopril	MSN Laboratories Pvt, Ltd. Lisboa
Excipientes		
4	Ácido oleico	Soofi Traders Ltd. (Mumbai, Índia)
5	Tween® 80	Loba Chemie Ltd. (Mumbai, Índia)
6	Entre 20	Loba Chemie Ltd. (Mumbai, Índia)
7	Polietilenoglicol 400	Mohini Organics Pvt Ltd, Mumbai
8	Polietilenoglicol 200	S.D Fine chemicals Ltd. (Mumbai, Índia)
9	Captex 300 EP/NF	IMCD India Pvt Ltd, Mumbai
10	Palmitato de isopropilo	Mohini Organics Pvt, Ltd, Mumbai
11	Miristato de isopropilo	Mohini Organics Pvt, Ltd, Mumbai
12	mygliol 810	Chika Pvt, Ltd Mumbai
13	Óleo de rícino	Loba Chemie Ltd. (Mumbai, Índia)
14	Labrasol	Gattefosse India Pvt, Ltd. Mumbai
15	Labrafil M 1944 CS	Gattefosse India Pvt, Ltd. Mumbai
16	Transcutol HP	Gattefosse India Pvt, Ltd. Mumbai
17	Quitosano (MMW)	Instituto de Investigação CIFT, Kerala
18	Propilenoglicol	Mohini Organics Pvt, Ltd, Mumbai
Produtos químicos		
19	Metanol (HPLC Graded)	Merck Ltd. (Mumbai, Índia)

20	Etanol (HPLC Graded)	Merck Ltd. (Mumbai, Índia)
21	Di-hidrogénio de potássio Fosfato (KH2PO4)	Loba Chemie Ltd. (Mumbai, Índia)
22	hidrogenofosfato dissódico	Loba Chemie Ltd. (Mumbai, Índia)
23	Hidróxido de sódio	Loba Chemie Ltd. (Mumbai, Índia)
24	Água destilada	Grau de laboratório
25	Acetonitrilo (grau HPLC)	Merck Ltd. (Mumbai, Índia)
26	Acetona (grau HPLC)	Merck Ltd. (Mumbai, Índia)
27	Álcool isopropílico	Loba Chemie Ltd. (Mumbai, Índia)
28	Hematoxilina-eosina	Laboratório Sawale histo, Nagpur

3.2 EQUIPAMENTOS

Tabela 3.2: Lista de equipamentos utilizados para a formulação e avaliação da MNanoemulsão (MNEs)

N.º Sr.	Instrumentos/Equipamentos	Nome dos fabricantes
1	Pesagem eletrónica equilíbrio	Explorador (OHAUS), EUA
2	Medidor de pH	Elico Pvt. Ltd., Índia
3	Espectrofotómetro UV	SIMADZU (1800), Japão
4	Misturador Vortex	Impacto, Icon Instruments Company, Deli
5	Homogeneizador de alto cisalhamento	IKA T18 Digital ULTRA TURRAX, Japão
6	Agitador rotativo	Remi Instruments Ltd., Mumbai, Índia.
7	Máquina centrífuga	Remi C24 Plus, Remi Electrotechnics Limited, Vasai, Mumbai
8	Zetasizer	Nano ZS90, Malvern Ltd Reino Unido
9	Agitador mecânico	Remi Instruments Ltd., Mumbai, Índia.
10	Ultrassons para banho	PCi, Índia
11	Sistema de purificação de água	Bio-Age, Diret Ultra TUVF5, Punjab
12	Infravermelhos Espectrofotómetro	FTIR-8101, Shimadzu, Japão
13	Calorímetro diferencial de varrimento	Sistema Mettler DSC 1star, Mettler-Toledo, Suíça
14	Difractómetro de raios X	Brucker AXS D8 Advance, Alemanha
15	Sonicador de sonda	Célula Vibra Sonics ™
16	Aparelho de ensaio de dissolução USP	Electro lab, Índia
17	Conjunto de difusão	Orchid Scientific, Nashik
18	Câmara de estabilidade	Remi Instruments Ltd., Mumbai, Índia.
19	Forno de ar quente	Shalon, Índia
20	Banho de água	Equitron
21	Refratómetro de Abbe	Ningbo Biocotek Scientific Instrument, Ltd, Tóquio, China.
22	Reómetro Brookfield	Reómetro Brookfield RST

23	Analisador TEM	(HR-TEM, JEM-2100®, Jeol Datum Ltd.,Boston, EUA).
24	Microscópio ótico	Motic, Serie B1, Sistémico Microscópio
25	Analisador de tamanho de gotas	Malvern Ltd. EUA

3.3 TRABALHO EXPERIMENTAL

A secção do trabalho experimental foi subdividida em cinco partes: Trabalho de pré-formulação, formulação e desenvolvimento de nanoemulsão mucoadesiva (MNEs), & Avaliação de MNEs.

3.3.1 ESTUDO DE PRÉ-FORMULAÇÃO

Caracterização e confirmação do medicamento

O medicamento foi caracterizado e confirmado por determinação do ponto de fusão, espetroscopia de infravermelhos com transformada de Fourier (espetroscopia FT-IR), calorimetria de varrimento diferencial (DSC) e difração de raios X (XRD).

A Determinação do ponto de fusão

O método do tubo de Thiele foi utilizado para a determinação do ponto de fusão. Neste método, o fármaco foi introduzido num tubo capilar e ligado ao termómetro de modo a que este permanecesse mergulhado no banho de parafina líquida e fosse aquecido lentamente. O intervalo de temperatura para o início da fusão e a conclusão do processo de fusão foi registado. [2]

B. Espectroscopia de infravermelhos com transformada de Fourier (espetroscopia FT-IR)

Os espectros FTIR do fármaco foram obtidos utilizando um espetrómetro FTIR-430 (Shimadzu 8400S, Japão). A amostra do fármaco foi triturada e bem misturada com brometo de potássio de grau IR numa proporção de 1:100. A mistura foi introduzida no suporte de amostras do instrumento FT-IR e digitalizada na gama de 4000 a 400 cm^{-1} para obter o espetro. O espetro FT-IR obtido foi comparado com o espetro FT-IR padrão do medicamento.

C. Calorimetria diferencial de varrimento (DSC)

A temperatura de fusão do fármaco puro foi determinada por calorimetria diferencial de varrimento (DSC). A amostra do fármaco foi mantida num exsicador durante 24 horas antes da análise térmica. Uma amostra pesada com precisão de 5 mg foi hermeticamente selada no cadinho de alumínio e aquecida a uma taxa constante de 10 °C/minuto numa gama de temperaturas de 40 a 400 C. A atmosfera inerte foi mantida por purga de azoto gasoso a um caudal de 50 mL/minuto. O termograma do STS e da mistura de STS e quitosano foi obtido por DSC. Uma panela de alumínio vazia foi utilizada como referência. [3]

D. Difração de raios X (XRD)

O espetro de difração de raios X do fármaco foi registado por um espetroscópio de difração utilizando a linha Cu-Ka como fonte de radiação a uma tensão de 35 Kv e a uma corrente de 25 mA. A amostra foi medida na gama de ângulos entre 3-80^0 e 0,0053 de tamanho de passo.[3]

3.3.2 ESTUDO DE COMPATIBILIDADE DE EXCIPIENTES DE MEDICAMENTOS

A mistura física do fármaco com o polímero foi triturada e bem misturada com brometo de potássio de grau IR na proporção de 1:100. A mistura foi introduzida no suporte de amostras do instrumento FT-IR e analisada na gama de 4000 a 400 cm^{-1} para obter o espetro. O espetro obtido foi comparado com o espetro obtido para o medicamento. [3]

A) Espectroscopia de infravermelhos com transformada de Fourier (FT-IR)

Espectros FT-IR de STS + quitosano, STS com palmitato de isopropilo, STS com tween 80, STS com polietilenoglicol 400 (PEG 400). A STS+quitosano foi misturada com brometo de potássio (KBr) de grau IR na proporção de 1:100 e comprimida utilizando uma prensa motorizada para pellets (Kimaya Engineers, Índia). As pastilhas foram depois analisadas utilizando o espetrofotómetro FT-IR (Shimadzu 8400S, Japão). No caso dos líquidos, estes foram diluídos com clorofórmio e colocados no suporte de amostras líquidas. Os espectros de FT-IR das misturas foram comparados com os espectros de FT-IR do medicamento puro e dos excipientes. [3]

B) Estudo de calorimetria diferencial de varrimento (DSC)

A calorimetria de varrimento diferencial (DSC) de STS com quitosano foi efectuada utilizando um calorímetro de varrimento diferencial (Mettler Toledo®, Suíça) a uma taxa de aquecimento de 10° C /min. As medições foram realizadas numa gama de aquecimento de 40 a 400° C sob atmosferas de azoto e para estudar as incompatibilidades entre o medicamento e os excipientes. [3] Determinação do coeficiente de partição do fármaco

O coeficiente de partição do fármaco foi determinado utilizando um sistema *n-octanol*: água. O coeficiente de partição n-octanol-água serve como parâmetro de lipofilicidade. O n-octanol e a água foram pré-saturados durante 24 horas antes da experiência. Uma quantidade de 10 mg do fármaco, pesada com precisão, foi dissolvida em 10 mL de *n-octanol* e agitada a 37 °C durante 24 horas com 10 mL de fase aquosa (água e tampão fosfato pH 7,4) num recipiente selado. As fases separadas foram filtradas, diluídas adequadamente e testadas por espetroscopia UV-Visível em лшax do fármaco para determinar a concentração do fármaco contra o branco. O coeficiente de partição foi expresso como a concentração do fármaco (%w/v) na fase *n-octanol* dividida pela concentração na fase aquosa.

A quantidade de fármaco que existe na forma ionizada é uma função da constante de dissociação (pKa) do fármaco e do pH do fluido no local de absorção. A partir dos valores de pKa do fármaco e do pH no local de absorção, a quantidade relativa de fármaco ionizado e sindicalizado em solução a um determinado pH e a percentagem de fármaco ionizado a esse pH podem ser determinadas pelas *equações de Henderson-Hasselbach.* [124]

Determinação da solubilidade do medicamento em água e em tampão fosfato pH 6,4

A solubilidade é um parâmetro útil principalmente para fármacos pouco solúveis. A solubilidade (mg/mL) do fármaco foi determinada em água e em tampão fosfato pH 6,4 pelo método de equilíbrio de fases. Uma quantidade excessiva de fármaco, 10 mg, foi colocada em cada frasco cónico de 50 mL contendo 10 mL de água e tampão fosfato pH 6,4, respetivamente. Os frascos cónicos foram fechados com folha de alumínio e constantemente agitados à temperatura ambiente durante 24 horas utilizando um agitador rotativo. Após 24 horas, a solução foi filtrada através de um papel de filtro. A quantidade de fármaco solubilizado foi então estimada por espetroscopia UV-Visível (UV 1700, Shimadzu, Japão) a Imax (227) nm do fármaco em relação ao branco[3].

Determinação da solubilidade do fármaco no componente de nanoemulsão mucoadesiva

Foi determinada a solubilidade do fármaco STS em diferentes óleos (Captex 300 EP/NF, ácido oleico, miristato de isopropilo/Palmitato, mygliol 840,810, triglicéridos de cadeia média MCT), tensioativo (Tween 80/20 Labrafil M 2125 CS, Labrasol) e co-sensioactivo (propilenoglicol, PEG 400, Transcutol HP, etanol). Foi adicionado um excesso de 100 mg de fármaco a cada frasco com tampa contendo 2 ml de veículos selecionados. Cada frasco foi ultra-sonicado de modo a que a quantidade em excesso de fármaco se dissolvesse até à super-saturação. Os frascos foram mantidos num agitador orbital durante 48 horas, com agitação. As quantidades selecionadas de amostra foram centrifugadas a 7500 rpm durante 15 horas.

min, de modo a obter uma quantidade excessiva de sobrenadante. O fármaco no sobrenadante foi

analisadas através de uma diluição adequada com uma proporção selecionada de solvente por espetrofotómetro UV (UV 1700, Shimadzu, Japão) a 227 nm para estimar a solubilidade do medicamento. Vários óleos, tensioactivos e cosurfactantes utilizados para estudos de solubilidade. Os óleos, tensioactivos e co-surfactantes que apresentaram a solubilidade máxima do fármaco foram selecionados para estudos posteriores. [5]

3.3.3 FORMULAÇÃO E DESENVOLVIMENTO [6-15]

A) Seleção de excipientes

a) Rastreio da fase oleosa

O critério mais importante para a nanoemulsão a manter o fármaco na forma solubilizada é grandemente influenciado pela solubilidade do fármaco na fase oleosa. Foi determinada a solubilidade do fármaco STS em diferentes óleos (Captex 300 EP/NF, ácido oleico, miristato de isopropilo/palmitato, mygliol 840,810, triglicéridos de cadeia média MCT). Foi adicionado um excesso de 100 mg de fármaco em cada frasco com tampa contendo 2 ml de veículos selecionados. Cada frasco foi submetido a ultra-sons para que a quantidade em excesso de fármaco se dissolvesse até à super-saturação. Os frascos foram mantidos num agitador orbital durante 48 horas, com agitação. As quantidades selecionadas de amostra foram centrifugadas a 7500 rpm durante 15 minutos, de modo a obter uma quantidade excessiva de sobrenadante. O fármaco no sobrenadante foi analisado através de uma diluição adequada com uma proporção selecionada de solvente por espetrofotómetro UV (Shimadzu-1800) a 227 nm para estimar a solubilidade do fármaco.

Seleção de surfactantes

A solubilidade do fármaco STS em diferentes tensioactivos (Tween 80,20, Labrasol, Labrafil M 1944 CS) foi determinada utilizando o mesmo procedimento mencionado na seleção de óleos. Para avaliar a capacidade de os óleos e os tensioactivos formarem espontaneamente uma emulsão, o óleo selecionado foi continuamente adicionado à solução de tensioativo (20%, w/w) com agitação contínua por vórtice vigoroso. Se se obtivesse visualmente uma solução límpida e uniforme, a adição do óleo continuaria até a solução ficar turva.

b) Seleção de co-surfactantes

Foi determinada a solubilidade do fármaco STS em diferentes cosurfactantes (PEG 400, propilenoglicol, Transcutol HP, etanol). A mistura surfactante/óleo foi diluída com água destilada. A solução resultante foi titulada com uma quantidade crescente de cosurfactante até o sistema ficar transparente e adicionar mais cosurfactante até as soluções transparentes ficarem novamente turvas. Além disso, foi determinado aplicando o mesmo procedimento de seleção

da fase oleosa.

Construção do diagrama de fases ternárias utilizando o método de titulação em água

Alíquotas de cada mistura de tensioativo e co-surfactante (Smix) foram então misturadas com óleo à temperatura ambiente (25^0 C). Para cada diagrama de fases, a proporção de óleo para a Smix foi variada em 9:1, 8:2, 7:3, 6:4, 5:5, 4:6, 3:7, 2:8, 1:9, (w/w). Adicionou-se água, gota a gota, a cada mistura oleosa sob agitação magnética adequada a 37^0 C até que a mistura se tornasse clara num determinado ponto. Após o equilíbrio, as amostras foram verificadas visualmente e determinadas como nanoemulsão ou emulsão ou géis claros. Não foi efectuado qualquer aquecimento durante a preparação; no entanto, foi realizada uma agitação magnética bem coberta durante todo o processo de titulação para uma mistura completa. Os diagramas de fase pseudo-ternários de cada rácio S: CoS foram construídos utilizando um software Chemix school/OriginPro 8.5 Version. Após a identificação da região de nanoemulsão nos diagramas de fase, os teores de óleo, tensioativo, co-surfactante e água em proporções de peso adequadas foram selecionados com base nestes resultados. As formulações de nanoemulsão foram selecionadas com as proporções de componentes desejadas. A preparação da nanoemulsão selecionada foi simplesmente realizada adicionando os componentes pesados e agitando-os para formar a nanoemulsão transparente e clara.

A nanoemulsão resultante foi hermeticamente fechada e armazenada à temperatura ambiente, tendo a sua estabilidade física sido medida através da observação periódica da ocorrência de separação de fases.

a) microemulsão o/w;
b) sem microemulsão;
c) dispersão descontínua;
d) dispersão o/w isolada e agregada; e
e) isolado e agregado sem dispersão

C) Preparação de nanoemulsões mucoadesivas (MNEs) pelo método de emulsificação espontânea

Beneficia da libertação de energia química baseada no processo de diluição com a fase contínua que ocorre normalmente a uma temperatura constante sem quaisquer transições de fase no sistema durante o processo de emulsificação.

Este método pode produzir nanoemulsões à temperatura ambiente e não são necessários dispositivos especiais. Basicamente, está sujeito à tensão interfacial, à viscosidade interfacial e a granel, à região de transição de fase, à estrutura do tensioativo e à concentração do tensioativo.

Quando uma fase oleosa com uma substância solúvel em água é misturada com água, formam-se espontaneamente gotículas de óleo. O mecanismo depende do movimento da substância dispersível em água da fase oleosa para a fase aquosa, indicado como setas vermelhas na Figura 3. O mecanismo depende do movimento da substância dispersível em água da fase de óleo para a fase de água, indicado pelas setas vermelhas na Figura 3.

Procedimento de formulação de uma empresa multinacional

i. Dissolver 25 mg de STS em 2 mL de mistura de fase oleosa (Captex 300+ IPP 1:1 w/w)

+ Preparou-se uma mistura de 4 ml de tensioativo e cosurfactante (Tween 80+PEG400) e fase orgânica.

ii. Adicionou-se à fase aquosa uma solução de 2 ml de quitosano previamente dissolvido em ácido acético a 1% e, em seguida, verteu-se lentamente a fase orgânica previamente preparada para a fase aquosa, utilizando uma seringa sob agitação contínua no agitador

Vortex a 100-200 à temperatura ambiente

Tabela 3.3: Tabela de formulação dos lotes de ensaio

Lote	Óleos (mL) Cap+IPP		Surfactante (mL)	Cosurfactante(mL)	Medicamento (mg)	Quitosano (mmw) (15mg/2mL)	Água(mL)	Final Volume (mL)
F1	0.5	0.5	1	1	20	2	25	30
F2	0.5	0.5	3	1	20	2	23	30
F3	0.5	0.5	4	2	20	2	21	30
F4	1	1	1	1	20	2	24	30
F5	1	1	4	2	20	2	20	30
F6	2	2	1	1	20	2	22	30
F7	1	1	3	1	20	2	22	30
F8	2	2	3	1	20	2	20	30
F9	2	2	4	2	20	2	18	30

D) Ensaios de estabilidade termodinâmica

1. Ciclo de aquecimento e arrefecimento: Foram estudados seis ciclos entre a temperatura do frigorífico 4°C e 45 °C com armazenamento a cada temperatura não inferior a 48 h. As formulações que se mantiveram estáveis a estas temperaturas foram submetidas a um teste de centrifugação.

2. Centrifugação: As formulações preparadas foram centrifugadas (REMI International, Mumbai, Índia) a 2000 rpm durante 30 minutos e observadas quanto à separação de fases, formação de cremes ou fissuras. As formulações que não mostraram qualquer instabilidade (formação de cremes, fissuras, separação de fases) foram selecionadas e submetidas a um teste de tensão de congelação-descongelação.

3. Ciclo de congelação-descongelação: As formulações foram submetidas a três ciclos de congelação-descongelação a temperaturas entre -21 e +25 °C, com armazenamento a cada temperatura durante, pelo menos, 48 h. As formulações que sobreviveram aos testes de estabilidade termodinâmica foram selecionadas para estudos posteriores.

4.

3.3.4 CARACTERIZAÇÃO E AVALIAÇÃO DO MUCOADESIVO NANOEMULSÃO [16-22]

Teste de identificação da nanoemulsão

Teste de coloração

À formulação, foi adicionado Sudan Red IV, um corante solúvel em óleo, para identificar o tipo de Nanoemulsão Mucoadesiva formada, que foi observada num microscópio ótico.

Teste de diluição

O teste de diluição desempenha um papel muito importante no desenvolvimento e otimização da nanoemulsão mucoadesiva. Para o desenvolvimento de uma formulação MNE, é necessária a mistura correta de tensioactivos para formar uma nanoemulsão estável. A nanoemulsão foi diluída com água bidestilada e observada visualmente para detetar qualquer separação de fases ou fissuração e clareza/turbidez.

Avaliação da nanoemulsão mucoadesiva

A) Análise do tamanho e da distribuição do tamanho das gotículas e índice de polidispersão (PDI)

O tamanho médio das gotículas da nanoemulsão preparada (MNE F7, F8, F9) foi determinado através da análise das flutuações na dispersão da luz devido ao movimento browniano das partículas, utilizando um Zetasizer ZS 90, (Malvern Instruments Ltd., UK). A formulação foi diluída com água bidestilada e a dispersão da luz foi monitorizada a 25 °C num ângulo de 90°c. Todas as medições foram efectuadas em triplicado. [141,142,143]

B) Determinação da morfologia da superfície do MNE

A morfologia do MNE foi visualizada utilizando um microscópio eletrónico de transmissão de alta resolução (HR-TEM, JEM-2100®, Joel Datum Ltd., Boston, EUA). Uma quantidade extremamente pequena de material é suspensa em água/etanol (apenas o suficiente para obter uma solução ligeiramente turva). A solução é homogeneizada utilizando um ultrassom para dispersar as partículas, uma gota da solução é então pipetada e lançada a gota em grades revestidas de carbono de 200 mesh a grade é seca e fixada no suporte da amostra e as amostras foram vistas sob HR-TEM e fotografadas a 200kV em diferentes ampliações.

B) Determinação do potencial zeta

O parâmetro potencial zeta é utilizado para caraterizar a carga na superfície das gotículas de óleo, que desempenha um papel vital na determinação da estabilidade da nanoemulsão formada.

A formulação (0,1 ml) foi diluída 100 vezes com água bidestilada e analisada utilizando o Zetasizer ZS 90, (Malvern Instruments Ltd. UK), que calcula o potencial zeta através da determinação da mobilidade electroforética dos lotes (F7, F8, F9).

C) Índice de refração

O índice de refração das formulações selecionadas foi determinado em triplicado utilizando um refratómetro do tipo Abbe e este valor foi comparado com a solução padrão (água).

D) Transmitância (%T)

A transmitância percentual de 2 ml de MNE(s) foi verificada em relação à água destilada utilizando o espetrofotómetro UV-VIS a 227 nm.

E) Determinação do pH

O pH da formulação é um fator importante para a compatibilidade da formulação com a mucosa nasal (intervalo de pH de 4,5 a 6,5). O pH aparente das formulações foi medido por um medidor de pH (Systronic 362 ɥ pH system, Índia) em triplicado a 25° C. [145]

F) Determinação da viscosidade

A viscosidade da nanoemulsão mucoadesiva foi medida utilizando o Reómetro de Brookfield (Brookfield RST Rheometer).

B) Teor do fármaco por espetroscopia UV

O succinato de sumatriptano das formulações de MNEs foi extraído dissolvendo 1 ml de MNE em metanol, tampão fosfato 6,4pH. Em seguida, a solução de 1mL foi diluída até 10mL usando metanol e o conteúdo de STS no extrato metanólico foi analisado espectrofotometricamente (UV 1700, Shimadzu, Japão) a 227 nm. contra a solução metanólica padrão de STS.

C) Estudo mucoadesivo *ex-vivo*

Foram efectuados estudos de mucoadesão para garantir a adesão ou o tempo de retenção da formulação na mucosa durante um período de tempo prolongado no local de absorção. Quanto mais forte for a força bioadesiva, maior será o tempo de permanência nasal, aumentando assim a biodisponibilidade do fármaco, uma vez que a nanoemulsão mucoadesiva adere adequadamente à mucosa nasal. A proporção de MNEs aderidas é expressa como percentagem de mucoadesão. Mas se a mucoadesão for demasiado forte, a formulação pode danificar a membrana mucosa.

A mucoadesão das nanoemulsões mucoadesivas preparadas foi medida pelo método anterior com uma ligeira modificação, uma vez que aqui utilizámos mucosa nasal de cabra em vez de ágar. A mucosa nasal de ovino foi obtida num matadouro local imediatamente após o abate. A mucosa foi cortada em secções longitudinais (1* 2 cm) e 100 mg de cada formulação foram centrados na mucosa e deixados durante 2 minutos para assegurar a fixação. As secções da mucosa foram fixadas num aparelho de teste de desintegração da USP (EUA) e movidas para cima e para baixo em PB pH 6,4 a 37 °C. O tempo que as formulações levaram para
separar-se completamente da mucosa foi registado como $_{\text{tempo}}$ de residência $_{\text{(RT)}}$. [23,24]

D) Estudo de libertação de medicamentos *in vitro* a partir de MNEs

O estudo de difusão in vitro da nanoemulsão mucoadesiva (MNE) do lote optimizado e do PDS, NE é efectuado utilizando o aparelho de célula de difusão de Franz (Fig. 1). A célula de difusão de Franz tem 2,0 cm de diâmetro e 20 ml de capacidade. Utilizou-se como membrana de difusão uma membrana de diálise (Himedia) com um peso molecular de corte entre 12000 e 14000 kDa. Os pedaços de membrana de diálise foram embebidos em tampão fosfato salino (PBS), pH 6,4, durante 24 horas antes da experiência. O compartimento recetor da célula de difusão foi preenchido com tampão fosfato salino pH 6,4 e a membrana de diálise foi montada na célula. A temperatura foi mantida a 37°C. A nanoemulsão mucoadesiva equivalente a 2 mg de STS foi dispersa no compartimento doador. Foram periodicamente retiradas amostras de um mL do compartimento recetor durante 8 horas, após 15,30, 60, 120,180,240,300,360,420,480 min do intervalo de tempo, e diluídas até 10 mL com solução de PBS para análise e substituídas pela mesma
quantidade de pH fresco
6.4, tampão fosfato salino para manter a condição de afundamento e a concentração do fármaco foi analisada espectrofotometricamente. [25-52]

G) Adaptação do modelo ao perfil de libertação do fármaco

Para estudar a cinética de libertação da formulação optimizada, os dados obtidos a partir de estudos de libertação de fármaco *in vitro* foram representados em vários modelos cinéticos: ordem zero ("equação 2") como a quantidade cumulativa de fármaco libertado em função do tempo, primeira ordem ("equação 3") como a percentagem cumulativa de fármaco remanescente em função do tempo e o modelo de Higuchi ("equação *4*") como a percentagem cumulativa de fármaco libertado em função da raiz quadrada do tempo. [156,157,158]

a) Ordem zero

$C = K0\ t$ (2)

Onde K0 é a constante de velocidade de ordem zero expressa em unidades de concentração/tempo e t é o tempo em minutos. Um gráfico da concentração Vs. tempo produziria uma linha reta com um declive igual a K0 e interceptaria a origem dos eixos.

b) Primeira ordem

$\text{Log } C = \text{Log } CO\text{-}\ Kt / 2{,}303$ (3)

Em que C0 é a concentração inicial do fármaco, Kt é a constante de primeira ordem e t é o tempo.

c) Higuchi

$Qt = Kt /$ (4)

Em que Qt é a quantidade de fármaco libertado no tempo t, K é a constante cinética e t é o tempo em minutos. [53-65]

Mecanismo de libertação do fármaco:

Para avaliar o mecanismo de libertação do fármaco a partir da nanoemulsão mucoadesiva carregada com STS, os dados relativos à libertação do fármaco foram representados na equação de Korsmeyer-Peppas como percentagem cumulativa do fármaco libertado Vs. tempo logarítmico ("equação 5"). O expoente de libertação n e o valor K foram calculados através do declive da linha reta (Peppas 1985).

$Mt / M_{OT} = Ktn$ (5)

Estudo de permeação *ex-vivo*

A permeação *ex-vivo* do lote optimizado de nanoemulsão mucoadesiva (F7), da solução de fármaco simples (PDS) e da nanoemulsão (NE) contendo fármaco foi estudada comparativamente.

Estudos de permeação *ex-vivo*

Foram efectuados estudos de difusão *ex-vivo* utilizando a célula de difusão de Franz com uma capacidade de volume recetor de 20 ml através da mucosa nasal de cabra em formulações semelhantes utilizadas para o estudo *in vitro* (PDS, NE, MNEs). A mucosa nasal de cabra recém-excisada, com uma espessura de 0,2 mm e pele de 1,77 cm^2 (medida com um paquímetro Vernier, CD-6" CSX digital, Mitutoyo Corp., Kanagawa, Japão) foi colocada entre o compartimento recetor e o compartimento dador. Cada compartimento dador foi preenchido com uma formulação equivalente a 5 mg de STS. O compartimento recetor foi enchido com PBS (pH 6,4) e mantido à temperatura de 37° C com uma agitação de 50 rpm. Em seguida, foi retirada uma amostra de 1 ml de cada formulação em intervalos de 15, 30, 60, 120, 180, 240, 300, 360, 420, 480 minutos e diluída até 10 ml com tampão fosfato e a concentração do fármaco foi analisada espectrofotometricamente a 227 nm[25, 26].

Os valores cumulativos médios da percentagem de fármaco difundido em função do tempo foram representados individualmente em função do tempo (h) para os PDS, NE e MNEs. A quantidade de fármaco permeado/unidade de área da mucosa nasal (mg/cm2) em função do tempo foi representada em função do tempo (h) para os PDS, NEs e MNEs e a partir do declive de cada gráfico, Os dados obtidos no estudo ex-vivo foram ajustados a várias equações matemáticas de diferentes modelos cinéticos: ordem zero (percentagem cumulativa de libertação do fármaco em função do tempo), primeira ordem (logaritmo cumulativo do fármaco restante em função do tempo) e modelo de Higuchi (percentagem cumulativa de libertação do fármaco em função da raiz quadrada do tempo). [66-92]

REFERÊNCIAS

1. Abismail, B., Canselier, J. P., Wilhelm, A. M., Delmas, H., & Gourdon, C. (1999). Emulsificação por ultrassom: Distribuição do tamanho da gota e estabilidade. *Ultrasonics Sonochemistry, 6*(1-2), 75-83.
2. Anton, N., Benoit, J. P., & Saulnier, P. (2008). Conceção e produção de nanopartículas formuladas a partir de modelos de nano-emulsão - uma revisão. *Journal of Controlled Release, 128*(3), 185-199.
3. Ashaolu, T. J. (2021). Nanoemulsões para saúde, alimentos e cosméticos: Uma revisão. *Environmental Chemistry Letters, 19*(3), 1957-1968.
4. Azeem, A., Rizwan, M., Ahmad, F. J., Iqbal, Z., Khar, R. K., & Aqil, M. (2009). Triagem e seleção de componentes de nanoemulsão: Uma nota técnica. *AAPS PharmSciTech, 10*(1), 69-76.
5. Benita, S. (Ed.). (1998). *Submicron emulsions in drug targeting and delivery*. CRC Press.
6. Bhargava, K., & Conti, D. S. (2013). Aplicação de nanoemulsões na quimioterapia do cancro. *Jornal de Nanomedicina e Descoberta Bioterapêutica, 3*(2), 1-8.
7. Cheong, I. W., & Lee, J. S. (2008). Nanoemulsões água-em-óleo estabilizadas por inulina modificada hidrofobicamente. *Colloids and Surfaces A: Physicochemical and Engineering Aspects, 315*(1-3), 85-92.
8. Date, A. A., & Nagarsenker, M. S. (2008). Microemulsões parenterais: Uma visão geral. *International Journal of Pharmaceutics, 355*(1-2), 19-30.
9. Forgiarini, A., Esquena, J., Gonzalez, C., & Solans, C. (2001). Estudos da relação entre comportamento de fase e métodos de emulsificação com formação de nano-emulsão. *Progress in Colloid and Polymer Science, 118*, 184-189.
10. Gupta, A., Eral, H. B., Hatton, T. A., & Doyle, P. S. (2016). Nanoemulsões: Formação, propriedades e aplicações. *Soft Matter, 12*(11), 2826-2841.
11. Jaiswal, M., Dudhe, R., & Sharma, P. K. (2015). Nanoemulsão: Um modo avançado de sistema de entrega de medicamentos. *Biotech, 5*(2), 123-127.
12. Kumar, R., Katare, O. P., & Lecithin. (2005). Lecithin organogels as a potential phospholipid-structured system for topical drug delivery: A review. *AAPS PharmSciTech, 6*(2), E298-E310.
13. Lee, S. J., McClements, D. J., & Fabrication. (2010). Fabrico de nanoemulsões estabilizadas com proteínas utilizando uma abordagem combinada de homogeneização e dissolução/evaporação de solventes anfifílicos. *Jornal de Química Agrícola e Alimentar, 58*(4), 2390-2395.
14. Li, P., & Chiang, B. (2012). Otimização de processos e estabilidade de nanoemulsões d-limoneno-em-água preparadas por emulsificação ultra-sônica usando metodologia de superfície de resposta. *Ultrasonics Sonochemistry, 19*(1), 192-197.
15. Mason, T. G., Wilking, J. N., Meleson, K., Chang, C. B., & Graves, S. M. (2006). Nanoemulsões: Formation, structure, and physical properties. *Journal of Physics: Matéria Condensada, 18*(41), R635-R666.
16. McClements, D. J. (2012). Nanoemulsões como potenciais sistemas de entrega de componentes bioactivos: Factores que afectam a sua formação, propriedades e desempenho. *Revisões Críticas em Ciência Alimentar e Nutrição, 52*(8), 763-777.
17. Mukherjee, S., Ray, S., & Thakur, R. S. (2009). Nanopartículas lipídicas sólidas: A

modern formulation approach in drug delivery system. *Indian Journal of Pharmaceutical Sciences, 71*(4), 349-358.

18. Neves, A. R., Queiroz, J. F., & Wais, M. (2016). Nanoemulsões: Aspectos físicos. *Enciclopédia de Nanociência e Nanotecnologia, 2*(1), 213-232.

19. O'Driscoll, C. M., & Griffin, B. T. (2008). Desafios biofarmacêuticos associados a medicamentos com baixa solubilidade aquosa - O impacto potencial das formulações à base de lípidos. *Advanced Drug Delivery Reviews, 60*(6), 617-624.

20. Pouton, C. W. (2006). Formulação de fármacos pouco solúveis em água para administração oral: Questões físico-químicas e fisiológicas e o sistema de classificação de formulações lipídicas. *Jornal Europeu de Ciências Farmacêuticas, 29*(3-4), 278-287.

21. Rao, J., & McClements, D. J. (2011). Formação de microemulsões, nanoemulsões e emulsões de óleo aromatizante: Influência da composição e do método de preparação. *Journal of Agricultural and Food Chemistry, 59*(9), 5026-5035.

22. Salvia-Trujillo, L., Soliva-Fortuny, R., Rojas-Grau, M. A., & Martm-Belloso, O. (2013). Caracterização físico-química e atividade antimicrobiana de emulsões e nanoemulsões de grau alimentício incorporando óleos essenciais. *Food Hydrocolloids, 30*(2), 401-407.

23. Sessa, M., & Balestrieri, M. L. (2014). Biodisponibilidade do resveratrol encapsulado em sistemas de entrega baseados em nanoemulsão. *Química Alimentar, 147*, 42-50.

24. Shakeel, F., Ramadan, W., & Shafiq, S. (2007). Solubilidade e melhoria da dissolução do aceclofenac utilizando diferentes nanocarreadores. *Journal of Biomedical Nanotechnology, 3*(4), 361-369.

25. Trotta, M., Gallarate, M., Carlotti, M. E., & Morel, S. (2003). Preparação de nanopartículas de griseofulvina a partir de microemulsões diluíveis em água. *International Journal of Pharmaceutics, 254*(2), 235-242.

26. Agnihotri, S. M., Vavia, P. R., & Sahu, K. K. (2014). Projeto e otimização de novas formulações de nanoemulsão para o potencial transdérmico do celecoxib. *Desenvolvimento de Medicamentos e Farmácia Industrial, 40*(2), 243-251.

27. Ahmed, K. S., Hussein, S. A., & Ali, A. H. (2018). Desenvolvimento de uma formulação de nanoemulsão otimizada carregada com curcumina para melhorar a entrega transdérmica. *Drug Delivery, 25*(1), 1471-1480.

28. Ali, S. M., Majeed, S., & Khan, T. A. (2019). Nanoemulsão: Um modo avançado de sistema de entrega de medicamentos. *Jornal Internacional de Ciências Farmacêuticas e Pesquisa, 10*(9), 4014-4022.

29. Ali, S. S., Singh, O., & Pandey, A. (2020). Formulações de nanoemulsão para aplicações terapêuticas no cancro. *Jornal Asiático de Ciências Farmacêuticas, 15*(1), 18-34.

30. Anand, P., & Puri, N. (2016). Nanoemulsões na terapia do cancro. *Pharmacological Research, 111*, 620-625.

31. Azeem, A., Rizwan, M., & Ahmad, F. J. (2009). Triagem e seleção de componentes de nanoemulsão: Uma nota técnica. *AAPS PharmSciTech, 10*(1), 69-76.

32. Bhatt, P., & Madhav, S. (2011). Uma revisão detalhada do sistema de administração de medicamentos por nanoemulsão. *Revista Internacional de Ciências Farmacêuticas e Investigação, 2*(10), 2482-2489.

33. Date, A. A., Nagarsenker, M. S., & Vador, N. (2010). Sistema de entrega baseado em nanoemulsão para nevirapina: Design, caraterização e avaliação in vitro. *Jornal de*

Ciências Farmacêuticas, 99(9), 3563-3571.

34. Ganta, S., & Amiji, M. (2013). Coadministração de paclitaxel e curcumina em formulações de nanoemulsão para superar a resistência a múltiplas drogas em células tumorais. *Molecular Pharmaceutics, 10*(5), 2193-2200.

35. Gupta, A., Eral, H. B., Hatton, T. A., & Doyle, P. S. (2016). Nanoemulsões: Formação, propriedades e aplicações. *Soft Matter, 12*, 2826-2841.

36. Gupta, R., & Rousseau, D. (2012). Nanopartículas lipídicas sólidas de superfície ativa como estabilizadores Pickering para nanoemulsões de óleo em água. *Journal of Colloid and Interface Science, 370*(1), 136-142.

37. Jaiswal, M., Dudhe, R., & Sharma, P. K. (2015). Nanoemulsão: Um modo avançado de sistema de entrega de medicamentos. *Biotech, 5*(2), 123-127.

38. Javed, A., & Kohli, K. (2014). Entrega transdérmica de medicamentos anti-hipertensivos à base de nanoemulsão: Uma revisão. *Jornal de Entrega de Medicamentos e Terapêutica, 4*(1), 3341.

39. Jaiswal, M., & Mishra, A. (2016). Nanoemulsão: Uma revisão farmacêutica. *Revista Mundial de Ciências Farmacêuticas, 5*(4), 732-739.

40. Jaiswal, M., Patel, R., & Joshi, H. (2014). Nanoemulsão: Um modo avançado de sistema de entrega de medicamentos. *Journal of Drug Delivery and Therapeutics, 4*(1), 77-85.

41. Kapse-Mistry, S., Govender, T., Srivastava, R., & Modi, G. (2014). Entrega de nano-fármacos na reversão da resistência a múltiplos fármacos em células cancerosas. *Fronteiras em Farmacologia, 5*, 159.

42. Kotta, S., Khan, A. W., & Pramod, K. (2015). Explorando a nanoemulsão como um sistema de entrega promissor para a entrega de medicamentos pouco solúveis em água. *Drug Delivery, 22*(4), 440-457.

43. Kumar, P., & Agarwal, A. (2013). Nanoemulsões: A potential nano carrier for drug delivery. *Revista Internacional de Investigação em Farmácia, 4*(4), 39-42.

44. Kumar, P., & Singh, S. (2016). Desenvolvimento de formulação de nanoemulsão para entrega de clopidogrel. *Jornal de Tecnologia Farmacêutica Avançada e Pesquisa, 7*(4), 123-128.

45. Kumar, P., & Singh, S. (2017). Nanoemulsões: Uma nova plataforma para entrega de medicamentos. *Jornal Internacional de Ciências Farmacêuticas e Pesquisa, 8*(1), 237-250.

46. Kumar, P., & Yadav, P. (2014). Nanoemulsão para doenças de pele: Formulação e caraterização. *Jornal Internacional de Ciências Farmacêuticas e Pesquisa, 5*(12), 5132-5141.

47. Mishra, P. R., & Gupta, R. (2013). Nanoemulsão como uma ferramenta eficaz para a entrega transdérmica de glipizida. *RSC Advances, 3*, 1633-1641.

48. Mishra, P. R., & Singh, A. (2014). Desenvolvimento e caraterização de nanoemulsões para entrega de medicamentos pouco solúveis. *Journal of Pharmaceutical Sciences, 103*(9), 28552867.

49. Patil, U. K., & Babubhai, S. (2013). Nanoemulsão: Um sistema promissor de entrega de medicamentos. *Drug Invention Today, 5*(4), 324-328.

50. Patel, H. H., & Patel, B. K. (2014). Nanoemulsões: Uma plataforma emergente para a entrega de medicamentos. *Revista Internacional de Ciências Farmacêuticas e Pesquisa, 5*(9), 35693577.

51. Qadir, M. I., & Ali, M. (2016). Nanoemulsão: Nanocarreador promissor para drogas. *Jornal de Pesquisa Farmacêutica Internacional, 12*(1), 1-9.

52. Raval, N., & Maheshwari, R. (2015). Nanoemulsão: Um modo avançado de sistema de entrega de medicamentos. *Revista Internacional de Investigação em Ciências Farmacêuticas e Biomédicas, 6*(4), 103-110.

53. Raval, N., & Patel, J. (2014). Nanoemulsão: Um novo paradigma para a entrega de medicamentos. *Revista Internacional de Pesquisa em Ciências Farmacêuticas e Biomédicas, 5*(2), 134140.

54. Sharma, N., & Sharma, A. (2013). Nanoemulsões: Uma nova abordagem para o desenvolvimento de formulações antifúngicas. *Jornal de Ciências Farmacêuticas Aplicadas, 3*(5), 144-153.

55. Sharma, N., & Singh, S. (2016). Nanoemulsões: A promising tool for drug delivery. *Revista de Investigação em Ciências Farmacêuticas, Biológicas e Químicas, 7*(1), 492-507.

56. Shakeel, F., & Ramadan, W. (2010). Entrega transdérmica do medicamento anticancerígeno cafeína a partir de nanoemulsões de água em óleo. *Colloids and Surfaces B: Biointerfaces, 75*(1), 356-362.

57. Shafiq, S., Faiyaz, S., & Shakeel, F. (2007). Desenvolvimento e avaliação da biodisponibilidade da formulação de nanoemulsão de ramipril. *European Journal of Pharmaceutics and Biopharmaceutics, 66*(2), 227-243.

58. Teo, B. J., & Lee, P. Y. (2016). Nanoemulsões: Uma revisão da preparação, caraterização e aplicação na indústria alimentar. *Revista Internacional de Pesquisa em Ciências Farmacêuticas e Biomédicas, 7*(2), 89-104.

59. Torchilin, V. P. (2014). Sistemas nanoparticulados multifuncionais e sensíveis a estímulos para entrega de medicamentos. *Nature Reviews Drug Discovery, 13*(11), 813-827.

60. Vyas, T. K., & Shahiwala, A. (2008). Nanoemulsões no aumento da biodisponibilidade oral de fármacos pouco solúveis: A review. *Pharmaceutical Nanotechnology, 1*(1), 36-47.

61. Ahmed, K., Li, Y., & McClements, D. J. (2012). Sistemas de entrega baseados em nanoemulsão para nutrientes: Nanopartículas lipídicas e sua biodisponibilidade. Jornal Europeu de Farmácia e Biofarmácia, 81(3), 380-387.

62. Azeem, A., Rizwan, M., Ahmad, F. J., Iqbal, Z., Khar, R. K., & Aqil, M. (2009). Triagem e seleção de componentes de nanoemulsão: uma nota técnica. AAPS PharmSciTech, 10(1), 69-76.

63. Balakrishnan, P., Shanmugam, S., Lee, W. S., Lee, W. M., Kim, J. O., Oh, D. H., ... & Woo, J. S. (2009). Formulação e avaliação in vitro de niosomas de minoxidil para uma melhor administração cutânea. International Journal of Pharmaceutics, 377(1-2), 1-8.

64. Barratt, G. (2000). Colloidal drug carriers: achievements and perspectives. Cellular and Molecular Life Sciences CMLS, 57(1), 41-64.

65. Bhatt, P., Madhav, S., & Kadam, V. (2011). Nano-emulsão: A versatile mode of drug delivery system. Pharma Times, 43(9), 13-17.

66. Binks, B. P., & Lumsdon, S. O. (2001). Efeitos do tipo de óleo e da composição da fase aquosa em misturas de óleo e água contendo partículas de hidrofobicidade intermédia. Physical Chemistry Chemical Physics, 3(2), 120-126.

67. Bonferoni, M. C., Rossi, S., Sandri, G., Ferrari, F., & Caramella, C. (2019).

Nanoemulsões para entrega de medicamentos "nariz ao cérebro". Pharmaceutics, 11(2), 84.
68. Chopra, S., Motwani, S. K., Iqbal, Z., Talegaonkar, S., & Ahmad, F. J. (2007). Otimização da nanoemulsão termossensível à base de poloxâmero e ciprofloxacina para administração ocular de medicamentos. International Journal of Pharmaceutics, 360(1-2), 206-217.
69. Date, A. A., & Nagarsenker, M. S. (2008). Microemulsões parenterais: Uma visão geral. International Journal of Pharmaceutics, 355(1-2), 19-30.
70. Dong, Z., Ma, Y., An, J., Chen, M., Yao, F., & Xie, J. (2019). Estratégia fácil e eficaz para a fabricação de nanoemulsão usando um novo método de emulsificação de alta energia. Colóides e superfícies B: Biointerfaces, 181, 437-444.
71. El Maghraby, G. M., Barry, B. W., & Williams, A. C. (2008). Lipossomas e pele: From drug delivery to model membranes. Jornal Europeu de Ciências Farmacêuticas, 34(45), 203-222.
72. Fathi, M., Mozafari, M. R., & Mohebbi, M. (2012). Nanoencapsulação de ingredientes alimentares utilizando sistemas de entrega à base de lípidos. Tendências em Ciência e Tecnologia Alimentar, 23(1), 13-27.
73. Frolov, V. A., Dunina-Barkovskaya, L. K., Samsonov, V. A., & Heimburg, T. (2003). Termodinâmica de domínios de membrana. Biochimica et Biophysica Ata (BBA) - Biomembranes, 1612(1), 1-27.
74. Ghosh, V., Mukherjee, A., Chandrasekaran, N. (2013). Otimização dos Parâmetros do Processo para Formular Nanoemulsão por Emulsificação Espontânea: Uma visão sobre o efeito do pH. Jornal de Materiais de Engenharia de Superfície e Tecnologia Avançada, 3, 1-12.
75. Ghosh, V., Mukherjee, A., & Chandrasekaran, N. (2013). Emulsificação ultra-sônica da formulação de nanoemulsão de grau alimentar e avaliação de sua atividade bactericida. Ultrasonics Sonochemistry, 20(1), 338-344.
76. Gupta, A., Eral, H. B., Hatton, T. A., & Doyle, P. S. (2016). Nanoemulsões: formação, propriedades e aplicações. Soft Matter, 12(11), 2826-2841.
77. Hegde, R. R., Verma, A., & Ghosh, A. (2013). Microemulsão: Novos insights sobre a entrega de medicamentos oculares. ISRN Pharmaceutics, 2013, 826798.
78. Jaiswal, M., Dudhe, R., & Sharma, P. K. (2015). Nanoemulsão: um modo avançado de sistema de entrega de medicamentos. 3 Biotech, 5(2), 123-127.
79. Kotta, S., Khan, A. W., Ansari, S. H., Sharma, R. K., & Ali, J. (2012). Formulação de nanoemulsão: Uma comparação entre o método de composição por inversão de fases e o método de homogeneização a alta pressão. Cartas de Entrega de Medicamentos, 2(2), 128-133.
80. Kumar, S., & Singh, P. (2012). Nanoemulsão baseada em direcionamento na entrega de medicamentos: A review. Revista Internacional de Ciências Farmacêuticas e Investigação, 3(12), 4640.
81. Lovick, H. M., Deller, R. C., Chen, S., Mitchell, D. A., Harniman, R. L., & Murray, B. J. (2018). Investigando a eficiência com que as proteínas anticongelantes inibem a recristalização do gelo. Anais da Academia Nacional de Ciências, 115(33), 8305-8310.
82. Madene, A., Jacquot, M., Scher, J., & Desobry, S. (2006). Encapsulamento de aromas e libertação controlada - uma revisão. International Journal of Food Science & Technology, 41(1), 1-21.

83. Majeed, H., Bian, Y. Y., Ali, B., Jamil, A., Majeed, U., Khan, Q. F., ... & Dai, J. (2015). Impacto do revestimento ultrassónico com gelatina contendo óleos essenciais de canela e açafrão na preservação de morangos. Jornal Internacional de Ciência e Tecnologia de Alimentos, 50(10), 2196-2202.

84. McClements, D. J. (2011). Nanoemulsões comestíveis: fabricação, propriedades e desempenho funcional. Soft Matter, 7(6), 2297-2316.

85. Mohsin, S., Abdul, K. N., & Ullah, I. (2014). Formulação e caraterização do sistema de entrega de medicamentos auto-nanoemulsificantes (SNEDDS) de valsartan. Journal of Pharmacy & Bioallied Sciences, 6(4), 237-244.

86. Patel, M. R., Patel, R. B., Parikh, J. R., & Solanki, A. B. (2010). Sistema de administração de fármaco auto-emulsionante de tacrolimus: formulação, caraterização in vitro e estudos de estabilidade. International Journal of Pharmaceutics, 376(1-2), 82-89.

87. Pouton, C. W. (2006). Formulação de sistemas de administração de medicamentos auto-emulsionantes. Advanced Drug Delivery Reviews, 60(6), 625-637.

88. Sarker, D. K. (2005). Engenharia de nanoemulsões para administração de medicamentos. Current Drug Delivery, 2(4), 297-310.

89. Shakeel, F., Baboota, S., Ahuja, A., Ali, J., Shafiq, S., & Khan, S. (2008). Nanoemulsões como veículos para administração transdérmica de glicirrizina. Revista Brasileira de Ciências Farmacêuticas, 44(4), 621-627.

90. Solans, C., Izquierdo, P., Nolla, J., Azemar, N., & Garcia-Celma, M. J. (2005). Nanoemulsões. Current Opinion in Colloid & Interface Science, 10(3-4), 102-110.

91. Tadros, T., Izquierdo, P., Esquena, J., & Solans, C. (2004). Formação e estabilidade de nanoemulsões. Advances in Colloid and Interface Science, 108-109, 303-318.

92. Torchilin, V. P. (2005). Recent advances with liposomes as pharmaceutical carriers. Nature Reviews Drug Discovery, 4(2), 145-160.

CAPÍTULO 4

RESULTADOS E DISCUSSÃO

4.1 ESTUDO RELACIONADO COM OS MEDICAMENTOS DA FAMÍLIA DOS TRIPTANOS

TRABALHO EXPERIMENTAL

ESTUDO DE PRÉ-FORMULAÇÃO

Caracterização e confirmação do medicamento

- A Determinação do ponto de fusão
- Espectroscopia de infravermelhos com transformada de Fourier (espetroscopia FT-IR)
- Calorimetria diferencial de varrimento (DSC)
- Difração de raios X (XRD)

FORMULAÇÃO E DESENVOLVIMENTO

Construção do diagrama de fases ternário utilizando o método de titulação em água

Preparação de nanoemulsões mucoadesivas (MNEs) pelo método de emulsificação espontânea

Beneficia da libertação de energia química baseada no processo de diluição com a fase contínua que ocorre normalmente a uma temperatura constante sem quaisquer transições de fase no sistema durante o processo de emulsificação.

Este método pode produzir nanoemulsões à temperatura ambiente e não são necessários dispositivos especiais. Basicamente, está sujeito à tensão interfacial, à viscosidade interfacial e a granel, à região de transição de fase, à estrutura do tensioativo e à concentração do tensioativo.

Quando uma fase oleosa com uma substância solúvel em água é misturada com água, formam-se espontaneamente gotículas de óleo. O mecanismo depende do movimento da substância dispersível em água da fase oleosa para a fase aquosa, indicado como setas vermelhas na Figura 3. O mecanismo depende do movimento da substância dispersível em água da fase de óleo para a fase de água, indicado pelas setas vermelhas na Figura 3.

Procedimento de formulação de uma empresa multinacional

iii. Dissolver 25 mg de STS em 2 mL de mistura de fase oleosa (Captex 300+ IPP 1:1 w/w)

+ Preparou-se uma mistura de 4 ml de tensioativo e cosurfactante (Tween 80+PEG400) e fase orgânica.

iv. Adicionou-se à fase aquosa uma solução de 2 ml de quitosano previamente dissolvido em ácido acético a 1% e, em seguida, verteu-se lentamente a fase orgânica previamente preparada para a fase aquosa com uma seringa, sob agitação contínua no agitador Vortex a 100-200 à temperatura ambiente.

Tabela 4.1: Tabela de formulação dos lotes de ensaio

Lote	Óleos (mL) Tampa+IPP		Surfactante (mL)	Cosurfactante(mL)	Medicamento (mg)	Quitosano (mmw) (15mg/2mL)	Água(mL)	Final Volume (mL)
F1	0.5	0.5	1	1	20	2	25	30
F2	0.5	0.5	3	1	20	2	23	30
F3	0.5	0.5	4	2	20	2	21	30
F4	1	1	1	1	20	2	24	30
F5	1	1	4	2	20	2	20	30
F6	2	2	1	1	20	2	22	30
F7	1	1	3	1	20	2	22	30
F8	2	2	3	1	20	2	20	30
F9	2	2	4	2	20	2	18	30

CARACTERIZAÇÃO E AVALIAÇÃO DA NANOEMULSÃO MUCOADESIVA

Avaliação da nanoemulsão mucoadesiva

- **Análise do tamanho e da distribuição do tamanho das gotículas e índice de polidispersão (PDI)**
- Determinação da morfologia da superfície do MNE
- Determinação do potencial zeta
- Índice de refração
- Transmitância (%T)
- Determinação do pH
- Teor do fármaco por espetroscopia UV
- Estudo mucoadesivo *ex-vivo*
- Estudo de libertação de medicamentos *in vitro* a partir de MNEs
- Estudos de permeação *ex-vivo*

4.1.1 SUMATRIPTANO

RESULTADO E DISCUSSÃO:

Determinação do ponto de fusão:

O ponto de fusão médio do medicamento foi de 169,56 ± 0,71 °C, utilizando o aparelho digital de ponto de fusão.

Espectroscopia de infravermelhos com transformada de Fourier (espetroscopia FT-IR):

Fig 4.1: Espectro FT-IR do medicamento (sumatriptano)

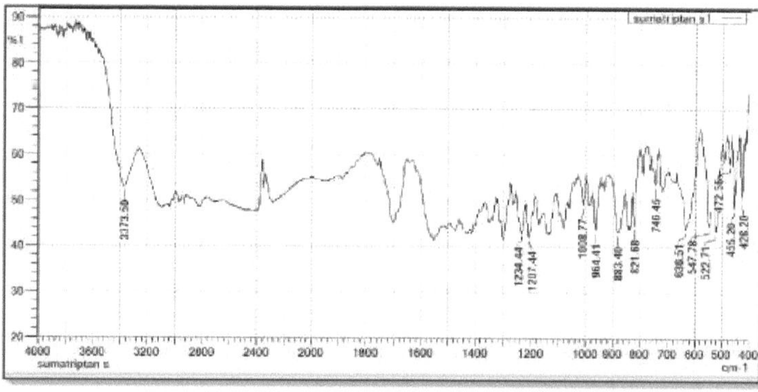

Os picos caraterísticos do fármaco incluíram o estiramento O-H, o estiramento C-H, a flexão C=C aromática, o éster e a flexão C-H aromática, como se mostra no quadro

Tabela 4.2: Espectro FT-IR da amostra do medicamento

Grupo funcional	Vibração	Número de onda (cm)$^{-1}$ (Valor observado)	Número de onda (cm)$^{-1}$ (Valor declarado)
Álcool -OH	Alongamento	3373.64	3271.10
Alquilo C-H	Alongamento	2934.82	2927.37
Aromáticos C=C	Dobragem	1554.69	1562.69
Ester	Alongamento/B final	1300.08	1300.49
Aromáticos C-H	Dobragem	879.58	881.73

Calorimetria diferencial de varrimento (DSC):

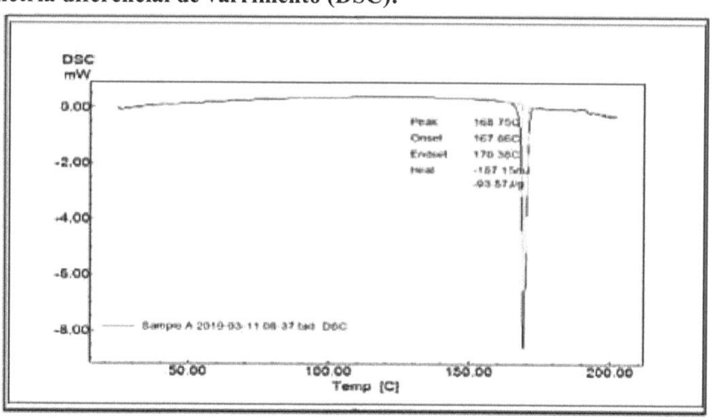

Fig 4.2: Calorimetria diferencial de varrimento (sumatriptano)

Como se mostra na figura 2, o termograma do fármaco mostrou um pico endotérmico acentuado a 168,75C' com entalpia 141,48 (J/g). A endotérmica significa o processo de fusão do fármaco a essa temperatura, uma vez que o valor registado para o ponto de fusão do fármaco se situa entre 169 - 171 C. O resultado da DSC também confirmou a presença de succinato de sumatriptano.

Difração de raios X

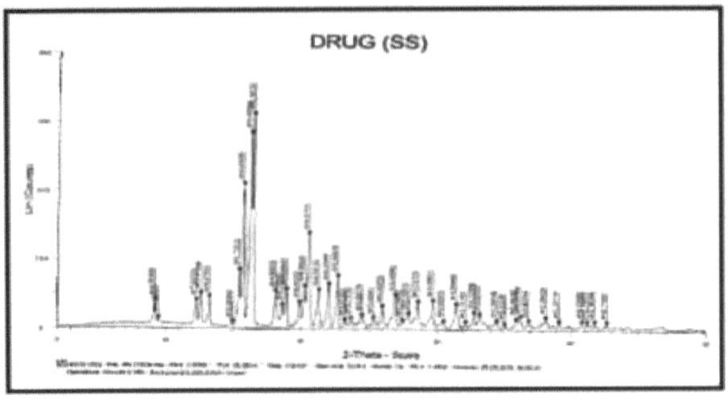

Fig. 4.3: Espectro de difração de raios X do medicamento (sumatriptano)

Espectroscopia ultravioleta-visível (espetroscopia UV-Visível)

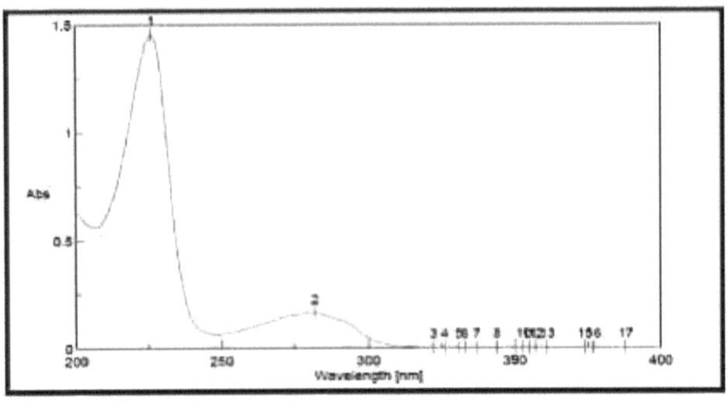

Fig. 4.4: Espectroscopia ultravioleta-visível do medicamento (sumatriptano)

Construção da curva de calibração a /max do fármaco em metanol, água, tampão fosfato pH
6.4. A curva de calibração do fármaco foi traçada em água, metanol e tampão fosfato pH 6,4 a 227 nm na gama de concentrações de [1-16 (pg/ml.)].

Quadro 4.3: curva de calibração de at /max (sumatriptano)

Sr. Não.	Concentração ião ('Hg/mL)	Absorvância em a água a 227 nm	Absorvância em tampão de fosfato pH 6,4 a 227 nm	Absorvância em metanol a 227 nm
1	2	0.2523	0.0278	0.1421
2	4	0.4278	0.0787	0.3465
3	6	0.642	0.2314	0.4652
4	8	0.8413	0.4155	0.5619
5	10	1.064	0.5965	0.7249
6	12	1.2361	0.7621	0.9164
7	14	1.510	0.9396	1.0429
8	16			1.2978

Distribuição do tamanho das partículas:

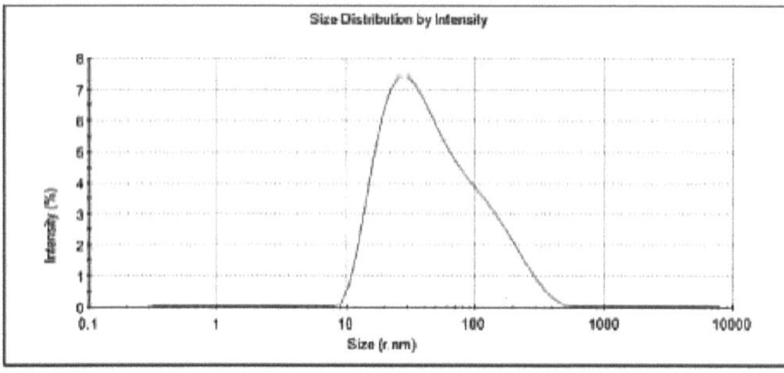

Fig 4.5: Distribuição do tamanho das partículas de succinato de sumatritano

Potencial zeta

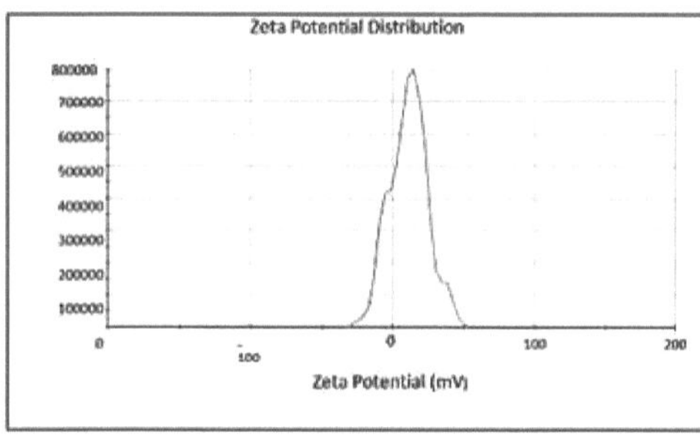

Fig 4.6: potencial zeta do succinato de sumatritano

Percentagem do teor de droga

O teor percentual de fármaco foi efectuado para que o lote F7 apresentasse o teor percentual de fármaco mais elevado de 96,12 ± 0,052 %. A concentração óptima de óleo, tensioativo e co-sensioactivo foi essencial para a carga máxima de fármaco na formulação, de modo a obter o teor máximo de fármaco no lote optimizado (F7). Todas as variáveis da formulação apresentaram um efeito significativo no teor de fármaco.

Libertação do fármaco *in vitro* do lote ótimo

Foi efectuado o perfil de libertação cumulativa do fármaco STS dos lotes experimentais da formulação e verificou-se que era de 83,43±3,25% para o lote F7 através da membrana de diálise a PBS (pH 6,4). O lote F7 apresentou a percentagem mais elevada de libertação cumulativa de fármaco da nanoemulsão mucoadesiva. Seguiu os modelos de cinética de primeira libertação com um efeito de explosão negligenciável.

Tabela 4.4: % cumulativa de libertação do fármaco *in vitro* (sumatriptano)

Tempo (hr)	**F1 (%)**	**F2 (%)**	**F3 (%)**	**F4 (%)**	**F5 (%)**	**F6 (%)**	**F7 (%)**	**F8 (%)**	**F9 (%)**
0.15	1.23±0.45	3.45±0.78	2.12±0.34	4.67±0.56	1.89±0.23	2.34±0.42	2.779±3.22	3.56±0.67	1.98±0.31
0.3	2.34±0.56	4.56±0.89	3.45±0.67	5.78±0.78	2.56±0.34	3.45±0.67	6.178±3.56	4.67±0.89	2.56±0.45
1	4.56±0.67	7.89±0.98	6.78±0.76	9.01±0.89	5.67±0.45	6.78±0.89	18.541±4.21	8.34±0.78	5.67±0.56
2	8.67±0.78	12.34±0.67	11.23±0.89	14.56±0.67	9.78±0.56	11.23±0.89	39.608±5.69	12.45±0.98	9.78±0.67
3	14.89±0.56	19.01±0.78	17.89±0.67	22.34±0.78	15.67±0.67	17.89±0.78	49.246±4.13	19.67±0.67	15.67±0.56
4	22.12±0.67	26.45±0.56	24.56±0.78	29.67±0.89	20.89±0.67	24.56±0.78	65.449±2.31	26.78±0.78	20.89±0.67
5	29.45±0.78	32.67±0.89	31.23±0.76	35.89±0.67	27.01±0.67	31.23±0.76	73.106±3.65	32.89±0.78	27.01±0.67
6	35.78±0.67	40.01±0.78	38.56±0.67	42.12±0.89	34.45±0.78	38.56±0.67	76.427±3.48	39.01±0.67	34.45±0.78
7	42.01±0.78	45.89±0.67	45.89±0.78	48.45±0.67	40.67±0.78	45.89±0.67	80.625±4.21	45.89±0.78	40.67±0.67
8	48.34±0.67	51.34±0.78	52.34±0.89	54.78±0.67	47.23±0.78	52.34±0.89	83.432±3.25	51.78±0.78	47.23±0.67

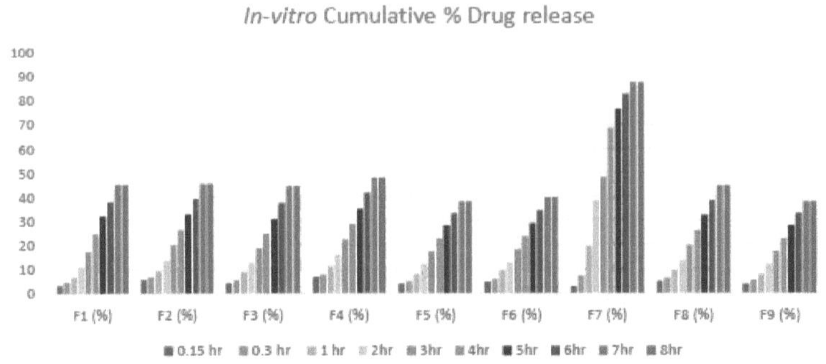

Fig 4.5: % cumulativa de libertação do fármaco *in-vitro* (sumatriptano)

Permeação de medicamentos *ex-vivo* a partir de lotes de ensaio

Os resultados da permeação *ex-vivo* do fármaco a partir da formulação experimental de MNEs preparada foram estudados na mucosa nasal de cabra durante 8 horas, utilizando uma solução tampão de fosfato de pH 6,4. A formulação F7 apresentou um bom perfil de permeação do fármaco devido ao tamanho mais pequeno das gotículas (22 nm) da nanoemulsão com parâmetros de avaliação favoráveis. Assim, a formulação F7 foi escolhida como uma formulação optimizada para ver a permeação através da mucosa nasal e foi comparada com a solução de fármaco simples e a nanoemulsão. Observou-se que a permeação do fármaco a partir dos MNEs otimizados F7 foi de 89,121±4,26% ao final de 8 horas.

Tabela 4.5: % cumulativa *ex-vivo* de libertação do fármaco (sumatriptano)

Tempo (hr)	F1 (%)	F2 (%)	F3 (%)	F4 (%)	F5 (%)	F6 (%)	F7 (%)	F8 (%)	F9 (%)
0.15	3.53±0.81	5.72±1.44	4.21±0.96	6.62±1.29	3.99±0.62	4.71±0.93	4.360±2.38	5.13±1.12	3.80±0.74
0.3	4.64±0.92	6.91±1.34	5.54±1.07	7.83±1.46	5.10±0.73	6.01±1.04	8.089±3.22	6.24±1.45	5.35±0.86
1	6.86±1.03	9.24±1.23	8.78±1.16	11.29±1.29	7.91±0.84	9.33±1.15	18.099±4.19	9.45±1.36	7.91±1.07
2	11.07±1.14	13.59±1.45	12.72±1.18	15.73±1.32	12.12±0.95	12.74±1.27	41.910±2.63	13.56±1.47	12.12±1.08
3	17.29±1.25	19.94±1.56	18.66±1.29	22.16±1.35	17.34±1.06	18.15±1.39	57.592±2.89	19.78±1.58	17.34±1.19
4	24.52±1.36	26.29±1.67	24.60±1.40	28.60±1.41	22.56±1.17	23.56±1.51	68.482±3.63	26.01±1.69	22.56±1.30
5	31.74±1.47	32.64±1.78	30.54±1.51	35.03±1.47	27.78±1.28	28.97±1.63	79.660±4.03	32.23±1.80	27.78±1.41
6	37.97±1.58	39.00±1.89	37.48±1.62	41.47±1.53	32.99±1.39	34.38±1.75	84.371±3.59	38.46±1.91	32.99±1.52
7	45.19±1.69	45.35±1.90	44.42±1.73	47.90±1.59	38.21±1.50	39.79±1.87	87.316±2.67	44.68±2.02	38.21±1.63
8	51.4	51.7	51.36	54.34	43.42±	45.20±1.	89.121±	50.91±2.	43.42±1.

	2±1. 80	0±1. 91	±1.84	±1.65	1.61	99	4.26	13	74

Fig 4.8: Libertação de fármaco em % cumulativa *ex-vivo* (Sumatriptano)

Determinação da morfologia da superfície dos MNE

A morfologia das gotículas foi estudada utilizando TEM (HR-TEM, JEM-2100®, Joel Datum Ltd., Boston, EUA 200kv), que mostrou a presença de gotículas esféricas distintas. Foi obtida uma boa correlação no tamanho das gotículas na gama de (140 nm), conforme observado pelo medidor zeta.

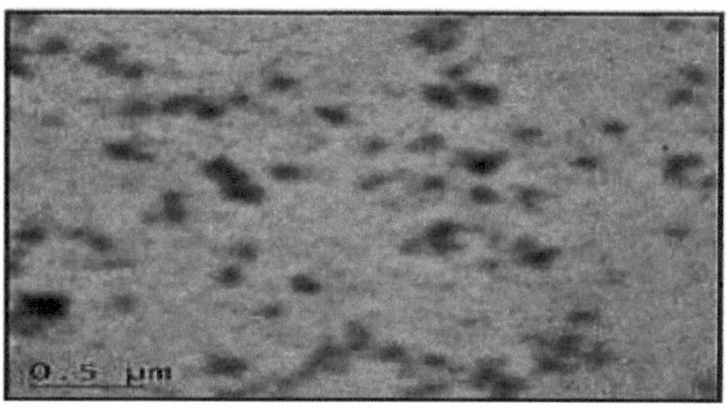

Fig 4.9: Morfologia da superfície dos MNEs (Sumatriptano)

Estudo mucoadesivo *ex-vivo*

A tensão de descolamento (um indicador da força mucoadesiva ex vivo ou do tempo de retenção) para o lote F7 optimizado de formulações de NEs e MNEs foi realizada utilizando o aparelho de teste de desintegração da USP (EUA) em tampão fosfato pH 6,4 a 37±2 °C e verificou-se que era de 12±6 seg e 48±3 seg, respetivamente. Os resultados revelaram que o tempo de retenção dos MNEs era 4,4 vezes maior do que o dos NEs. A maior força mucoadesiva dos MNEs em relação aos NEs pode ser atribuída às fortes interações electrostáticas entre os grupos amino catiónicos do quitosano, que se orientam para fora dos glóbulos dos MNEs, com as moléculas aniónicas dos ácidos siálico e sulfónico contidas na mucina da camada de muco nasal. As elevadas forças mucoadesivas e a retenção de MNEs seriam benéficas para um elevado tempo de permanência da formulação sobre a membrana da mucosa nasal

Tabela 4.6: Tempo de retenção da formulação de MNEs e NEs (Sumatriptano)

Formulação	**NEs**	**empresas multinacionais**
F1 (Seg)	9±3	40±4

F2 (Sec)	15±4	46±3
F3 (Sec)	10±3	41±4
F4 (Sec)	14±5	45±5
F5 (Seg)	8±2	39±3
F6 (Sec)	11±3	42±4
F7 (Sec)	12±6	43±3
F8 (Sec)	13±4	44±4
F9 (Sec)	7±2	38±3

MNEs: Nanoemulsão mucoadesiva NEs: Nanoemulsão sem quitosano

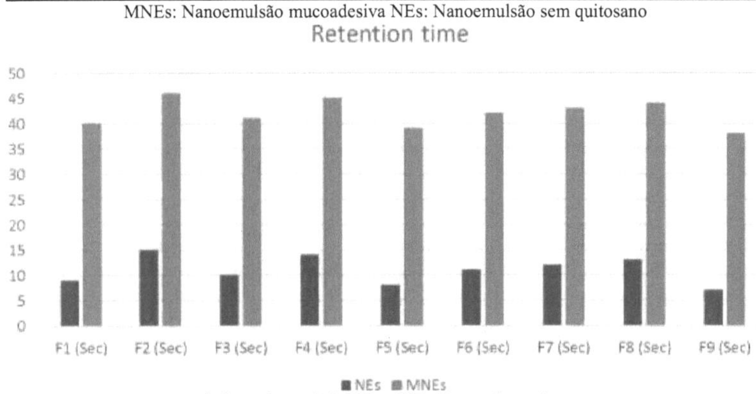

Fig 4.10: Tempo de retenção da formulação de MNEs e NEs (Sumatriptano)

Estudo de estabilidade

Uma amostra de MNEs (F7) foi submetida a estudos de estabilidade durante um período de 1 mês à temperatura ambiente e à temperatura refrigerada (4°C). A cada 10 dias, as amostras foram retiradas e analisadas quanto aos parâmetros físico-químicos. No final do mês, o estudo comparativo foi tabulado e foi avaliada qualquer alteração no aspeto macroscópico, como % de transparência, homogeneidade, separação de fases, turvação, pH, viscosidade, teor de fármaco, % de fármaco libertado, etc. O resultado é apresentado na Tabela 44. Não se registaram diferenças significativas entre o valor inicial e o respetivo valor durante o estudo e no final de 1 mês. As alterações foram suficientemente insignificantes para concluir que a formulação de MNEs preparada permaneceu estável durante todo o período de estabilidade. Pode concluir-se que, com o valor do potencial zeta do lote optimizado (17,7 mV), a formulação pode manter-se estável.

Tabela 4.7: Estudo de estabilidade do lote optimizado (Sumatriptano)

Parâmetro de estabilidade	**Temp**	**Período de teste**			
		Inicial	**10 dias**	**20 dias**	**30 dias**
Fase separação	RT	Não	Não	Não	Não
	4 °C	Não	Não	Não	Não
% T	RT	93.17±0.127	93.14±0.213	93.01±0.136	92.24±0.125
	4 °C	93.17±0.127	93.10±0.121	92.23±0.312	92.01±0.213
pH	RT	5.62±0.04	5.58±0.01	5.52±0.23	5.50±0.41

	4 °C	5.62±0.04	5.60±0.369	5.55±0.401	5.49±0.89
Medicamentos Conteúdo	RT	96.12±0.052	96.01±0.089	95.89±0.56	95.21±0.01
	4 °C	96.12±0.052	96.08±0.0367	94.69±0.243	94.21±0.369
Viscosidade	RT	51.7±2.82	51.6±1.23	52.23±2.01	52.89±2.68
	4 °C	51.7±2.82	50.1±1.08	51.98±3.02	51.7±3.46
% Libertação do fármaco	RT	83.43±3.25	83.01±2.46	82.23±2.69	81.63±2.13
	4 °C	83.43±3.25	83.27±1.20	82.14±3.89	83.16±2.10

Os dados são expressos como média ± S.D., (n = 3)

4.1.2 ZOLMITRIPTANO

Resultados e discussão:

PREPARAÇÃO E AVALIAÇÃO DA NANOEMULSÃO INTRANASAL DE ZOLMITRIPTAN

Espectroscopia de infravermelhos com transformada de Fourier (espetroscopia FT-IR):

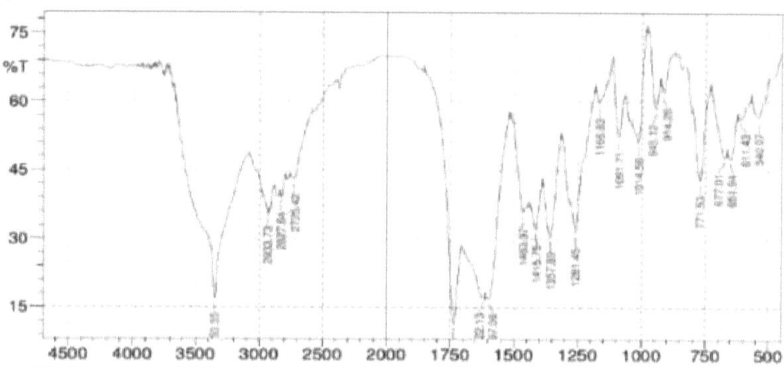

Fig 4.11: Espectro FT-IR do fármaco (Zolmitriptano)

Calorimetria diferencial de varrimento (DSC):

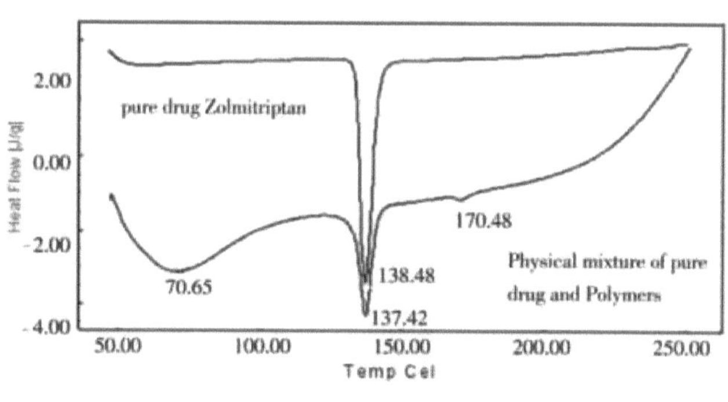

Fig. 4.12: Estudos comparativos de DSC do zolmitriptano com mistura de polímeros

Distribuição do tamanho das partículas:

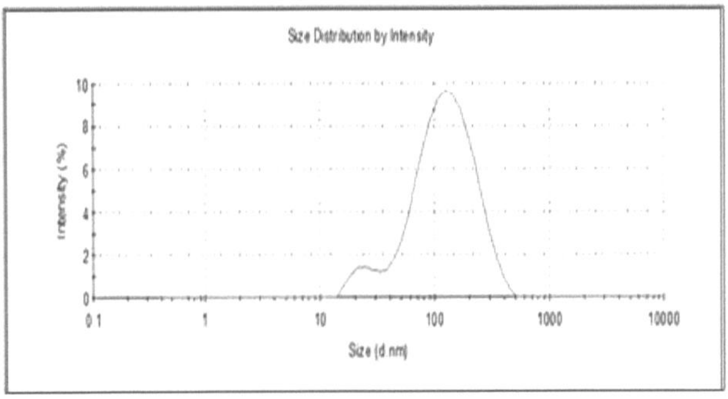

Fig 4.13: Distribuição do tamanho das partículas de Zolmitriptano

Potencial zeta

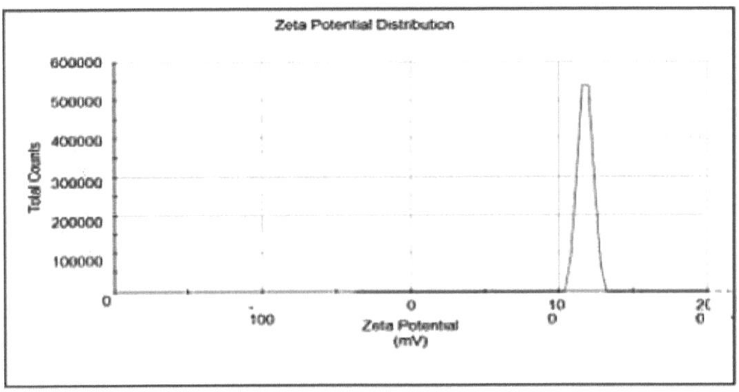

Fig. 4.14: Potencial zeta do zolmitriptano

Percentagem do teor de droga

O teor percentual de fármaco foi efectuado para que o lote F4 apresentasse o teor percentual de fármaco mais elevado de 93,25 ± 0,112% de zolmitriptano. A concentração óptima de óleo, tensioativo e co-sensioactivo foi essencial para a carga máxima de fármaco na formulação para dar o teor máximo de fármaco do lote optimizado (F4). Todas as variáveis da formulação mostraram um efeito significativo no teor de fármaco.

Libertação do fármaco in vitro do lote ótimo

Foi efectuado o perfil de libertação cumulativa do fármaco STS dos lotes experimentais da formulação e verificou-se que era 83,632±2,25 para o lote F4 através da membrana de diálise a PBS (pH 6,4). O lote F4 apresentou a percentagem mais elevada de libertação cumulativa de fármaco da nanoemulsão mucoadesiva, respetivamente. Seguiu os modelos de cinética de primeira libertação com um efeito de explosão negligenciável.

Tabela 4.8: Libertação do fármaco in vitro de F1 a F9 (Zolmitriptano)

Tempo (hr)	F1 (%)	F2 (%)	F3 (%)	F4 (%)	F5 (%)	F6 (%)	F7 (%)	F8 (%)	F9 (%)
0.15	1.87±0.18	2.45±0.22	2.12±0.16	2.76±0.20	1.98±0.15	2.32±0.19	2.125±0.12	2.65±0.21	1.76±0.14
0.3	3.98±0.23	4.56±0.28	4.23±0.21	4.87±0.26	3.78±0.22	4.12±0.27	6.216±4.56	4.45±0.29	3.67±0.24

1	10.43±0.28	11.21±0.33	10.88±0.26	11.52±0.31	10.23±0.27	10.57±0.32	16.421±8.21	11.10±0.34	10.32±0.29
2	29.78±0.33	30.56±0.38	30.23±0.31	30.87±0.36	29.58±0.32	29.92±0.37	39.386±9.69	30.45±0.39	29.67±0.34
3	33.67±0.38	34.45±0.43	34.12±0.36	34.76±0.41	33.47±0.37	33.81±0.42	42.135±6.13	34.34±0.44	33.56±0.39
4	54.98±0.43	55.76±0.48	55.43±0.41	56.07±0.46	54.78±0.42	55.12±0.47	63.449±2.31	55.45±0.49	54.67±0.44
5	66.65±0.48	67.43±0.53	67.10±0.46	67.74±0.51	66.45±0.47	66.79±0.52	75.106±4.65	67.12±0.54	66.34±0.49
6	69.86±0.53	70.64±0.58	70.31±0.51	70.95±0.56	69.66±0.52	70.00±0.57	78.327±55.48	70.23±0.59	69.45±0.54
7	72.74±0.58	73.52±0.63	73.19±0.56	73.83±0.61	72.54±0.57	72.88±0.62	81.225±5.21	73.10±0.64	72.32±0.59
8	75.18±0.63	75.96±0.68	75.63±0.61	76.27±0.66	74.98±0.62	75.32±0.67	83.632±2.25	75.54±0.69	74.76±0.64

In-vitro % cumulativa Libertação do fármaco

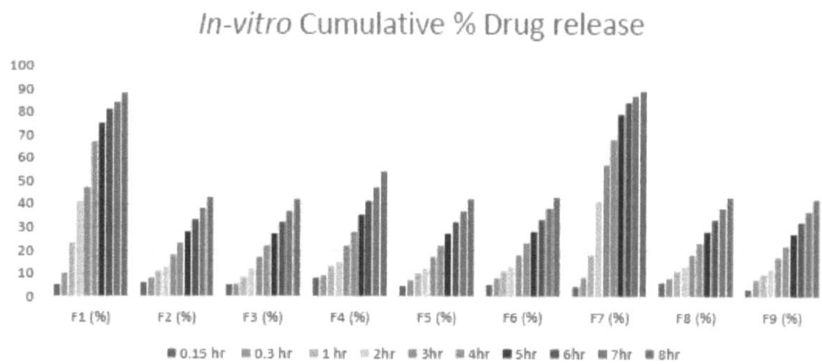

Fig 4.15: % cumulativa de libertação do fármaco (Zolmitriptano)

Permeação de medicamentos *ex-vivo* a partir de lotes de ensaio

Quadro 4.9: Permeação *ex-vivo* dos lotes de ensaio (Zolmitriptano)

Tempo (hr)	F1 (%)	F2 (%)	F3 (%)	F4 (%)	F5 (%)	F6 (%)	F7 (%)	F8 (%)	F9 (%)
0.15	3.24 ± 0.77	5.42 ± 1.39	4.11 ± 0.94	6.52 ± 1.27	3.79 ± 0.60	4.51 ± 0.91	4.230 ± 2.34	4.87 ± 1.08	3.60 ± 0.72
0.3	4.35 ± 0.88	6.62 ± 1.30	5.43 ± 1.05	7.73 ± 1.44	5.00 ± 0.71	5.91 ± 1.02	7.859 ± 3.12	6.02 ± 1.41	5.13 ± 0.82
1	6.57 ± 0.98	8.94 ± 1.18	8.48 ± 1.11	11.09 ± 1.24	7.71 ± 0.80	9.03 ± 1.12	16.769 ± 3.26	8.55 ± 1.27	7.71 ± 1.02
2	10.78 ± 1.09	13.29 ± 1.40	12.42 ± 1.13	15.49 ± 1.28	11.80 ± 0.93	12.42 ± 1.24	38.410 ± 2.83	13.28 ± 1.45	11.80 ± 1.06
3	16.99 ± 1.20	19.64 ± 1.51	18.36 ± 1.24	21.89 ± 1.30	16.02 ± 1.01	17.03 ± 1.34	54.181 ± 3.11	19.48 ± 1.56	16.02 ± 1.17
4	24.22 ± 1.31	25.99 ± 1.62	24.21 ± 1.32	28.23 ± 1.33	21.24 ± 1.12	22.24 ± 1.48	65.071 ± 4.75	25.71 ± 1.69	21.24 ± 1.23
5	31.44 ± 1.42	32.34 ± 1.73	30.14 ± 1.43	34.66 ± 1.39	26.46 ± 1.20	27.65 ± 1.58	75.249 ± 5.15	31.93 ± 1.80	26.46 ± 1.31

6	37.67 ± 1.53	38.70 ± 1.84	37.15 ± 1.54	41.10 ± 1.49	31.67 ± 1.31	33.06 ± 1.71	79.960 ± 4.81	38.16 ± 1.91	31.67 ± 1.42
7	44.89 ± 1.64	45.05 ± 1.75	44.22 ± 1.66	47.53 ± 1.59	36.89 ± 1.40	38.47 ± 1.88	82.905 ± 4.89	44.38 ± 2.02	36.89 ± 1.53
8	51.12 ± 1.75	51.40 ± 1.86	51.06 ± 1.77	54.10 ± 1.69	42.10 ± 1.51	44.88 ± 1.99	84.710 ± 5.46	50.61 ± 2.13	41.10 ± 1.64

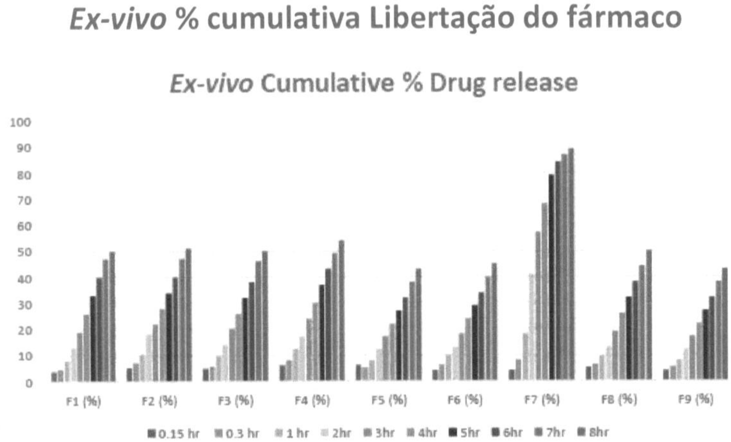

Fig. 4.16: Permeação do fármaco *ex-vivo* dos lotes de ensaio (Zolmitriptano)

Determinação da morfologia da superfície dos MNE

A morfologia das gotículas foi estudada utilizando TEM (HR-TEM, JEM-2100®, Joel Datum Ltd., Boston, EUA 200kv), que mostrou a presença de gotículas esféricas distintas. Foi obtida uma boa correlação no tamanho das gotículas na gama de (140 nm), conforme observado pelo medidor zeta.

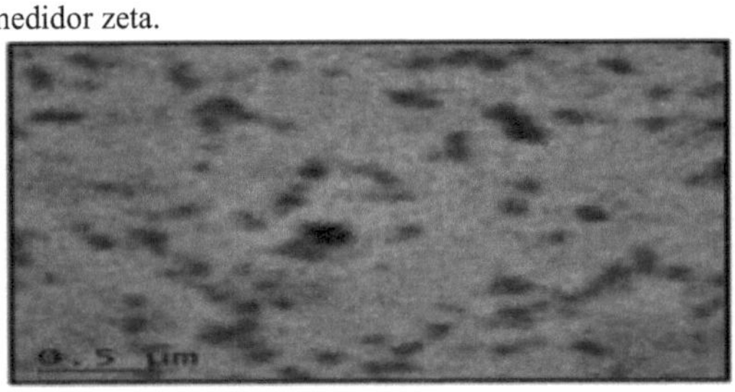

Fig. 4.17: Morfologia da superfície do zolmitriptano

Estudo mucoadesivo *ex-vivo*

A tensão de descolamento (um indicador da força mucoadesiva ex vivo ou do tempo de retenção) para o lote F4 optimizado de formulações de NEs e MNEs foi realizada utilizando o aparelho de teste de desintegração da USP (EUA) em tampão fosfato pH 6,4 a 37±2 °C e verificou-se que era de 12±6 seg, 43±3 seg. Os resultados revelaram que o tempo de retenção dos MNEs era 4,4 vezes maior em comparação com os NEs. A maior força mucoadesiva dos MNEs em relação aos NEs pode ser atribuída às fortes interações electrostáticas entre os grupos amino catiónicos do quitosano, que se orientam para fora dos glóbulos dos MNEs com as moléculas aniónicas dos ácidos siálico e sulfónico contidas na mucina da camada de muco nasal. As elevadas forças mucoadesivas e a retenção de MNEs seriam benéficas para um elevado tempo de permanência da formulação na membrana da mucosa nasal.

Tabela 4.10: Tempo de retenção da formulação de MNEs e NEs (Zolmitriptano)

Formulação	**Tempo de retenção NEs (Sec)**	**Tempo de retenção MNEs (Sec)**
F1	15 ± 6	43 ± 4
F2	44 ± 3	45 ± 2
F3	20 ± 4	41 ± 3
F4	53 ± 2	39 ± 3
F5	37 ± 5	42 ± 5
F6	42 ± 3	38 ± 5
F7	55 ± 4	44 ± 4
F8	46 ± 3	42 ± 3
F9	39 ± 4	43 ± 2

Os dados são expressos como média ± S.D., (n = 2)
MNEs: Nanoemulsão mucoadesiva NEs: Nanoemulsão sem quitosano

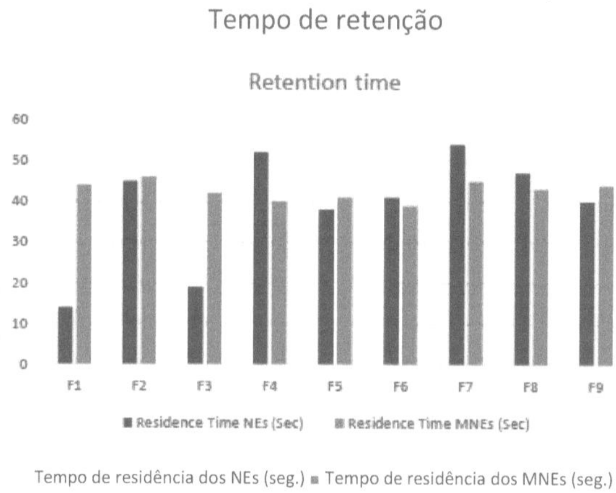

Fig 4.18: Tempo de retenção da formulação de MNEs e NEs (Zolmitriptano)

Estudo de estabilidade

Uma amostra de MNEs (F4) foi submetida a estudos de estabilidade durante um período de 1 mês à temperatura ambiente e à temperatura refrigerada (4°C). A cada 10 dias, as amostras foram retiradas e analisadas quanto aos parâmetros físico-químicos. No final do mês, o estudo comparativo foi tabulado e foi avaliada qualquer alteração no aspeto macroscópico como %, transparência, homogeneidade, separação de fases, turvação, pH, viscosidade, teor de fármaco, % de fármaco libertado, etc. O resultado mostra que não existem diferenças significativas entre o valor inicial e o respetivo valor durante o estudo e no final de um mês. As alterações foram suficientemente insignificantes para concluir que a formulação de MNEs preparada permaneceu estável durante todo o período de estabilidade.

Tabela 4.11: Estudo de estabilidade (Zolmitriptano)

	Teste	I	nitial	0 dias		
Parâmetro de estabilidade	**Temp**	**Período**			**20 dias**	**30 dias (Todas as válvulas)**
Separação de fases	**RT**	Não	Não	Não	Não	Não
	4 °C	Não	Não	Não	Não	Não
% T	**RT**	93.17 ± 0.127	93. 14± 0.213	93.01 ± 0.136	92.24 ± 0.125	91.80 ± 0.342
	4 °C	93.17 ± 0.127	93. 10± 0.121	92.23 ± 0.312	92.01 ± 0.213	91.92 ± 0.178
PH	**RT**	5.62 ± 0.04	5.58 ± 0.01	5.52 ± 0.23	5.50 ± 0.41	5.48 ± 0.29
	4 °C	5.62 ± 0.04	5.60 ± 0.369	5.55 ± 0.401	5.49 ± 0.89	5.47 ± 0.57
Conteúdo do medicamento	**RT**	96.12 ± 0.052	96. 01± 0.089	95.89 ± 0.56	95.21 ± 0.01	94.78 ± 0.201
	4 °C	96.12 ± 0.052	96. 08± 0.0367	94.69 ± 0.245	94.21 ± 0.369	93.88 ± 0.112
Viscosidade	**RT**	51.7 ± 2.82	51.6 ± 1.23	52.23 ± 2.01	52.89 ± 2.68	53.12 ± 2.45
	4 °C	51.7 ± 2.82	50.1 ± 1.08	51.98 ± 3.02	51.7 ± 3.46	51.58 ± 3.03
% Libertação do fármaco	**RT**	83.43 ± 3.25	83.01 ± 2.46	82.23 ± 2.69	81.63 ± 2.13	81.02 ± 2.45
	4 °C	83.43 ± 3.25	83.27 ± 1.20	82.14 ± 3.89	83.16 ± 2.10	82.89 ± 1.86

4.1.3 ALMOTRIPTANO

Resultados e discussão:

Espectroscopia de infravermelhos com transformada de Fourier (espetroscopia FT-IR):

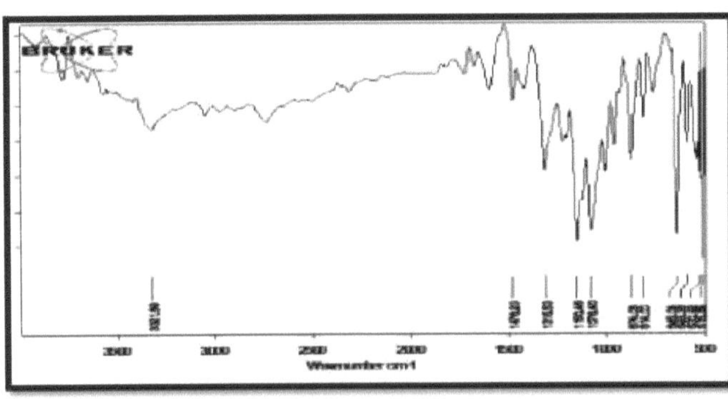

Fig 4.19: Espectro FT-IR do fármaco (almotriptano)

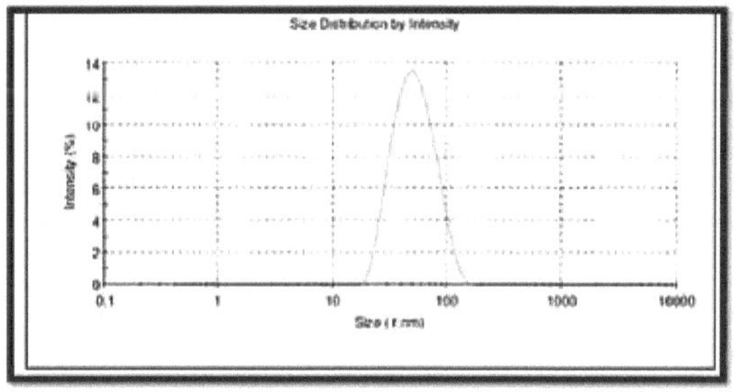

Fig 4.20: Distribuição do tamanho das partículas de almotriptano

Potencial zeta

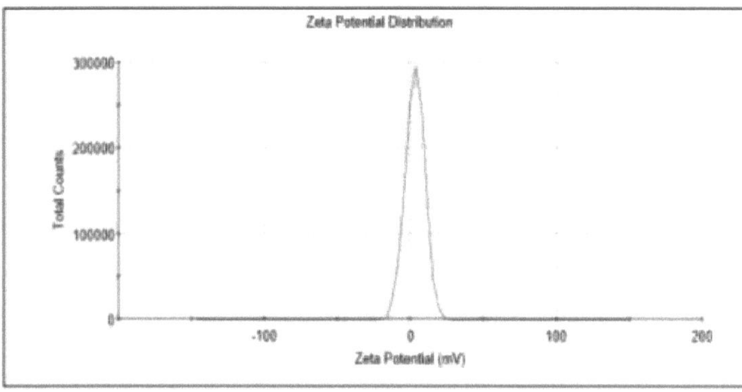

Fig 4.21: potencial zeta do almotriptano

Percentagem do teor de droga

O teor percentual de fármaco foi efectuado para que o lote F6 apresentasse o teor percentual de fármaco mais elevado de 98,52 ± 0,022 % de amlotriptano. A concentração óptima de óleo, tensioativo e co-sensioactivo foi essencial para a carga máxima de fármaco na formulação, de modo a obter o teor máximo de fármaco do lote optimizado (F6). Todas as variáveis da formulação apresentaram um efeito significativo no teor de fármaco.

Libertação do fármaco in vitro do lote ótimo

Foi efectuado o perfil de libertação cumulativa do fármaco STS dos lotes experimentais da formulação e verificou-se que era de 89,035±8,22 para o lote F6 através da membrana de diálise a PBS (pH 6,4). O lote F6 apresentou a percentagem mais elevada de libertação cumulativa de fármaco da nanoemulsão mucoadesiva, respetivamente. Seguiu os modelos de cinética de primeira libertação com um efeito de explosão negligenciável

Tabela 4.12: Libertação do medicamento in vitro (almotriptano)

Tempo (hr)	F1 (%)	F2 (%)	F3 (%)	F4 (%)	F5 (%)	F6 (%)	F7 (%)	F8 (%)	F9 (%)
0.15	3.629±2.25	5.22±1.56	4.81±1.92	6.11±1.35	3.99±1.18	4.61±2.03	4.360±2.38	5.13±1.62	3.80±1.94

0.3	4.73 ±2.44	6.92±2.85	5.68±2.32	7.98±1.77	5.10±2.04	6.21±1.79	8.089±3.22	6.24±2.13	5.35±2.46
1	7.96 ±5.1 1	10.29±4.57	9.78±3.76	12.29±3.41	7.91±4.23	9.93±3.11	18.099±4.19	9.45±4.62	7.91±3.88
2	13.20±6.19	15.82±5.94	14.91±5.14	17.92±4.79	12.12±5.63	13.34±4.98	41.910±2.63	13.56±5.05	12.12±4.37
3	19.43±8.53	22.17±7.89	20.78±7.00	24.43±6.65	17.34±7.03	18.75±6.86	57.592±2.89	19.78±7.18	17.34±6.49
4	26.66±8.35	28.43±7.71	26.68±6.82	30.94±6.47	22.56±7.85	24.16±7.14	68.482±3.63	26.01±7.97	22.56±7.01
5	33.88±2.25	34.69±2.48	32.58±1.93	37.45±1.98	27.78±2.04	29.57±2.34	79.660±4.03	32.23±2.26	27.78±1.83
6	40.11±1.42	40.95±1.64	38.48±1.67	43.96±1.63	32.99±1.95	34.98±1.65	84.371±3.59	38.46±1.54	32.99±1.36
7	47.33±3.22	47.20±3.01	46.26±2.56	49.39±2.78	38.21±3.13	40.39±2.93	87.316±2.67	44.68±2.74	38.21±2.98
8	50.62±8.22	51.20±8.34	50.86±7.89	54.88±8.12	43.42±8.45	45.80±8.03	89.121±4.26	50.91±8.52	43.42±7.95

In-vitro % cumulativa Libertação do fármaco

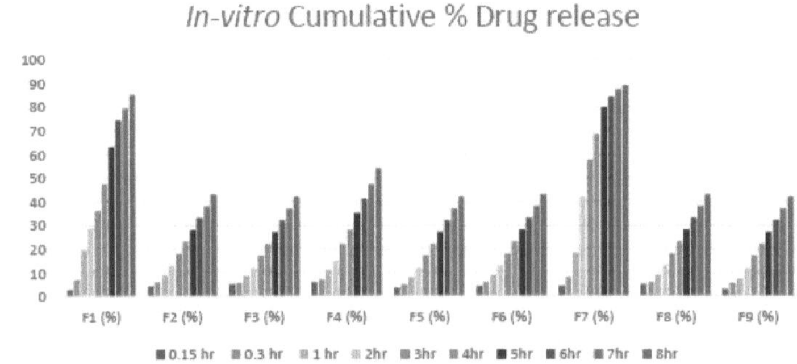

Fig. 4.22: Libertação do fármaco in vitro (almotriptano)

Estudo ex vivo

Quadro 4.13: Estudo ex vivo (almotriptano)

Tempo (hr)	F1 (%)	F2 (%)	F3 (%)	F4 (%)	F5 (%)	F6 (%)	F7 (%)	F8 (%)	F9 (%)
0.15	3.45 ± 0.82	5.12 ± 1.28	3.09 ± 0.91	6.21 ± 1.34	3.65 ± 0.57	4.19 ± 0.86	4.032 ± 2.22	4.65 ± 1.11	3.42 ± 0.68
0.3	4.68 ± 0.94	6.80 ± 1.35	5.67 ± 1.10	7.91 ± 1.56	5.32 ± 0.75	6.15 ± 1.07	7.521 ± 3.01	6.21 ± 1.48	5.38 ± 0.87
1	7.12 ± 1.06	9.23 ± 1.26	8.71 ± 1.19	11.42 ± 1.32	7.97 ± 0.86	9.25 ± 1.17	17.342 ± 3.47	8.89 ± 1.32	7.97 ± 1.06
2	11.23 ± 1.17	13.56 ± 1.38	12.68 ± 1.21	15.79 ± 1.26	11.98 ± 0.99	12.68 ± 1.27	39.081 ± 2.95	13.56 ± 1.43	11.98 ± 1.09
3	17.34 ± 1.28	20.01 ± 1.39	18.85 ± 1.30	22.25 ± 1.32	16.19 ± 1.08	17.21 ± 1.40	55.223 ± 3.33	19.79 ± 1.50	16.19 ± 1.21
4	25.01 ± 1.39	26.78 ± 1.50	24.87 ± 1.41	29.13 ± 1.42	21.42 ± 1.19	22.42 ± 1.34	66.089 ± 4.99	26.56 ± 1.63	21.42 ± 1.27
5	32.12 ± 1.50	33.07 ± 1.61	30.89 ± 1.52	35.47 ± 1.48	27.65 ± 1.27	28.08 ± 1.48	76.321 ± 5.33	32.89 ± 1.71	27.65 ± 1.38
6	38.56 ± 1.61	39.89 ± 1.72	38.12 ± 1.63	42.91 ± 1.58	32.86 ± 1.39	34.45 ± 1.59	80.156 ± 5.10	39.12 ± 1.82	32.86 ± 1.49
7	45.01 ± 1.72	45.17 ± 1.83	44.56 ± 1.74	48.35 ± 1.68	38.09 ± 1.48	39.76 ± 1.68	83.012 ± 5.18	45.34 ± 1.93	38.09 ± 1.59
8	51.45 ± 1.83	51.89 ± 1.94	51.34 ± 1.85	55.03 ± 1.78	43.32 ± 1.59	45.20 ± 1.76	85.854 ± 5.75	51.67 ± 2.04	43.32 ± 1.70

Ex-vivo % cumulativa Libertação do fármaco

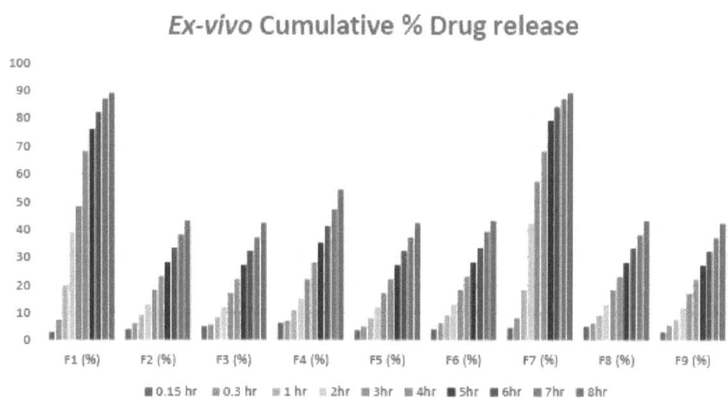

Fig 4.23: % cumulativa de libertação do fármaco (almotriptano)

Determinação da morfologia da superfície dos MNE

A morfologia das gotículas foi estudada utilizando TEM (HR-TEM, JEM-2100®, Joel Datum Ltd., Boston, EUA 200kv), que mostrou a presença de gotículas esféricas distintas. Foi obtida uma boa correlação no tamanho das gotículas na gama de (140 nm), conforme observado pelo medidor zeta.

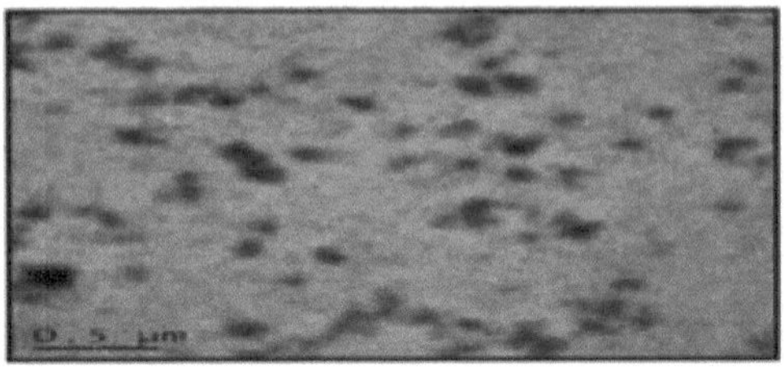
Fig. 4.24: Morfologia da superfície do amlotriptano

Estudo mucoadesivo *ex-vivo*

A tensão de descolamento (um indicador da força mucoadesiva ex vivo ou do tempo de retenção) para o lote F6 optimizado de formulações de NEs e MNEs foi realizada utilizando o aparelho de teste de desintegração da USP (EUA) em tampão fosfato pH 6,4 a 37±2 °C e verificou-se que era de 15±2 seg, 36±4 seg. Os resultados revelaram que o tempo de retenção dos MNEs era 4,4 vezes maior do que o dos NEs. A maior força mucoadesiva dos MNEs em relação aos NEs pode ser atribuída às fortes interações electrostáticas entre os grupos amino catiónicos do quitosano, que se orientam para fora dos glóbulos dos MNEs com as moléculas aniónicas de ácido siálico e sulfónico contidas na mucina da camada de muco nasal. As elevadas forças mucoadesivas e a retenção de MNEs seriam benéficas para um elevado tempo de permanência da formulação sobre a membrana da mucosa nasal.

Tabela 4.14: Tempo de retenção da formulação de MNEs e NEs (Almotriptano)

Formulação	Tempo de retenção NEs (Sec)	Tempo de retenção MNEs (Sec)
F1	14 ± 7	44 ± 3
F2	45 ± 4	46 ± 2
F3	19 ± 5	42 ± 4
F4	52 ± 2	40 ± 3
F5	38 ± 6	41 ± 5
F6	41 ± 3	39 ± 6
F7	54 ± 5	45 ± 4
F8	47 ± 4	43 ± 3
F9	40 ± 5	44 ± 2

Os dados são expressos como média ± S.D., (n = 2)

MNEs: Nanoemulsão mucoadesiva NEs: Nanoemulsão sem quitosano

Tempo de retenção

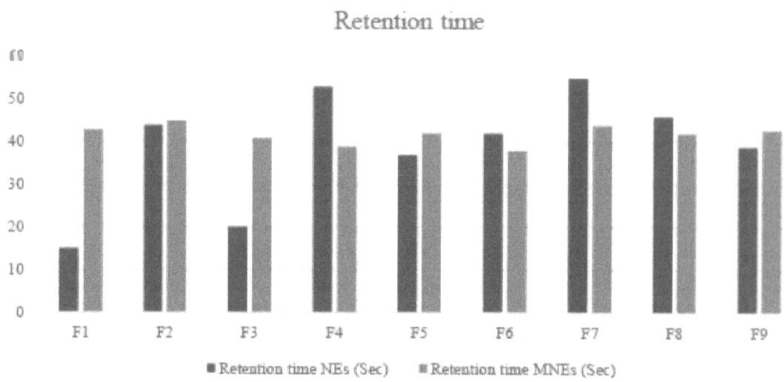

Tempo de retenção NEs (Sec) ▪ Tempo de retenção MNEs (Sec)

Fig 4.24: Tempo de retenção da formulação de MNEs e NEs (Almotriptano)

Estudo de estabilidade

Uma amostra de MNEs (F4 e F6) foi submetida a estudos de estabilidade durante um período de 1 mês à temperatura ambiente e à temperatura refrigerada (4°C). A cada 10 dias, as amostras foram retiradas e analisadas quanto aos parâmetros físico-químicos. No final do mês, o estudo comparativo foi tabulado e foi avaliada qualquer alteração no aspeto macroscópico como %, transparência, homogeneidade, separação de fases, turvação, pH, viscosidade, teor de fármaco, % de fármaco libertado, etc. O resultado mostra que não existem diferenças significativas entre o valor inicial e o respetivo valor durante o estudo e no final de um mês. As alterações foram suficientemente insignificantes para concluir que a formulação de MNEs preparada permaneceu estável durante todo o período de estabilidade.

Quadro 4.15: Estudo de estabilidade

Estabilidade Parâmetro	**Temp**	**Teste Período**	**Inicial**	**10 dias**	**20 dias**	**30 dias (Todos Válvulas)**
Separação de fases	**RT**	Não	Não	Não	Não	Não
	4 °C	Não	Não	Não	Não	Não
% T	**RT**	93. 17± 0.127	93. 14± 0.213	93. 01± 0.136	92.24 ± 0.125	91.80 ± 0.342
	4 °C	93. 17± 0.127	93. 10± 0.121	92.23 ± 0.312	92. 01± 0.213	91.92 ± 0.178
PH	**RT**	5. 62± 0.04	5.58 ± 0.01	5. 52± 0.23	5. 50± 0.41	5.48 ± 0.29
	4 °C	5. 62± 0.04	5. 60± 0.369	5. 55± 0.401	5. 49± 0.89	5.47 ± 0.57
Conteúdo do medicamento	**RT**	96. 12± 0.052	96. 01± 0.089	95.89 ± 0.56	95. 21± 0.01	94.78 ± 0.201
	4 °C	96. 12± 0.052	96. 08± 0.0367	94.69 ± 0.245	94. 21± 0.369	93.88 ± 0.112
Viscosidade	**RT**	51. 7± 2.82	51.6 ± 1.23	52.23 ± 2.01	52.89 ± 2.68	53.12 ± 2.45

	4 °C	51. 7± 2.82	50.1 ± 1.08	51.98 ± 3.02	51. 7± 3.46	51.58 ± 3.03
%Droga Libertação	**RT**	83. 43± 3.25	83. 01± 2.46	82.23 ± 2.69	81.63 ± 2.13	81.02 ± 2.45
	4 °C	83. 43± 3.25	83. 27± 1.20	82.14 ± 3.89	83.16 ± 2.10	82.89 ± 1.86

CONCLUSÃO

Em conclusão, o estudo formulou e desenvolveu com sucesso nanoemulsões mucoadesivas (MNEs) de fármacos da família dos triptanos, nomeadamente succinato de sumatriptano, zolmitriptano e almotriptano. A investigação envolveu uma série abrangente de procedimentos experimentais e avaliações para caraterizar, otimizar e avaliar o desempenho das MNEs formuladas.

As principais conclusões do estudo incluem:

1. **Estudo de pré-formulação:** A caraterização dos fármacos através de várias técnicas analíticas, como a determinação do ponto de fusão, a espetroscopia de infravermelhos com transformada de Fourier (FT-IR) e a calorimetria de varrimento diferencial (DSC), confirmou a identidade e a pureza dos fármacos.
2. **Formulação e desenvolvimento:** A construção de diagramas de fase ternários e a preparação de nanoemulsões mucoadesivas (MNEs) utilizando o método de emulsificação espontânea foram efectuadas com sucesso. Os parâmetros da formulação foram optimizados para obter a carga de fármaco e as propriedades físico-químicas desejadas.
3. **Caracterização e avaliação:** Os MNEs formulados foram cuidadosamente caracterizados e avaliados quanto ao tamanho das gotículas, potencial zeta, índice de refração, transmitância, pH, teor do fármaco, morfologia da superfície, propriedades mucoadesivas, libertação do fármaco in vitro e estudos de permeação ex-vivo.
4. **Desempenho dos triptanos individuais:**

- **Succinato de sumatriptano:** Apresentou um bom teor de fármaco, libertação cumulativa de fármaco e perfil de permeação ex-vivo, com o lote optimizado (F7) a demonstrar o teor de fármaco e a libertação de fármaco mais elevados.
- **Zolmitriptano:** De forma semelhante, apresentou um teor de fármaco favorável, libertação cumulativa de fármaco e permeação ex-vivo, com o lote optimizado (F4) a demonstrar o teor de fármaco e a libertação de fármaco mais elevados.

5. **Estudo mucoadesivo ex-vivo:** As propriedades mucoadesivas dos MNEs foram avaliadas, indicando um tempo de retenção significativamente maior para os MNEs em comparação com os NEs. Esta maior mucoadesão poderá contribuir para prolongar o tempo de permanência do fármaco e melhorar a eficácia terapêutica.
6. **Estudo de estabilidade:** A estabilidade das formulações optimizadas de MNE foi avaliada durante um período de um mês, demonstrando alterações insignificantes nos parâmetros físico-químicos, indicando a estabilidade das formulações.

Globalmente, o estudo sublinha o potencial das nanoemulsões mucoadesivas como sistemas de administração de fármacos promissores para os triptanos, oferecendo uma maior carga de fármaco, libertação controlada, melhores propriedades mucoadesivas e estabilidade. Estes resultados contribuem para o avanço da tecnologia de administração de fármacos para o tratamento eficaz da enxaqueca e de doenças relacionadas.

4.2 ESTUDO RELACIONADO COM A FAMÍLIA DOS BETA-BLOQUEADORES

TRABALHO EXPERIMENTAL

ESTUDO DE PRÉ-FORMULAÇÃO

Caracterização e confirmação do medicamento

- A Determinação do ponto de fusão
- Espectroscopia de infravermelhos com transformada de Fourier (espetroscopia FT-IR)
- Calorimetria diferencial de varrimento (DSC)
- Difração de raios X (XRD)

FORMULAÇÃO E DESENVOLVIMENTO

Construção do diagrama de fases ternário utilizando o método de titulação em água

Preparação de nanoemulsões mucoadesivas (MNEs) pelo método de emulsificação espontânea

Beneficia da libertação de energia química baseada no processo de diluição com a fase contínua que ocorre normalmente a uma temperatura constante sem quaisquer transições de fase no sistema durante o processo de emulsificação.

Este método pode produzir nanoemulsões à temperatura ambiente e não são necessários dispositivos especiais. Basicamente, está sujeito à tensão interfacial, à viscosidade interfacial e a granel, à região de transição de fase, à estrutura do tensioativo e à concentração do tensioativo.

Quando uma fase oleosa com uma substância solúvel em água é misturada com água, formam-se espontaneamente gotículas de óleo. O mecanismo depende do movimento da substância dispersível em água da fase oleosa para a fase aquosa, indicado como setas vermelhas na Figura 3. O mecanismo depende do movimento da substância dispersível em água da fase de óleo para a fase de água, indicado pelas setas vermelhas na Figura 3.

Procedimento de formulação de uma empresa multinacional

v. Dissolver 25 mg de STS em 2 mL de mistura de fase oleosa (Captex 300+ IPP 1:1 w/w) + Preparou-se uma mistura de 4 ml de tensioativo e cosurfactante (Tween 80+PEG400) e fase orgânica.

vi. Adicionou-se à fase aquosa uma solução de 2 ml de quitosano previamente dissolvido em ácido acético a 1% e, em seguida, verteu-se lentamente a fase orgânica previamente preparada para a fase aquosa com uma seringa, sob agitação contínua num agitador Vortex a 100-200 à temperatura ambiente.

Tabela 4.16: Tabela de formulação dos lotes de ensaio

Lote	Óleos (mL) Tampa+IPP		Surfactante (mL)	Cosurfactante(mL)	Medicamento (mg)	Quitosano (mmw) (15mg/2mL)	Água(mL)	Final Volume (mL)
F1	0.5	0.5	1	1	20	2	25	30
F2	0.5	0.5	3	1	20	2	23	30
F3	0.5	0.5	4	2	20	2	21	30
F4	1	1	1	1	20	2	24	30
F5	1	1	4	2	20	2	20	30
F6	2	2	1	1	20	2	22	30

F7	1	1	3	1	20	2	22	30
F8	2	2	3	1	20	2	20	30
F9	2	2	4	2	20	2	18	30

CARACTERIZAÇÃO E AVALIAÇÃO DO MUCOADESIVO NANOEMULSÃO

Avaliação da nanoemulsão mucoadesiva

- Análise do tamanho e da distribuição do tamanho das gotículas e índice de polidispersão (PDI)

- Determinação da morfologia da superfície do MNE
- Determinação do potencial zeta
- Índice de refração
- Transmitância (%T)
- Determinação do pH
- Teor do fármaco por espetroscopia UV
- Estudo mucoadesivo *ex-vivo*
- Estudo de libertação de medicamentos *in vitro* a partir de MNEs
- Estudos de permeação *ex-vivo*

4.2.1 Propranolol

RESULTADO E DISCUSSÃO:

Determinação do ponto de fusão:

O ponto de fusão médio do medicamento foi de 129,36 ± 0,21 °C, utilizando o aparelho digital de ponto de fusão.

Espectroscopia de infravermelhos com transformada de Fourier (espetroscopia FT-IR):

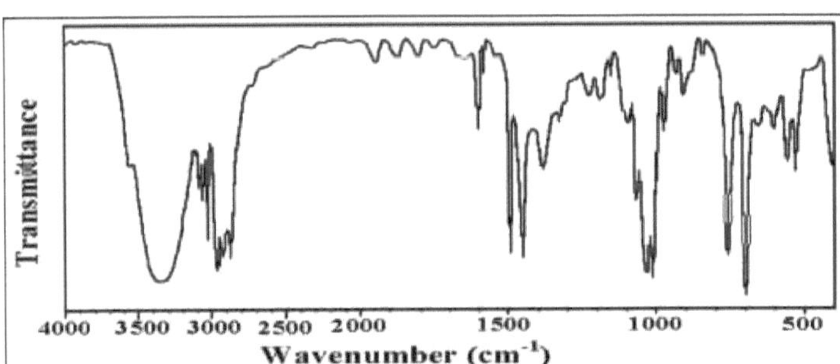

Fig 4.25: Espectro FT-IR do fármaco (Propranolol)

Calorimetria diferencial de varrimento (DSC):

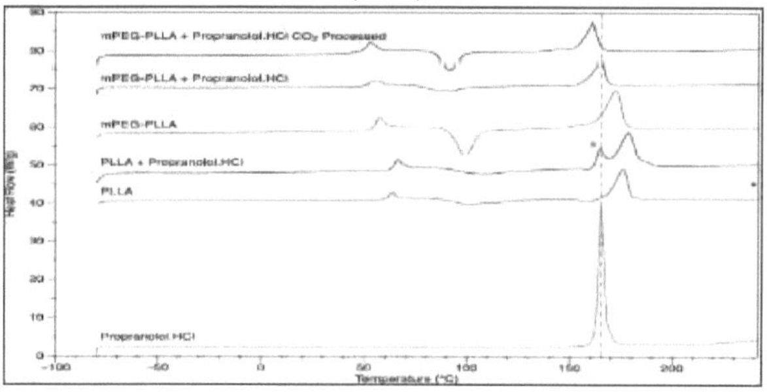

Fig. 4.26: Calorimetria diferencial de varrimento do fármaco (Propranolol)

Como se mostra na figura 2, o termograma do fármaco mostrou um pico endotérmico acentuado a 168,75C' com entalpia 141,48 (J/g). A endotérmica significa o processo de fusão do fármaco a essa temperatura, uma vez que o valor registado para o ponto de fusão do fármaco se situa entre 169 - 171 C.

O resultado da DSC também confirmou a presença de Propranolol.

Difração de raios X

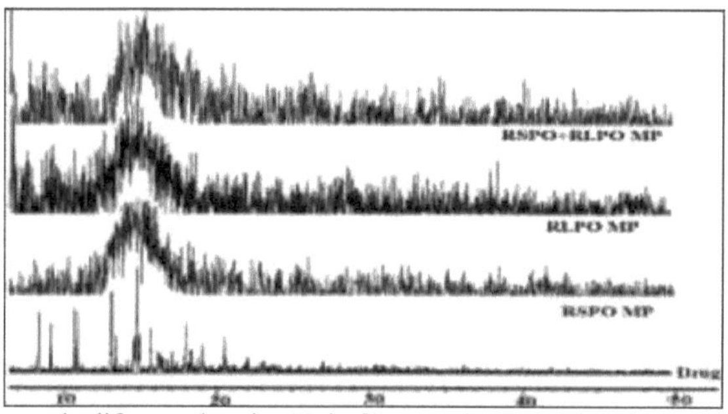

Fig 4.27: Espectro de difração de raios X do fármaco (Propranolol)

Espectroscopia ultravioleta-visível (espetroscopia UV-Visível)

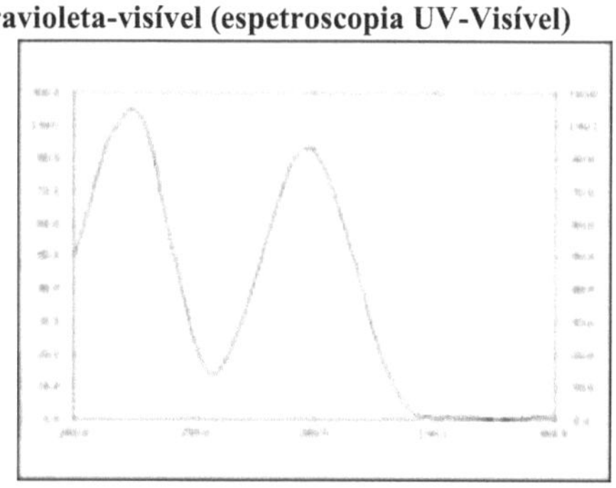

Fig 4.28: Espectroscopia ultravioleta-visível do fármaco (Propranolol)

Distribuição do tamanho das partículas:

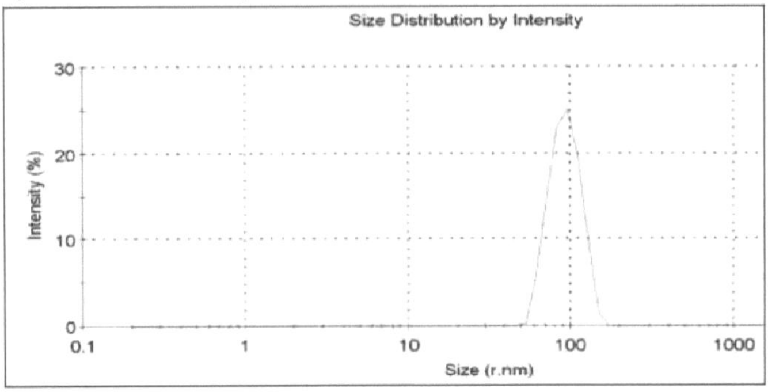

Fig 4.29: Distribuição do tamanho das partículas de propranolol

Potencial zeta

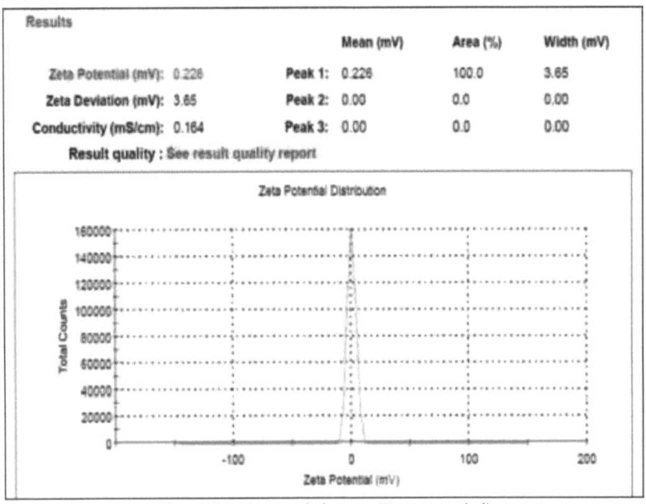

Fig. 4.30: Potencial zeta (Propranolol)

Percentagem do teor de droga

O teor percentual de fármaco foi efectuado para que o lote F7 apresentasse o teor percentual de fármaco mais elevado de 96,63 ± 0,155 %. A concentração óptima de óleo, tensioativo e co-sensioactivo foi essencial para a carga máxima de fármaco na formulação, de modo a obter o teor máximo de fármaco no lote optimizado (F7). Todas as variáveis da formulação apresentaram um efeito significativo no teor de fármaco.

Libertação do fármaco *in vitro*

Foi efectuado o perfil de libertação cumulativa do fármaco STS dos lotes experimentais da formulação e verificou-se que 89,33±2,45% para o lote F7 através da membrana de diálise a PBS (pH 6,4). O lote F7 apresentou a percentagem mais elevada de libertação cumulativa de fármaco da nanoemulsão mucoadesiva. Seguiu os modelos de cinética de primeira libertação com um efeito de explosão negligenciável.

Ti	F1 (%)	F2 (%)	F3 (%)	F4 (%)	F5 (%)	F6 (%)	F7 (%)	F8 (%)	F9 (%)

me (hr)									
0.15	3.22±0.81	5.72±1.44	4.21±0.96	6.62±1.29	3.99±0.62	4.71±0.93	2.779±3.22	5.13±1.12	3.80±0.74
0.3	4.64±0.92	6.91±1.34	5.54±1.07	7.83±1.46	5.10±0.73	6.01±1.04	7.178±3.56	6.24±1.45	5.35±0.86
1	6.86±1.03	9.24±1.23	8.78±1.16	11.29±1.29	7.91±0.84	9.33±1.15	19.541±4.21	9.45±1.36	7.91±1.07
2	11.07±1.14	13.59±1.45	12.72±1.18	15.73±1.32	12.12±0.95	12.74±1.27	38.608±5.69	13.56±1.47	12.12±1.08
3	17.29±1.25	19.94±1.56	18.66±1.29	22.16±1.35	17.34±1.06	18.15±1.39	48.246±4.13	19.78±1.58	17.34±1.19
4	24.52±1.36	26.29±1.67	24.60±1.40	28.60±1.41	22.56±1.17	23.56±1.51	68.449±2.31	26.01±1.69	22.56±1.30
5	31.74±1.47	32.64±1.78	30.54±1.51	35.03±1.47	27.78±1.28	28.97±1.63	76.106±3.65	32.23±1.80	27.78±1.41
6	37.97±1.58	39.00±1.89	37.48±1.62	41.47±1.53	32.99±1.39	34.38±1.75	82.427±3.48	38.46±1.91	32.99±1.52
7	45.19±1.69	45.35±1.90	44.42±1.73	47.90±1.59	38.21±1.50	39.79±1.87	87.225±4.21	44.68±2.02	38.21±1.63
8	51.42±1.80	51.70±1.91	51.36±1.84	54.34±1.65	43.42±1.61	45.20±1.99	89.33±2.45	50.91±2.13	43.42±1.74

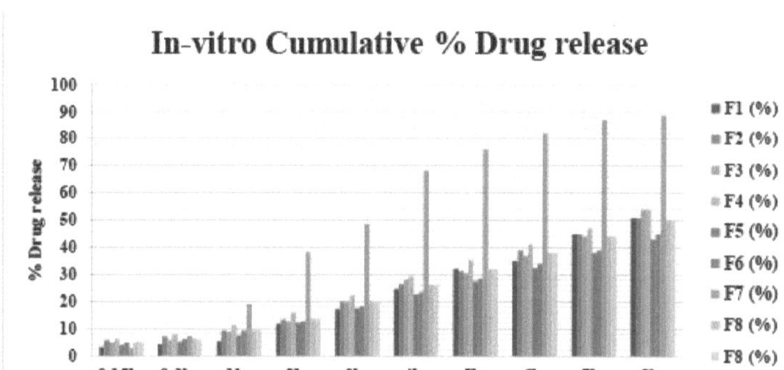

Fig 4.31: Libertação cumulativa de fármaco *em % in-vitro* (Propranolol)

Permeação de medicamentos ex-vivo a partir de lotes de ensaio

Os resultados da permeação *ex-vivo* do fármaco a partir da formulação experimental de MNEs preparada foram estudados na mucosa nasal de cabra durante 8 horas, utilizando uma solução tampão de fosfato com um pH de 6,4. A formulação F7 apresentou um bom perfil de permeação do fármaco devido ao tamanho mais pequeno das gotículas (22 nm) da nanoemulsão com parâmetros de avaliação favoráveis. Assim, a formulação F7 foi escolhida como uma formulação optimizada para ver a permeação através da mucosa nasal e foi comparada com a solução de fármaco simples e a nanoemulsão. Observou-se que a permeação do fármaco a partir dos MNEs otimizados F7 foi de 89,33±2,45% ao final de 8 horas.

Tabela 4.18: % cumulativa *ex-vivo* de libertação do fármaco (Propranolol)

Tempo (hr)	**F1 (%)**	**F2 (%)**	**F3 (%)**	**F4 (%)**	**F5 (%)**	**F6 (%)**	**F7 (%)**	**F8 (%)**	**F9 (%)**
0.15	2.779 ± 3.22	4.000 ± 1.50	5.000 ± 1.00	6.000 ± 1.20	3.500 ± 0.80	4.000 ± 1.00	4.360 ± 2.38	5.000 ± 1.10	3.000 ± 0.70
0.3	7.178 ± 3.56	6.000 ± 1.20	5.500 ± 1.10	7.000 ± 1.40	5.000 ± 0.90	6.000 ± 1.00	8.089 ± 3.22	6.000 ± 1.20	5.500 ± 1.00
1	19.541 ± 4.21	9.000 ± 1.80	8.500 ± 1.50	11.000 ± 2.00	8.000 ± 1.30	9.000 ± 1.00	18.099 ± 4.19	9.000 ± 1.80	7.500 ± 1.30
2	38.608 ± 5.69	13.000 ± 2.00	12.000 ± 2.20	15.000 ± 2.50	12.000 ± 1.80	13.000 ± 2.00	41.910 ± 2.63	13.000 ± 2.20	12.000 ± 2.00
3	48.246 ± 4.13	18.000 ± 2.50	17.000 ± 2.70	22.000 ± 3.00	17.000 ± 2.40	18.000 ± 2.50	57.592 ± 2.89	18.000 ± 2.70	17.000 ± 2.40
4	68.449 ± 2.31	23.000 ± 3.00	22.000 ± 3.20	28.000 ± 3.50	22.000 ± 3.00	23.000 ± 3.00	68.482 ± 3.63	23.000 ± 3.20	22.000 ± 3.00
5	76.106 ± 3.65	28.000 ± 3.50	27.000 ± 3.80	35.000 ± 4.00	27.000 ± 3.50	28.000 ± 3.50	79.660 ± 4.03	28.000 ± 3.80	27.000 ± 3.50
6	82.427 ± 3.48	33.000 ± 4.00	32.000 ± 4.20	41.000 ± 4.50	32.000 ± 4.00	33.000 ± 4.00	84.371 ± 3.59	33.000 ± 4.20	32.000 ± 4.00
7	87.225 ± 4.21	38.000 ± 4.50	37.000 ± 4.80	47.000 ± 5.00	37.000 ± 4.50	38.000 ± 4.50	87.316 ± 2.67	38.000 ± 4.80	37.000 ±4.50
8	89.33 ± 2.45	43.000 ± 5.00	42.000 ± 5.20	54.000 ± 5.50	42.000 ± 5.00	43.000 ± 5.00	89.121 ± 4.26	43.000 ± 5.20	42.000 ± 5.00

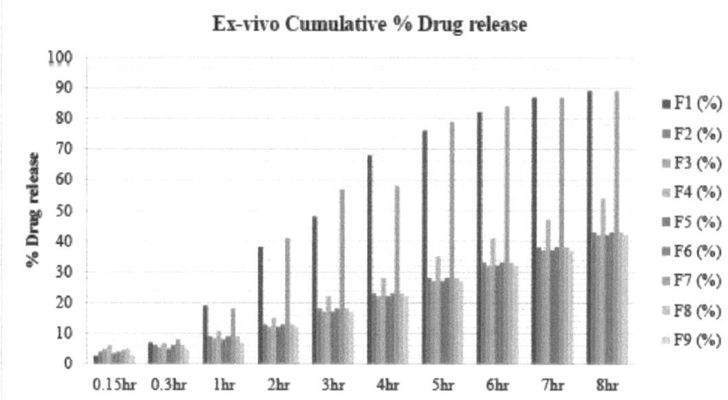

Fig 4.32: Libertação de fármaco em % cumulativa *ex-vivo* (Propranolol)

Determinação da morfologia da superfície dos MNE

A morfologia das gotículas foi estudada utilizando TEM (HR-TEM, JEM-2100®, Joel Datum Ltd., Boston, EUA 200kv), que mostrou a presença de gotículas esféricas distintas. Foi obtida uma boa correlação no tamanho das gotículas na gama de (140 nm), conforme observado pelo medidor zeta.

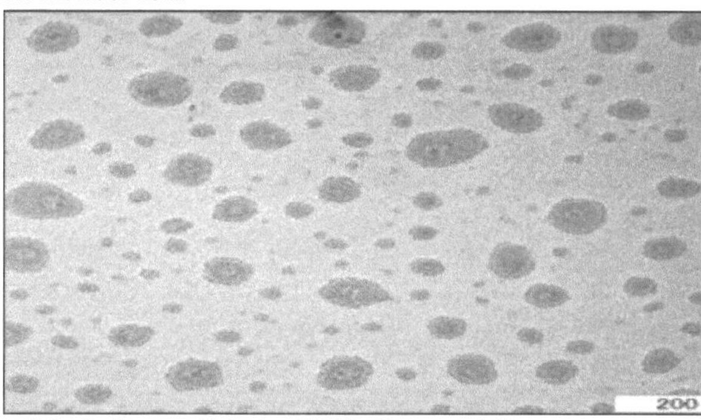

Fig. 4.33: Morfologia da superfície dos MNEs (Propranolol)

Estudo mucoadesivo *ex-vivo*

A tensão de descolamento (um indicador da força mucoadesiva ex vivo ou do tempo de retenção) para o lote F7 optimizado de formulações de NEs e MNEs foi realizada utilizando o aparelho de teste de desintegração da USP (EUA) em tampão fosfato pH 6,4 a 37±2 °C e verificou-se que era de 13±2 seg e 41±6 seg, respetivamente. Os resultados revelaram que o tempo de retenção dos MNEs era 4,4 vezes maior do que o dos NEs. A maior força mucoadesiva dos MNEs em relação aos NEs pode ser atribuída às fortes interações electrostáticas entre os grupos amino catiónicos do quitosano, que se orientam para fora dos glóbulos dos MNEs, com as moléculas aniónicas dos ácidos siálico e sulfónico contidas na mucina da camada de muco nasal. As elevadas forças mucoadesivas e a retenção de MNEs seriam benéficas para um elevado tempo de permanência da formulação sobre a membrana da mucosa nasal

Tabela 4.19: Tempo de retenção da formulação de MNEs e NEs (Propranolol)

Tempo (hr)	NEs	empresas multinacionais

F1 (Seg)	9 ± 3	40 ± 4
F2 (Seg)	15 ± 4	46 ± 3
F3 (Sec)	10 ± 3	41 ± 4
F4 (Sec)	14 ± 5	45 ± 5
F5 (Seg)	8 ± 2	39 ± 3
F6 (Sec)	11 ± 3	42 ± 4
F7 (Sec)	12 ± 6	43 ± 3
F8 (Sec)	13 ± 4	44 ± 4
F9 (Sec)	7 ± 2	38 ± 3

MNEs: Nanoemulsão mucoadesiva NEs: Nanoemulsão sem quitosano

Tempo de retenção

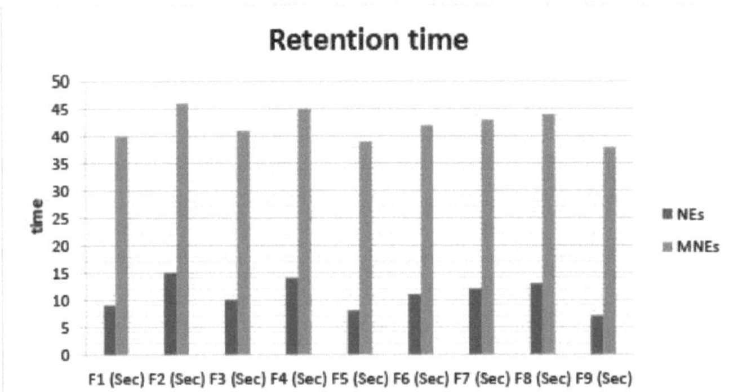

Fig. 4.34: Tempo de retenção da formulação de MNEs e NEs (Propranolol)

Estudo de estabilidade

Uma amostra de MNEs (F7) foi submetida a estudos de estabilidade durante um período de 1 mês à temperatura ambiente e à temperatura refrigerada (4°C). A cada 10 dias, as amostras foram retiradas e analisadas quanto aos parâmetros físico-químicos. No final do mês, o estudo comparativo foi tabulado e foi avaliada qualquer alteração no aspeto macroscópico, como % de transparência, homogeneidade, separação de fases, turvação, pH, viscosidade, teor de fármaco, % de fármaco libertado, etc. O resultado é apresentado na Tabela 44. Não se registaram diferenças significativas entre o valor inicial e o respetivo valor durante o estudo e no final de 1 mês. As alterações foram suficientemente insignificantes para concluir que a formulação de MNEs preparada permaneceu estável durante todo o período de estabilidade. Pode concluir-se que, com o valor do potencial zeta do lote optimizado (17,7mV), a formulação pode manter-se estável.

Tabela 4.20: Estudo de estabilidade do lote optimizado (Propranolol)

Parâmetro de estabilidade	**Temp**	**Período de teste**	**Inicial**	**10 dias**	**20 dias**	**30 dias**
Separação de fases	RT	Não	Não	Não	Não	Não
	4 °C	Não	Não	Não	Não	Não
% T	RT	93.17±0.127	93.14±0.213	93.01±0.136	92.24±0.125	91.80±0.342
	4 °C	93.17±0.12	93.10±0.121	92.23±0.31	92.01±0.21	91.92±0.17

		7		2	3	8
pH	RT	5.62±0.04	5.58±0.01	5.52±0.23	5.50±0.41	5.48±0.29
	4 °C	5.62±0.04	5.60±0.369	5.55±0.401	5.49±0.89	5.47±0.37
Medicamentos Conteúdo	RT	96.12±0.05 2	96.01±0.089	95.89±0.56	95.21±0.01	94.78±0.20 1
	4 °C	96.12±0.05 2	96.08±0.036 7	94.69±0.24 5	94.21±0.36 9	93.88±0.11 2
Viscosidade	RT	51.7±2.82	51.6±1.23	52.23±2.01	52.89±2.68	53.12±2.45
	4 °C	51.7±2.82	50.1±1.08	51.98±3.02	51.7±3.46	51.58±3.03
% Libertação do fármaco	RT	83.43±3.25	83.01±2.46	82.23±2.69	81.63±2.13	81.02±2.45
	4 °C	83.43±3.25	83.27±1.20	82.14±3.89	83.16±2.10	82.89±1.86

Os dados são expressos como média ± S.D., (n = 3)

4.2.2 NADOLOL

RESULTADO E DISCUSSÃO:

Determinação do ponto de fusão:

O ponto de fusão médio do medicamento foi de 119,21 ± 0,13 *°C*, utilizando o aparelho digital de ponto de fusão.

Espectroscopia de infravermelhos com transformada de Fourier (espetroscopia FT-IR):

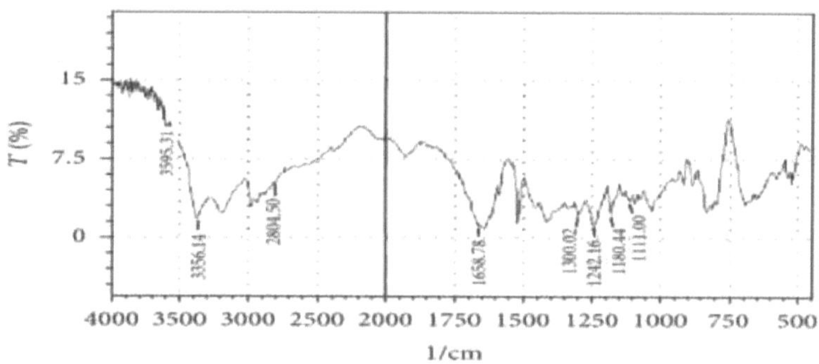

Fig 4.35: Espectro FT-IR do fármaco (Nadolol)

Calorimetria diferencial de varrimento (DSC):

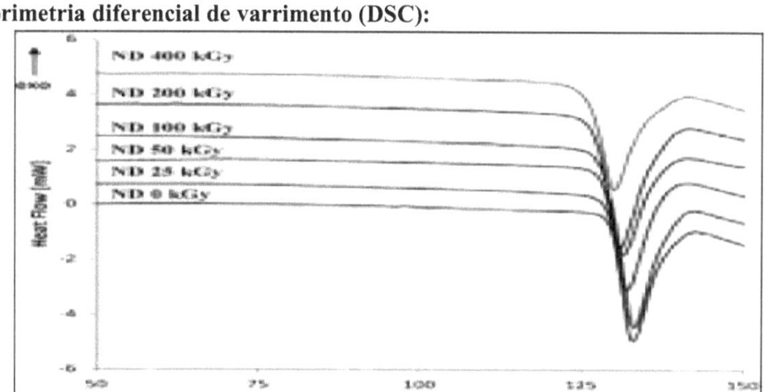

Fig 4.36: Calorimetria de varrimento diferencial do fármaco (Nadolol)

Como se mostra na figura 2, o termograma do fármaco mostrou um pico endotérmico acentuado a 168,75C' com entalpia 141,48 (J/g). A endotérmica significa o processo de fusão do fármaco a essa temperatura, uma vez que o valor registado para o ponto de fusão do fármaco se situa entre 169 - 171 C.

O resultado da DSC também confirmou a presença de (Nadolol)

Difração de raios X

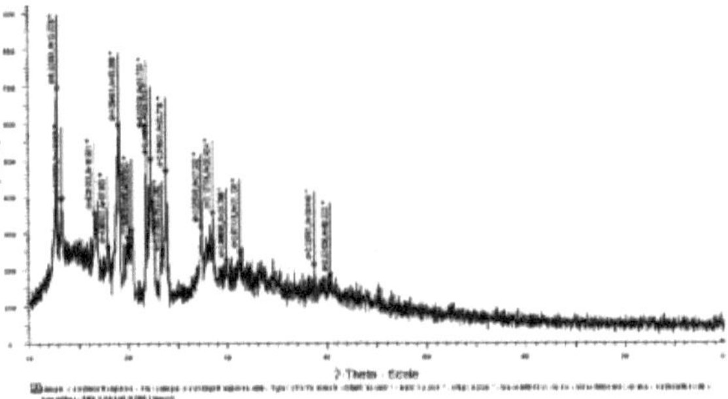

Fig 4.37: Espectro de difração de raios X do fármaco (Nadolol)

Espectroscopia ultravioleta-visível (espetroscopia UV-Visível)

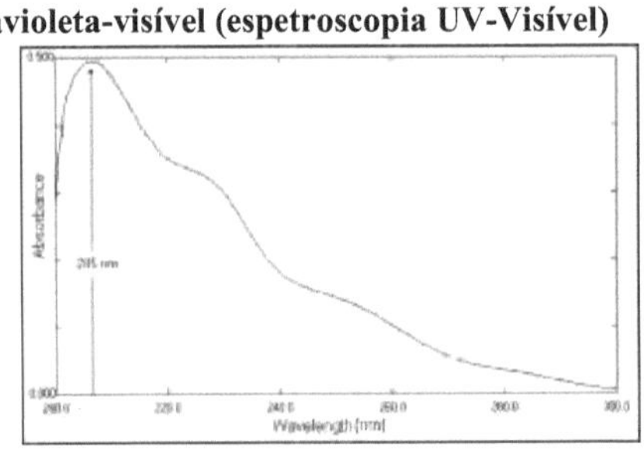

Fig 4.38: Espectroscopia ultravioleta-visível do fármaco (Nadolol)

Distribuição do tamanho das partículas:

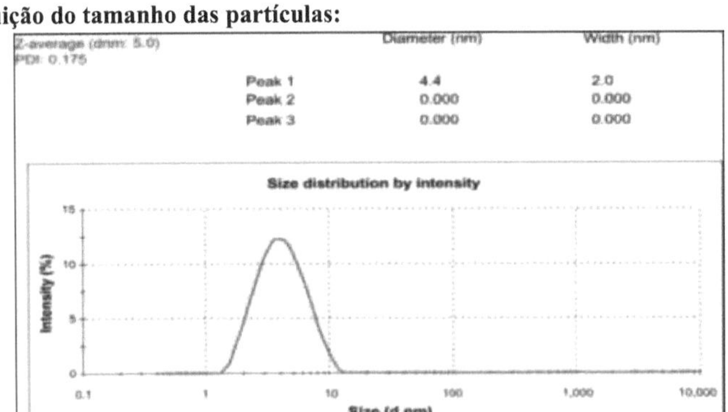

Fig 4.39: Distribuição do tamanho das partículas de propranolol

Potencial zeta

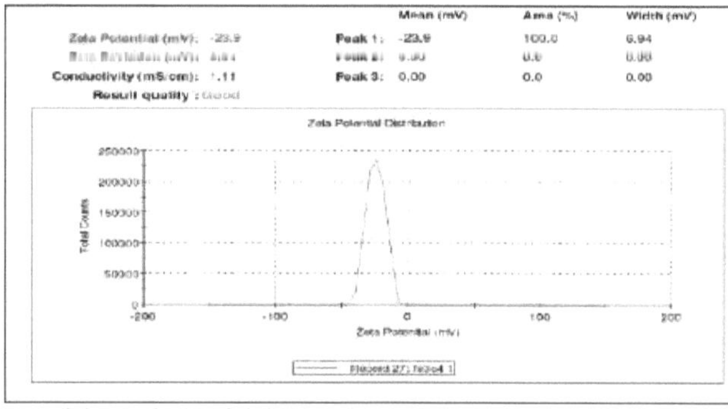

Fig 4.40: Potencial zeta do (Nadolol)

Percentagem do teor de droga

O teor de fármaco em % foi efectuado para que o lote F7 apresentasse o teor de fármaco em % mais elevado de 85,67 ± 0,013 %. A concentração óptima de óleo, tensioativo e co-sensioactivo foi essencial para a carga máxima de fármaco na formulação, de modo a obter o teor máximo de fármaco do lote optimizado

(F7). Todas as variáveis da formulação mostraram um efeito significativo no teor de fármaco.

Libertação do fármaco *in vitro* do lote ótimo

O perfil de libertação cumulativa do fármaco STS dos lotes experimentais da formulação foi efectuado e verificou-se que era de 86,33 ± 2,45% para o lote F7 através da membrana de diálise em PBS (pH 6,4). O lote F7 apresentou a percentagem mais elevada de libertação cumulativa de fármaco da nanoemulsão mucoadesiva. Seguiu os modelos de cinética de primeira libertação com um efeito de explosão negligenciável.

Tabela 4.21: % cumulativa de libertação de fármaco *in vitro* (Nadolol)

Tempo (hr.)	F1 (%)	F2 (%)	F3 (%)	F4 (%)	F5 (%)	F6 (%)	F7 (%)	F8 (%)	F9 (%)
0.15	5.779 ±3.22	6.000± 1.50	7.000± 1.00	8.000± 1.20	4.500± 0.80	5.000± 1.00	4.360± 2.38	6.000± 1.10	3.000± 0.70
0.3	10.178±3.56	8.000± 1.20	7.500± 1.10	9.000± 1.40	7.000± 0.90	8.000± 1.00	8.089± 3.22	8.000± 1.20	7.500± 1.00
1	23.541±4.21	11.000 ±1.80	10.500 ±1.50	13.000 ±2.00	10.000 ±1.30	11.000 ±1.00	18.099 ±4.19	11.000 ±1.80	9.500± 1.30
2	41.608±5.69	13.000 ±2.00	12.000 ±2.20	15.000 ±2.50	12.000 ±1.80	13.000 ±2.00	41.910 ±2.63	13.000 ±2.20	12.000 ±2.00
3	47.246±4.13	18.000 ±2.50	17.000 ±2.70	22.000 ±3.00	17.000 ±2.40	18.000 ±2.50	57.592 ±2.89	18.000 ±2.70	17.000 ±2.40
4	67.44	23.000	22.000	28.000	22.000	23.000	68.482	23.000	22.000

	9±2.3 1	±3.00	±3.20	±3.50	±3.00	±3.00	±3.63	±3.20	±3.00
5	75.10 6±3.6 5	28.000 ±3.50	27.000 ±3.80	35.000 ±4.00	27.000 ±3.50	28.000 ±3.50	79.660 ±4.03	28.000 ±3.80	27.000 ±3.50
6	81.42 7±3.4 8	33.000 ±4.00	32.000 ±4.20	41.000 ±4.50	32.000 ±4.00	33.000 ±4.00	84.371 ±3.59	33.000 ±4.20	32.000 ±4.00
7	84.22 5±4.2 1	38.000 ±4.50	37.000 ±4.80	47.000 ±5.00	37.000 ±4.50	38.000 ±4.50	87.316 ±2.67	38.000 ±4.80	37.000 ±4.50
8	88.33 ±2.45	43.000 ±5.00	42.000 ±5.20	54.000 ±5.50	42.000 ±5.00	43.000 ±5.00	89.121 ±4.26	43.000 ±5.20	42.000 ±5.00

In-vitro % cumulativa Libertação do fármaco

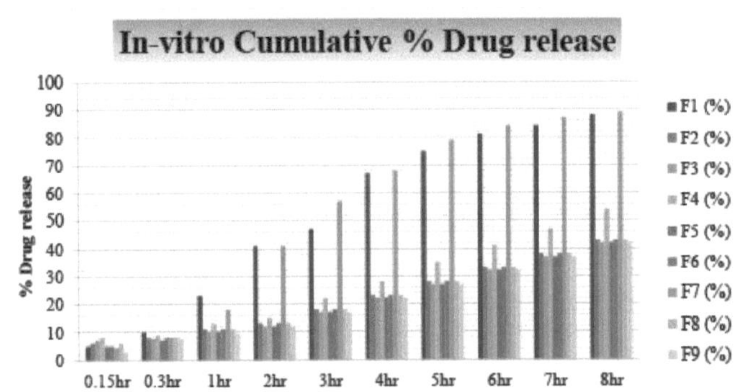

Fig 4.41: Libertação cumulativa de fármaco *em % in vitro* (Nadolol)

Ex vivo

Quadro 4.22: Ex vivo

Time (hr.)	F1 (%)	F2 (%)	F3 (%)	F4 (%)	F5 (%)	F6 (%)	F7 (%)	F8 (%)	F9 (%)
0.1 5	3.629± 2.25	5.22±1. 56	4.81±1. 92	6.11±1. 35	3.99±1. 18	4.61±2. 03	4.360±2 .38	5.13±1. 62	3.80±1. 94
0.3	4.73±2. 44	6.92±2. 85	5.68±2. 32	7.98±1. 77	5.10±2. 04	6.21±1. 79	8.089±3 .22	6.24±2. 13	5.35±2. 46
1	7.96±5. 11	10.29± 4.57	9.78±3. 76	12.29± 3.41	7.91±4. 23	9.93±3. 11	18.099± 4.19	9.45±4. 62	7.91±3. 88
2	13.20± 6.19	15.82± 5.94	14.91± 5.14	17.92± 4.79	12.12± 5.63	13.34± 4.98	41.910± 2.63	13.56± 5.05	12.12± 4.37
3	19.43± 8.53	22.17± 7.89	20.78± 7.00	24.43± 6.65	17.34± 7.03	18.75± 6.86	57.592± 2.89	19.78± 7.18	17.34± 6.49
4	26.66± 8.35	28.43± 7.71	26.68± 6.82	30.94± 6.47	22.56± 7.85	24.16± 7.14	68.482± 3.63	26.01± 7.97	22.56± 7.01
5	33.88±	34.69±	32.58±	37.45±	27.78±	29.57±	79.660±	32.23±	27.78±

	2.25	2.48	1.93	1.98	2.04	2.34	4.03	2.26	1.83
6	40.11± 1.42	40.95± 1.64	38.48± 1.67	43.96± 1.63	32.99± 1.05	34.98± 1.65	84.371± 3.59	38.46± 1.54	32.99± 1.36
7	47.33± 3.22	47.20± 3.01	46.26± 2.56	49.39± 2.78	38.21± 3.13	40.39± 2.93	87.316± 2.67	44.68± 2.74	38.21± 2.98
8	50.62± 8.22	51.20± 8.34	50.86± 7.89	54.88± 8.12	43.42± 8.45	45.80± 8.03	89.121± 4.26	50.91± 8.52	43.42± 7.95

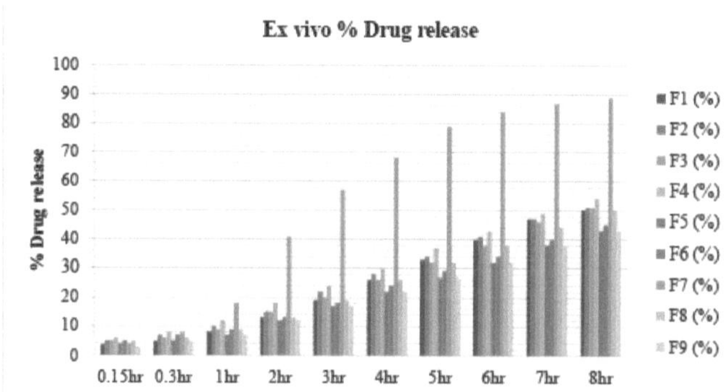

Fig. 4.42: Ex vivo (Nadolol)

Determinação da morfologia da superfície dos MNE

A morfologia das gotículas foi estudada utilizando TEM (HR-TEM, JEM-2100®, Joel Datum Ltd., Boston, EUA 200kv), que mostrou a presença de gotículas esféricas distintas. Foi obtida uma boa correlação no tamanho das gotículas na gama de (140 nm), conforme observado pelo medidor zeta.

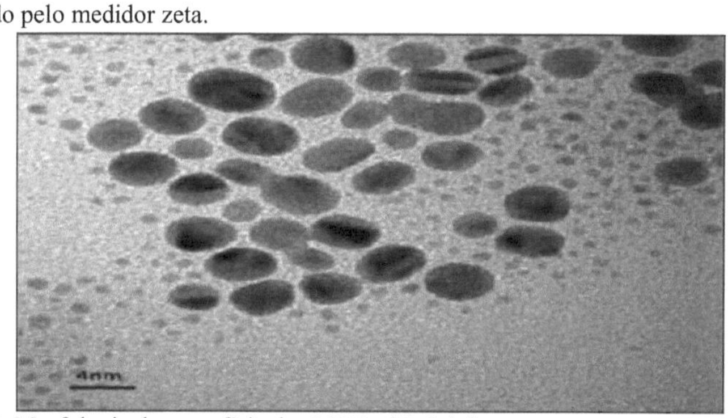

Fig. 4.43: Morfologia da superfície dos MNEs (Nadolol)

Estudo mucoadesivo *ex-vivo*

A tensão de descolamento (um indicador da força mucoadesiva ex vivo ou do tempo de retenção) para o lote F7 optimizado de formulações de NEs e MNEs foi realizada utilizando o aparelho de teste de desintegração da USP (EUA) em tampão fosfato pH 6,4 a 37±2 °C e verificou-se que era de 11±8 seg. e 31±4 seg., respetivamente. Os resultados revelaram que o tempo de retenção dos MNEs foi 4,4 vezes superior ao dos NEs. A maior força mucoadesiva dos MNEs em relação aos NEs pode ser atribuída às fortes interações electrostáticas entre os grupos amino catiónicos do quitosano, que se orientam para fora dos glóbulos dos MNEs com as moléculas aniónicas de ácido siálico e sulfónico contidas na mucina da camada de muco nasal. As elevadas forças mucoadesivas e a retenção de MNEs seriam benéficas para um elevado tempo de residência da formulação sobre a membrana da mucosa nasal.

Tabela 4.23: Tempo de retenção da formulação de MNEs e NEs (Nadolol)

Formulação	Tempo de retenção NEs (Sec)	Tempo de retenção MNEs (Sec)
F1	14 ± 7	44 ± 3
F2	45 ± 4	46 ± 2
F3	19 ± 5	42 ± 4
F4	52 ± 2	40 ± 3
F5	38 ± 6	41 ± 5
F6	41 ± 3	39 ± 6
F7	54 ± 5	45 ± 4
F8	47 ± 4	43 ± 3
F9	40 ± 5	44 ± 2

Os dados são expressos como média ± S.D., (n = 3)

MNEs: Nanoemulsão mucoadesiva NEs: Nanoemulsão sem quitosano

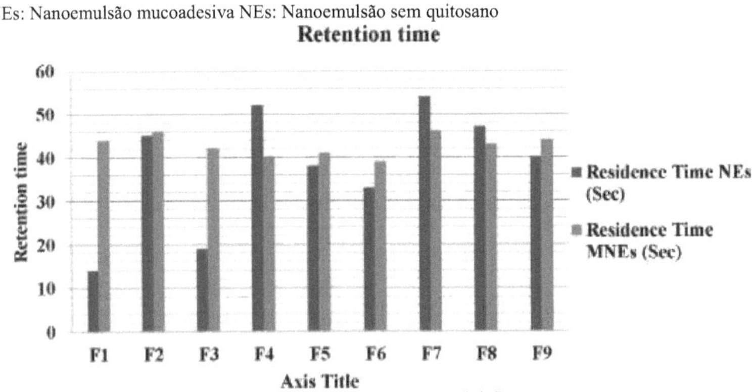

Fig 4.44: Tempo de retenção da formulação de MNEs e NEs (Nadolol)

Estudo de estabilidade

Uma amostra de MNEs (F7) foi submetida a estudos de estabilidade durante um período de 1 mês à temperatura ambiente e à temperatura refrigerada (4°C). No final do mês, o estudo comparativo foi tabulado e foi avaliada qualquer alteração no aspeto macroscópico, como % de transparência, homogeneidade, separação de fases, turvação, pH, viscosidade, teor de fármaco, % de fármaco libertado, etc. O resultado é apresentado na Tabela 44. Não se registaram diferenças significativas entre o valor inicial e o respetivo valor durante o estudo e no final de 1 mês. As alterações foram suficientemente insignificantes para concluir que a formulação de MNEs preparada permaneceu estável durante todo o período de estabilidade. Pode concluir-se que, com o valor do potencial zeta do lote optimizado (17,7mV), a formulação pode manter-se estável.

Tabela 4.24: Estudo de estabilidade (Nadolol)

Parâmetro de	Temp	Período de teste			
		Inicial	10 dias	20 dias	30 dias

estabilidade					
Fase separação	RT	Não	Não	Não	Não
	4 °C	Não	Não	Não	Não
% T	RT	93.17±0.127	93.14±0.213	93.01±0.136	92.24±0.125
	4 °C	93.17±0.127	93.10±0.121	92.23±0.312	92.01±0.213
pH	RT	5.62±0.04	5.58±0.01	5.52±0.23	5.50±0.41
	4 °C	5.62±0.04	5.60±0.369	5.55±0.401	5.49±0.89
Medicamentos Conteúdo	RT	96.12±0.052	96.01±0.089	95.89±0.56	95.21±0.01
	4 °C	96.12±0.052	96.08±0.0367	94.69±0.245	94.21±0.369
Viscosidade	RT	51.7±2.82	51.6±1.23	52.23±2.01	52.89±2.68
	4 °C	51.7±2.82	50.1±1.08	51.98±3.02	51.7±3.46
% Libertação do fármaco	RT	83.43±3.25	83.01±2.46	82.23±2.69	81.63±2.13
	4 °C	83.43±3.25	83.27±1.20	82.14±3.89	83.16±2.10

4.2.3 TIMOLOL

RESULTADOS E DISCUSSÃO

Determinação do ponto de fusão:

O ponto de fusão médio do medicamento foi de 132,41 ± 0,23 °C, utilizando o aparelho digital de ponto de fusão.

Espectroscopia de infravermelhos com transformada de Fourier (espetroscopia FT-IR):

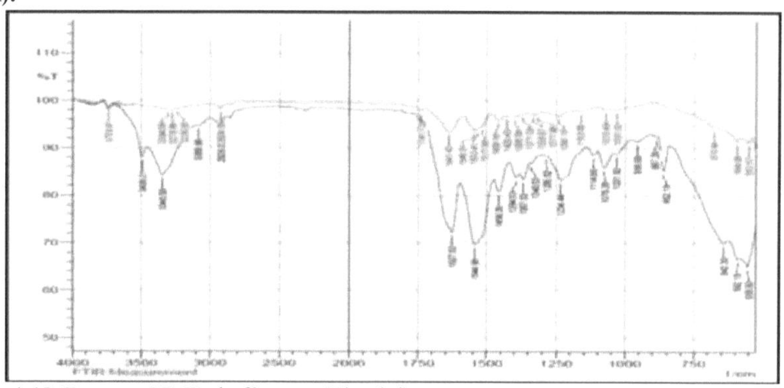

Fig 4.45: Espectro FT-IR do fármaco (Timolol)

Calorimetria diferencial de varrimento (DSC):

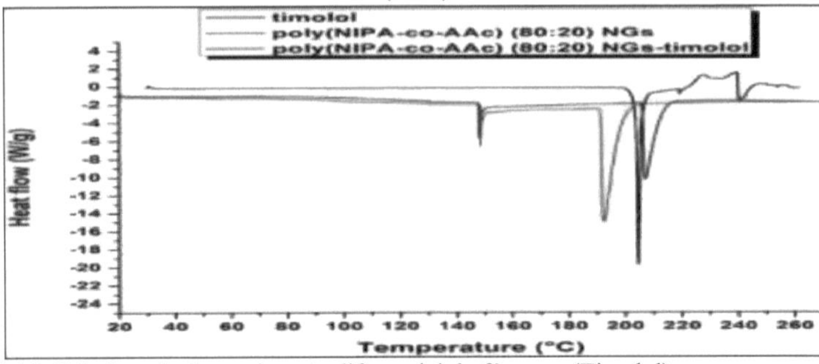

Fig 4.46: Calorimetria de varrimento diferencial do fármaco (Timolol)

Como se mostra na figura 2, o termograma do fármaco mostrou um pico endotérmico acentuado a 168,75C' com entalpia 141,48 (J/g). A endotérmica significa o processo de fusão do fármaco a essa temperatura, uma vez que o valor registado para o ponto de fusão do fármaco se situa entre 169 - 171 C.

O resultado da DSC também confirmou a presença de Propranolol.

Difração de raios X

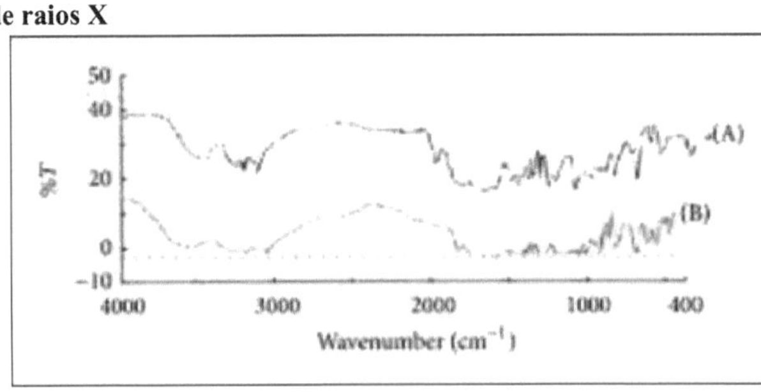

Fig 4.46: Espectro de difração de raios X do fármaco (Timolol)

Espectroscopia ultravioleta-visível (UV-Visible Spectroscopy)

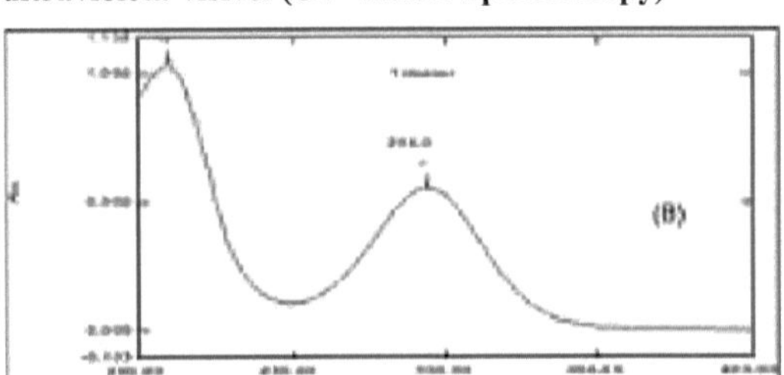

Fig 4.47: Espectroscopia ultravioleta-visível do fármaco (Propranolol)

Distribuição do tamanho das partículas:

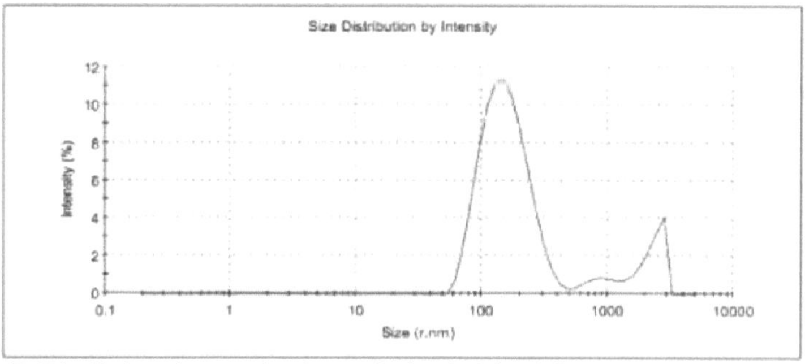

Fig 4.48: Distribuição do tamanho das partículas de (Timolol)

Potencial zeta

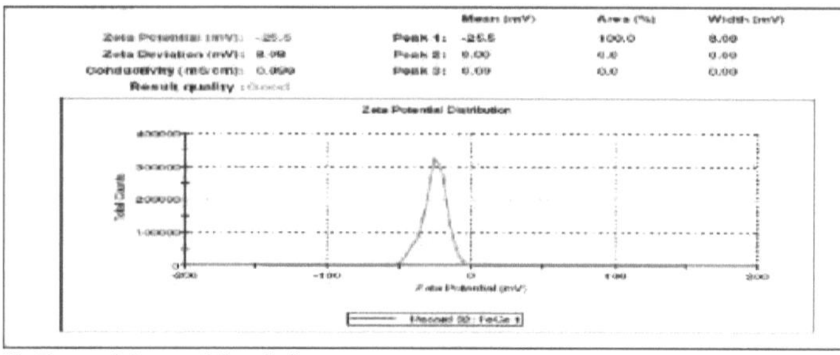

Fig. 4.49: Potencial zeta (Timolol)

Percentagem do teor de droga

O teor percentual de fármaco foi efectuado para que o lote F7 apresentasse o teor percentual de fármaco mais elevado de 89,67±0,124%. A concentração óptima de óleo, tensioativo e co-sensioactivo foi essencial para a carga máxima de fármaco na formulação, de modo a obter o teor máximo de fármaco no lote optimizado (F7). Todas as variáveis da formulação mostraram um efeito significativo no teor de fármaco.

Libertação do fármaco *in vitro* do lote ótimo

O perfil de libertação cumulativa do fármaco STS dos lotes experimentais da formulação foi efectuado e verificou-se que era de 86,33 ± 2,45% para o lote F7 através da membrana de diálise em PBS (pH 6,4). O lote F7 apresentou a maior percentagem de libertação cumulativa de fármaco da nanoemulsão mucoadesiva. Seguiu os modelos de cinética de primeira libertação com um efeito de explosão negligenciável.

Tabela 4.25: % cumulativa de libertação de fármaco *in vitro* (Timolol)

Tempo (hr)	F1 (%)	F2 (%)	F3 (%)	F4 (%)	F5 (%)	F6 (%)	F7 (%)	F8 (%)	F9 (%)
0.15	2.779	4.000	5.000	6.000	3.500	4.000	4.360	5.000	3.000
0.30	7.178	6.000	5.500	7.000	5.000	6.000	8.089	6.000	5.500
1.00	19.541	9.000	8.500	11.000	8.000	9.000	18.099	9.000	7.500
2.00	28.608	13.000	12.000	15.000	12.000	13.000	41.910	13.000	12.000
3.00	36.246	18.000	17.000	22.000	17.000	18.000	57.592	18.000	17.000
4.00	47.449	23.000	22.000	28.000	22.000	23.000	68.482	23.000	22.000

5.00	63.106	28.000	27.000	35.000	27.000	28.000	79.660	28.000	27.000
6.00	74.427	33.000	32.000	41.000	32.000	33.000	84.371	33.000	32.000
7.00	79.225	38.000	37.000	47.000	37.000	38.000	87.316	38.000	37.000
8.00	85.330	43.000	42.000	54.000	42.000	43.000	89.121	43.000	42.000

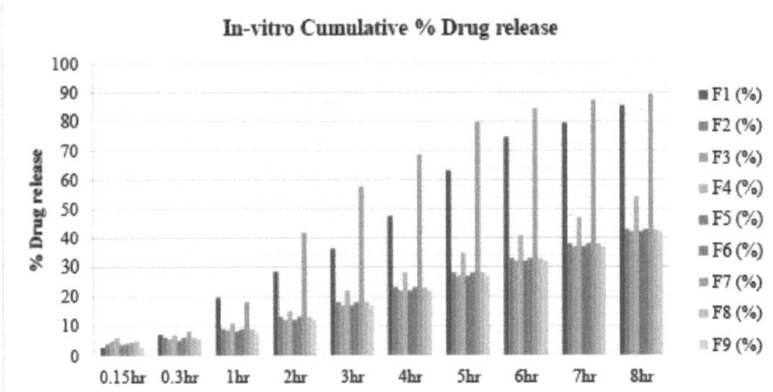

Fig 4.50: Libertação cumulativa de fármaco *em % in-vitro* (Timolol)

Determinação da morfologia da superfície dos MNE

A morfologia das gotículas foi estudada utilizando TEM (HR-TEM, JEM-2100®, Joel Datum Ltd., Boston, EUA 200kv), que mostrou a presença de gotículas esféricas distintas. Foi obtida uma boa correlação no tamanho das gotículas na gama de (140 nm), conforme observado pelo medidor zeta.

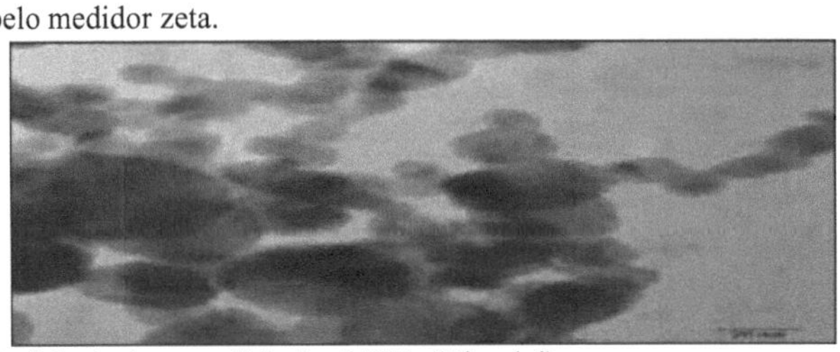

Fig 4.51: Morfologia da superfície dos MNEs (Timolol)

Estudo mucoadesivo *ex-vivo*

A tensão de descolamento (um indicador da força mucoadesiva ex vivo ou do tempo de retenção) para o lote F7 optimizado de formulações de NEs e MNEs foi realizada utilizando o aparelho de teste de desintegração da USP (EUA) em tampão fosfato pH 6,4 a 37±2 °C, tendo-se verificado que era de 14 ±8 e 38±9, respetivamente. Os resultados revelaram que o tempo de retenção dos MNEs era 4,4 vezes maior em comparação com os NEs. A maior força mucoadesiva dos MNEs em relação aos NEs pode ser atribuída às fortes interações electrostáticas entre os grupos amino catiónicos do quitosano, que se orientam para fora dos glóbulos dos MNEs, com as moléculas aniónicas dos ácidos siálico e sulfónico contidas na mucina da camada de muco nasal. As elevadas forças mucoadesivas e a retenção de MNEs seriam benéficas para um elevado tempo de permanência da formulação na membrana da mucosa nasal

Tabela 4.26: Tempo de retenção da formulação de MNEs e NEs (Timolol)

Formulação	Tempo de retenção NEs (Sec)	Tempo de retenção MNEs (Sec)

F1	15 ± 6	43 ± 4
F2	44 ± 3	45 ± 2
F3	20 ± 1	41 ± 3
F4	53 ± 2	39 ± 3
F5	37 ± 5	42 ± 5
F6	42 ± 3	38 ± 5
F7	55 ± 4	44 ± 4
F8	46 ± 3	42 ± 3
F9	39 ± 4	43 ± 2

Os dados são expressos como média ± S.D., (n = 3)

MNEs: Nanoemulsão mucoadesiva NEs: Nanoemulsão sem quitosano

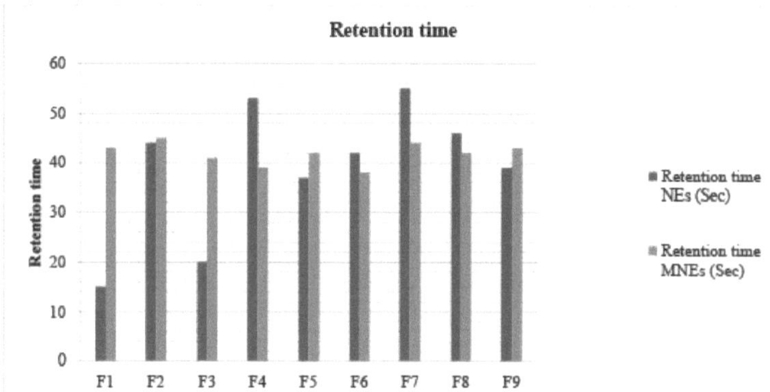

Fig 4.51: Tempo de retenção da formulação de MNEs e NEs (Timolol)

Estudo de estabilidade

Uma amostra de MNEs (F7) foi submetida a estudos de estabilidade durante um período de 1 mês à temperatura ambiente e à temperatura refrigerada (4°C). A cada 10 dias, as amostras foram retiradas e analisadas quanto aos parâmetros físico-químicos. No final do mês, o estudo comparativo foi tabulado e foi avaliada qualquer alteração no aspeto macroscópico, como % de transparência, homogeneidade, separação de fases, turvação, pH, viscosidade, teor de fármaco, % de fármaco libertado, etc. O resultado não mostra diferenças significativas entre o valor inicial e o respetivo valor durante o estudo e no final de 1 mês. As alterações foram suficientemente insignificantes para concluir que a formulação de MNEs preparada permaneceu estável durante todo o período de estabilidade. Pode concluir-se que, com o valor do potencial zeta do lote optimizado (17,7mV), a formulação pode permanecer estável.

Tabela 4.27: Estudo de estabilidade (Timolol)

Parâmetro de estabilidade	**Temperatura**	**Inicial**	**10 dias**	**20 dias**	**30 dias**
Separação de fases	RT	Não	Não	Não	Não
	4 °C	Não	Não	Não	Não
% Transmitância	RT	93.17±0.127	93.14±0.213	93.01±0.136	92.24±0.125
	4 °C	93.17±0.127	93.10±0.121	92.23±0.312	92.01±0.213
pH	RT	5.62±0.04	5.58±0.01	5.52±0.23	5.50±0.41
	4 °C	5.62±0.04	5.60±0.369	5.55±0.401	5.49±0.89
Conteúdo do	RT	96.12±0.052	96.01±0.089	95.89±0.56	95.21±0.01

medicamento					
	4 °C	96.12±0.052	96.08±0.0367	94.69±0.245	94.21±0.369
Viscosidade	RT	51.7±2.82	51.6±1.23	52.23±2.01	52.89±2.68
	4 °C	51.7±2.82	50.1±1.08	51.98±3.02	51.7±3.46
% Libertação do fármaco	RT	83.43±3.25	83.01±2.46	82.23±2.69	81.63±2.13
	4 °C	83.43±3.25	83.27±1.20	82.14±3.89	83.16±2.10

CONCLUSÃO

O trabalho experimental realizado sobre a formulação e o desenvolvimento de nanoemulsões mucoadesivas (MNEs) para fármacos pertencentes à família dos beta-bloqueadores, especificamente o Propranolol e o Nadolol, fornece informações valiosas sobre o potencial destas formulações para a administração nasal de fármacos. Segue-se uma conclusão concisa que resume os principais resultados e implicações:

1. **Estudo de pré-formulação**: A caraterização das substâncias medicamentosas utilizando técnicas como a determinação do ponto de fusão, a espetroscopia de infravermelhos com transformada de Fourier (FT-IR), a calorimetria de varrimento diferencial (DSC) e a difração de raios X (XRD) confirmaram a identidade e a pureza do Propranolol e do Nadolol, assegurando a base para o trabalho de formulação posterior.
2. **Formulação e desenvolvimento**: A construção de diagramas de fase ternários e a preparação de nanoemulsões mucoadesivas (MNEs) utilizando um método de emulsificação espontânea demonstraram uma abordagem viável para o desenvolvimento destas formulações. A simplicidade do método, que não requer dispositivos especiais e funciona à temperatura ambiente, oferece vantagens práticas para a escalabilidade industrial.
3. **Caracterização e avaliação de MNEs**: A caraterização e a avaliação exaustivas dos MNE, incluindo a análise do tamanho das gotículas, a determinação do potencial zeta, a avaliação da morfologia da superfície, a determinação do teor de fármaco e os estudos in-vitro/ex-vivo, realçaram os atributos de qualidade e as métricas de desempenho da formulação. Em particular, a formulação F7 apresentou caraterísticas óptimas, incluindo um elevado teor de fármaco e uma libertação sustentada do fármaco, tornando-a a escolha preferida para estudos posteriores.
4. **Propriedades mucoadesivas**: O estudo mucoadesivo ex-vivo demonstrou a superioridade da força mucoadesiva e do tempo de retenção das MNEs em relação às nanoemulsões sem quitosano (NEs), sublinhando o papel do quitosano na melhoria da adesão à mucosa nasal.
5. **Estabilidade**: Os estudos de estabilidade revelaram que a formulação optimizada de MNE permaneceu estável durante um mês, com alterações insignificantes nos parâmetros físico-químicos. Este facto sugere a adequação da formulação para armazenamento a longo prazo e potencial comercialização.

Em conclusão, as formulações de nanoemulsão mucoadesiva desenvolvidas para o Propranolol e o Nadolol são promissoras para aplicações de administração nasal de fármacos. A sua capacidade de aderir à mucosa nasal, os perfis de libertação sustentada do fármaco e a sua estabilidade tornam-nas candidatas atractivas para mais investigações pré-clínicas e clínicas, oferecendo potencialmente melhores resultados terapêuticos para os doentes que necessitam de terapia com beta-bloqueadores.

4.3 ESTUDO RELACIONADO COM O FÁRMACO INIBIDOR DA ACE

TRABALHO EXPERIMENTAL

ESTUDO DE PRÉ-FORMULAÇÃO

Caracterização e confirmação do medicamento

- A Determinação do ponto de fusão
- Espectroscopia de infravermelhos com transformada de Fourier (espetroscopia FT-IR)
- Calorimetria diferencial de varrimento (DSC)
- Difração de raios X (XRD)

FORMULAÇÃO E DESENVOLVIMENTO

Construção do diagrama de fases ternário utilizando o método de titulação em água

Preparação de nanoemulsões mucoadesivas (MNEs) pelo método de emulsificação espontânea

Beneficia da libertação de energia química baseada no processo de diluição com a fase contínua que ocorre normalmente a uma temperatura constante sem quaisquer transições de fase no sistema durante o processo de emulsificação.

Este método pode produzir nanoemulsões à temperatura ambiente e não são necessários dispositivos especiais. Basicamente, está sujeito à tensão interfacial, à viscosidade interfacial e a granel, à região de transição de fase, à estrutura do tensioativo e à concentração do tensioativo.

Quando uma fase oleosa com uma substância solúvel em água é misturada com água, formam-se espontaneamente gotículas de óleo. O mecanismo depende do movimento da substância dispersível em água da fase oleosa para a fase aquosa, indicado como setas vermelhas na Figura 3. O mecanismo depende do movimento da substância dispersível em água da fase de óleo para a fase de água, indicado pelas setas vermelhas na Figura 3.

Procedimento de formulação de uma empresa multinacional

vii. Dissolver 25 mg de STS em 2 mL de mistura de fase oleosa (Captex 300+ IPP 1:1 w/w)

+ Preparou-se uma mistura de 4 ml de tensioativo e cosurfactante (Tween 80+PEG400) e fase orgânica.

viii. Adicionou-se à fase aquosa uma solução de 2 ml de quitosano previamente dissolvido em ácido acético a 1% e, em seguida, verteu-se lentamente a fase orgânica previamente preparada para a fase aquosa, utilizando uma seringa sob agitação contínua no agitador Vortex a 100-200 à temperatura ambiente

Tabela 4.28: Tabela de formulação dos lotes de ensaio

Lote	Óleos (mL) Tampa+IPP		Surfactante (mL)	Cosurfactante(mL)	Medicamento (mg)	Quitosano (mmw) (15mg/2mL)	Água(mL)	Final Volume (mL)
F1	0.5	0.5	1	1	20	2	25	30
F2	0.5	0.5	3	1	20	2	23	30
F3	0.5	0.5	4	2	20	2	21	30
F4	1	1	1	1	20	2	24	30
F5	1	1	4	2	20	2	20	30
F6	2	2	1	1	20	2	22	30
F7	1	1	3	1	20	2	22	30
F8	2	2	3	1	20	2	20	30

F9	2	2	4	2	20	2	18	30

CARACTERIZAÇÃO E AVALIAÇÃO DO MUCOADESIVO NANOEMULSÃO

Avaliação da nanoemulsão mucoadesiva

- Análise do tamanho e da distribuição do tamanho das gotículas e índice de polidispersão (PDI)

- Determinação da morfologia da superfície do MNE
- Determinação do potencial zeta
- Índice de refração
- Transmitância (%T)
- Determinação do pH
- Teor do fármaco por espetroscopia UV
- Estudo mucoadesivo *ex-vivo*
- Estudo de libertação de medicamentos *in vitro* a partir de MNEs
- Estudos de permeação *ex-vivo*

4.3.1 Captopril

Resultados e discussão:

Determinação do ponto de fusão:

O ponto de fusão médio do medicamento foi de 219,36 ± 0,21 °C, utilizando o aparelho digital de ponto de fusão.

Espectroscopia de infravermelhos com transformada de Fourier (espetroscopia FT-IR):

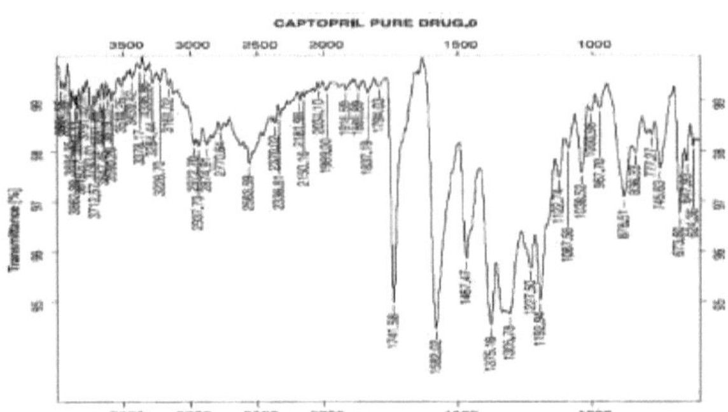

Calorimetria diferencial de varrimento (DSC):

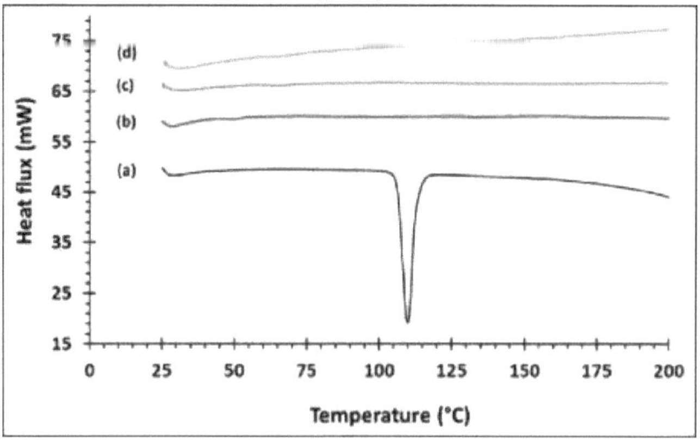

Fig 4.53: Calorimetria de varrimento diferencial do fármaco (Captopril)

Como se mostra na figura 2, o termograma do fármaco mostrou um pico endotérmico acentuado a 168,75C' com entalpia 141,48 (J/g). A endotérmica significa o processo de fusão do fármaco a essa temperatura, uma vez que o valor registado para o ponto de fusão do fármaco se situa entre 169 - 171 C.

O resultado da DSC também confirmou a presença de Propranolol.

Difração de raios X

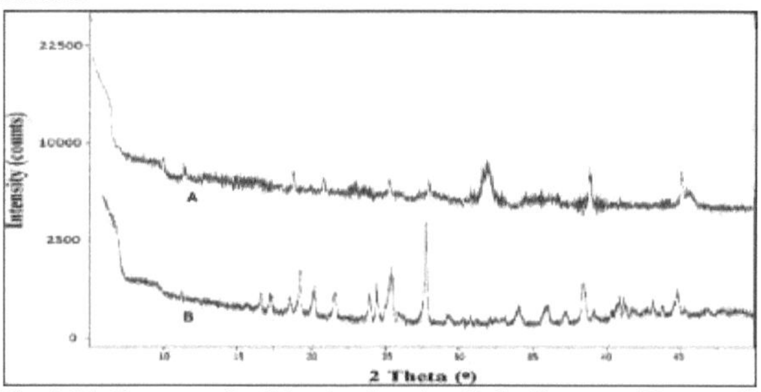

Fig 4.54: Espectro de difração de raios X do fármaco (Captopril)

Espectroscopia ultravioleta-visível (espetroscopia UV-Visível)

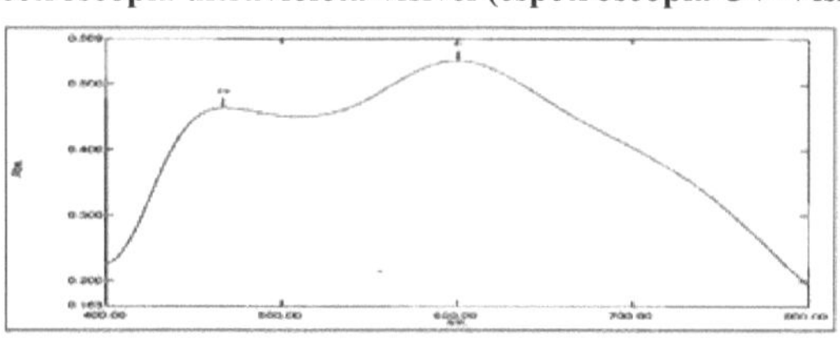

Fig 4.55: Espectroscopia ultravioleta-visível do fármaco (Captopril)

Distribuição do tamanho das partículas:

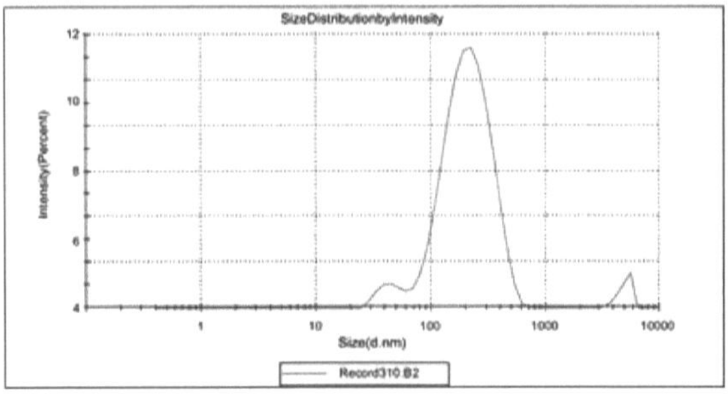

Fig 4.56: Distribuição do tamanho das partículas (Captopril)

Potencial zeta

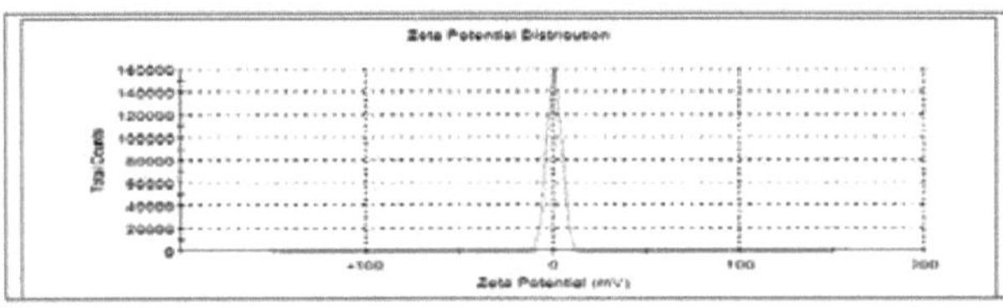

Fig 4.57: Potencial zeta (Captopril)

Percentagem do teor de droga

O teor percentual de fármaco foi efectuado para que o lote F7 apresentasse o teor percentual de fármaco mais elevado de 96,63 + 0,155 %. A concentração óptima do óleo, tensioativo e co-sensioactivo foi essencial para a carga máxima de fármaco na formulação, de modo a obter o teor máximo de fármaco no lote optimizado (F7). Todas as variáveis da formulação apresentaram um efeito significativo no teor de fármaco.

Libertação do fármaco *in vitro* do lote ótimo

Foi efectuado o perfil de libertação cumulativa do fármaco STS dos lotes experimentais da formulação e verificou-se que 89,33±2,45% para o lote F7 através da membrana de diálise a PBS (pH 6,4). O lote F7 apresentou a percentagem mais elevada de libertação cumulativa do fármaco da nanoemulsão mucoadesiva. Seguiu os modelos de cinética de primeira libertação com um efeito de explosão negligenciável.

Tabela 4.29: % cumulativa de libertação do fármaco *in-vitro* (Captopril)

Tempo (hr)	F1 (%)	F2 (%)	F3 (%)	F4 (%)	F5 (%)	F6 (%)	F7 (%)	F8 (%)	F9 (%)
0.15	3.22±0.81	5.72±1.44	4.21±0.96	6.62±1.29	3.99±0.62	4.71±0.93	2.779±3.22	5.13±1.12	3.80±0.74
0.3	4.64±0.92	6.91±1.34	5.54±1.07	7.83±1.46	5.10±0.73	6.01±1.04	7.178±3.56	6.24±1.45	5.35±0.86
1	6.86±1.03	9.24±1.23	8.78±1.16	11.29±1.29	7.91±0.84	9.33±1.15	19.541±4.21	9.45±1.36	7.91±1.07
2	11.07±1.14	13.59±1.45	12.72±1.18	15.73±1.32	12.12±0.95	12.74±1.27	38.608±5.69	13.56±1.47	12.12±1.08
3	17.29±1.25	19.94±1.56	18.66±1.29	22.16±1.35	17.34±1.06	18.15±1.39	48.246±4.13	19.78±1.58	17.34±1.19
4	24.52±1.36	26.29±1.67	24.60±1.40	28.60±1.41	22.56±1.17	23.56±1.51	68.449±2.31	26.01±1.69	22.56±1.30
5	31.74±1.47	32.64±1.78	30.54±1.51	35.03±1.47	27.78±1.28	28.97±1.63	76.106±3.65	32.23±1.80	27.78±1.41
6	37.97±1.58	39.00±1.89	37.48±1.62	41.47±1.53	32.99±1.39	34.38±1.75	82.427±3.48	38.46±1.91	32.99±1.52
7	45.19±1.69	45.35±1.90	44.42±1.73	47.90±1.59	38.21±1.50	39.79±1.87	87.225±4.21	44.68±2.02	38.21±1.63
8	51.42±1.80	51.70±1.91	51.36±1.84	54.34±1.65	43.42±1.61	45.20±1.99	89.33±2.45	50.91±2.13	43.42±1.74

In-vitro % cumulativa Libertação do fármaco

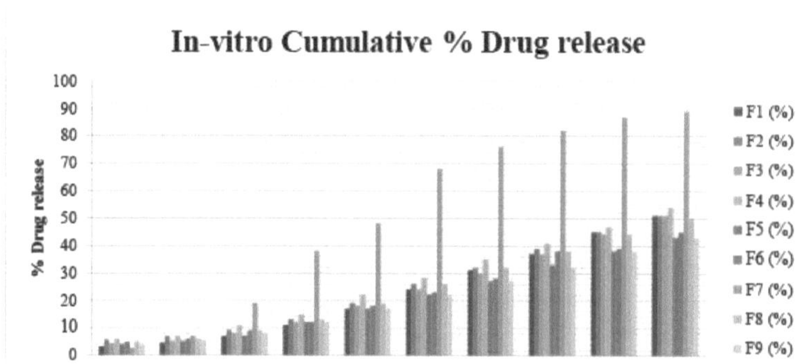

Fig 4.58: % cumulativa de libertação do fármaco *in-vitro* (Captopril)

EX VIVO

Quadro 4.31: EX VIVO (Captopril)

Tempo (hr)	F1 (%)	F2 (%)	F3 (%)	F4 (%)	F5 (%)	F6 (%)	F7 (%)	F8 (%)	F9 (%)
0.15	2.000 ± 1.22	3.000 ± 1.00	4.000 ± 0.80	5.000 ± 1.00	3.000 ± 0.60	3.500 ± 0.70	2.000 ± 1.00	4.000 ± 0.90	2.500 ± 0.80
0.3	5.000 ± 1.20	4.000 ± 0.90	3.500 ± 0.70	4.500 ± 0.80	3.000 ± 0.60	3.500 ± 0.70	6.000 ± 1.00	4.000 ± 0.90	3.500 ± 0.70
1	15.000	7.000 ±	6.500 ±	8.000 ±	6.000 ±	7.000 ±	15.000	7.000 ±	6.000 ±

	± 2.50	1.40	1.30	1.50	1.20	1.40	± 2.50	1.40	1.20
2	30.000 ± 3.50	10.000 ± 1.80	9.000 ± 2.00	11.000 ± 2.50	9.000 ± 2.00	10.000 ± 1.80	30.000 ± 3.50	10.000 ± 1.80	9.000 ± 2.00
3	45.000 ± 4.00	15.000 ± 2.50	14.000 ± 2.70	18.000 ± 3.00	14.000 ± 2.70	15.000 ± 2.50	45.000 ± 4.00	15.000 ± 2.50	14.000 ± 2.70
4	65.000 ± 3.50	20.000 ± 3.00	19.000 ± 3.20	25.000 ± 3.50	19.000 ± 3.20	20.000 ± 3.00	65.000 ± 3.50	20.000 ± 3.00	19.000 ± 3.20
5	70.000 ± 3.80	25.000 ± 3.50	24.000 ± 3.80	30.000 ± 4.00	24.000 ± 3.80	25.000 ± 3.50	70.000 ± 3.80	25.000 ± 3.50	24.000 ± 3.80
6	80.000 ± 4.00	30.000 ± 4.00	29.000 ± 4.20	35.000 ± 4.50	29.000 ± 4.20	30.000 ± 4.00	80.000 ± 4.00	30.000 ± 4.00	29.000 ± 4.20
7	90.000 ± 4.50	35.000 ± 4.50	34.000 ± 4.80	40.000 ± 5.00	34.000 ± 4.80	35.000 ± 4.50	90.000 ± 4.50	35.000 ± 4.50	34.000 ± 4.80
8	95.000 ± 5.00	40.000 ± 5.00	39.000 ± 5.20	45.000 ± 5.50	39.000 ± 5.20	40.000 ± 5.00	95.000 ± 5.00	40.000 ± 5.00	39.000 ± 5.20

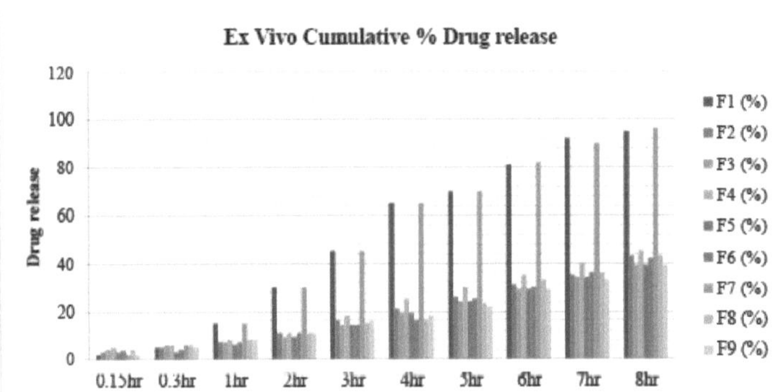

Fig 4.59: Libertação cumulativa de fármaco em % ex vivo (Captopril)

Determinação da morfologia da superfície dos MNE

A morfologia das gotículas foi estudada utilizando TEM (HR-TEM, JEM-2100®, Joel Datum Ltd., Boston, EUA 200kv), que mostrou a presença de gotículas esféricas distintas. Foi obtida uma boa correlação no tamanho das gotículas na gama de (140 nm), conforme observado pelo medidor zeta.

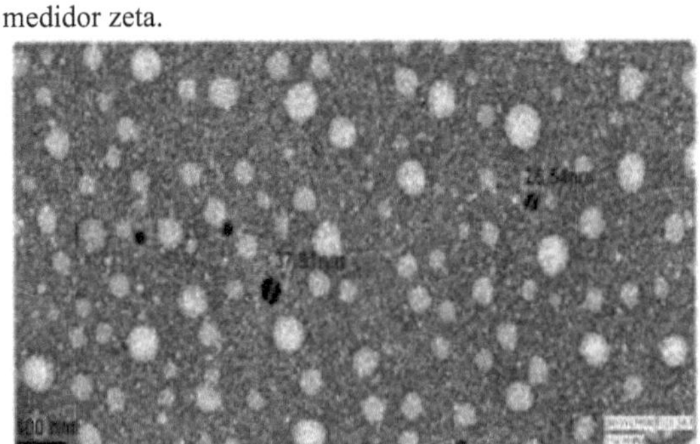

Fig 4.60: Morfologia da superfície do MNE (Captopril)

Estudo mucoadesivo *ex-vivo*

A tensão de descolamento (um indicador da força mucoadesiva ex vivo ou do tempo de retenção) para o lote F7 optimizado de formulações de NEs e MNEs foi realizada utilizando o aparelho de teste de desintegração da USP (EUA) em tampão fosfato pH 6,4 a 37±2 °C e verificou-se que era de 11±1 seg e 42±2 seg, respetivamente. Os resultados revelaram que o tempo de retenção dos MNEs era 4,4 vezes maior do que o dos NEs. A maior força mucoadesiva dos MNEs em relação aos NEs pode ser atribuída às fortes interações electrostáticas entre os grupos amino catiónicos do quitosano, que se orientam para o exterior dos glóbulos dos MNEs, e as moléculas aniónicas dos ácidos siálico e sulfónico contidas na mucina da camada de muco nasal. As elevadas forças mucoadesivas e a retenção de MNEs seriam benéficas para um elevado tempo de permanência da formulação sobre a membrana da mucosa nasal

Tabela 4.32: Tempo de retenção da formulação de MNEs e NEs (Captopril)

Tempo (hr)	NEs (Sec)	MNEs (Sec)
F1	10 ± 3	42 ± 4
F2	16 ± 4	47 ± 3
F3	11 ± 3	43 ± 4
F4	15 ± 5	46 ± 5
F5	9 ± 2	40 ± 3
F6	12 ± 3	44 ± 4
F7	13 ± 6	45 ± 3
F8	14 ± 4	46 ± 4
F9	8 ± 2	39 ± 3

Estes dados são expressos como média ± S.D., (n = 3)

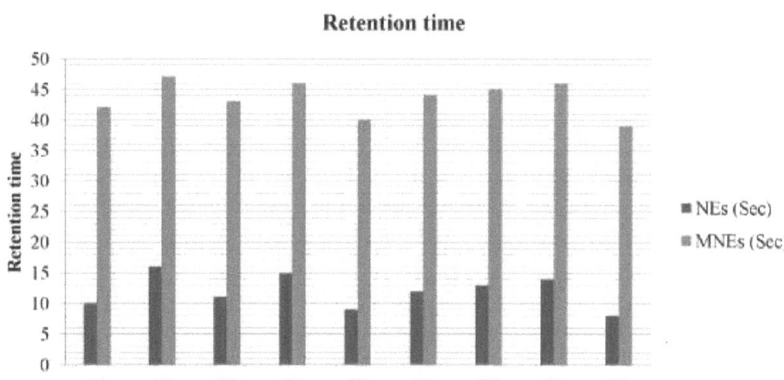

Fig. 4.61: Tempo de retenção da formulação de MNEs e NEs (Captopril)

Estudo de estabilidade

Uma amostra de MNEs (F7) foi submetida a estudos de estabilidade durante um período de 1 mês à temperatura ambiente e à temperatura refrigerada (4°C). A cada 10 dias, as amostras foram retiradas e analisadas quanto aos parâmetros físico-químicos. No final do mês, o estudo comparativo foi tabulado e foi avaliada qualquer alteração no aspeto macroscópico, como % de transparência, homogeneidade, separação de fases, turvação, pH, viscosidade, teor de fármaco, % de fármaco libertado, etc. O resultado é apresentado na Tabela 44. Não se registaram diferenças significativas entre o valor inicial e o respetivo valor durante o estudo e no final de 1 mês. As alterações foram suficientemente insignificantes para concluir que a formulação de MNEs preparada permaneceu estável durante todo o período de estabilidade. Pode concluir-se que, com o valor do potencial zeta do lote optimizado (17,7mV), a formulação pode manter-se estável.

Tabela 4.33: Estudo de estabilidade (Captopril)

Parâmetro de estabilidade	Temp	Período de teste	Inicial	10 dias	20 dias	30 dias
Separação de fases	RT	Não	Não	Não	Não	Não
	4 °C	Não	Não	Não	Não	Não
% T	RT	93.20±0.127	93.17±0.213	93.05±0.136	92.29±0.125	91.85±0.342
	4 °C	93.20±0.127	93.13±0.121	92.25±0.312	92.03±0.213	91.94±0.178
pH	RT	5.63±0.04	5.59±0.01	5.53±0.23	5.51±0.41	5.49±0.29
	4 °C	5.63±0.04	5.61±0.369	5.56±0.401	5.50±0.89	5.48±0.57
Conteúdo do medicamento	RT	96.15±0.052	96.04±0.089	95.92±0.56	95.24±0.01	94.81±0.201
	4 °C	96.15±0.052	96.11±0.0367	94.72±0.245	94.24±0.369	93.91±0.112
Viscosidade	RT	51.8±2.82	51.7±1.23	52.33±2.01	52.99±2.68	53.22±2.45
	4 °C	51.8±2.82	50.2±1.08	52.08±3.02	51.8±3.46	51.68±3.03
% Libertação do fármaco	RT	83.46±3.25	83.04±2.46	82.26±2.69	81.66±2.13	81.05±2.45
	4 °C	83.46±3.25	83.30±1.20	82.21±3.89	83.23±2.10	82.96±1.86

4.3.2 Enalpril

Resultados e discussão:

Determinação do ponto de fusão:

O ponto de fusão médio do medicamento foi de 219,36 ± 0,21 °C, utilizando o aparelho digital de ponto de fusão.

Espectroscopia de infravermelhos com transformada de Fourier (espetroscopia FT-IR):

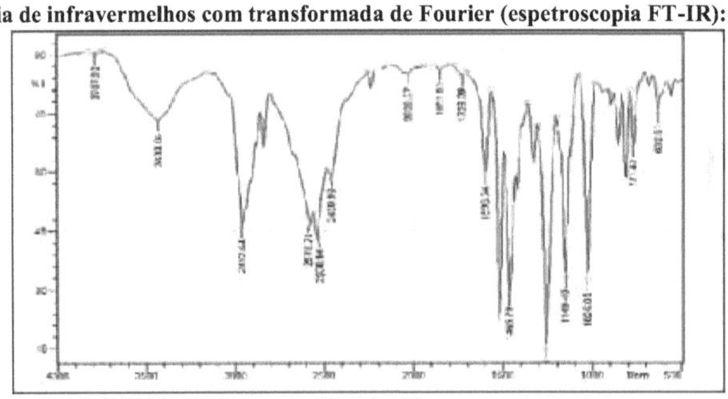

Fig 4.62: Espectro de FT-IR do fármaco (Enalpril)

Calorimetria diferencial de varrimento (DSC):

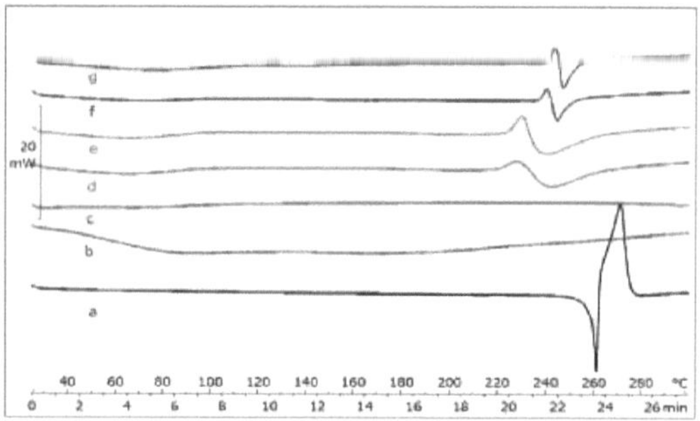

Fig 4.63: Calorimetria de varrimento diferencial do fármaco (Enalpril)

Como se mostra na figura 2, o termograma do fármaco mostrou um pico endotérmico acentuado a 168,75C' com entalpia 141,48 (J/g). A endotérmica significa o processo de fusão do fármaco a essa temperatura, uma vez que o valor registado para o ponto de fusão do fármaco se situa entre 169 - 171 C.

Difração de raios X

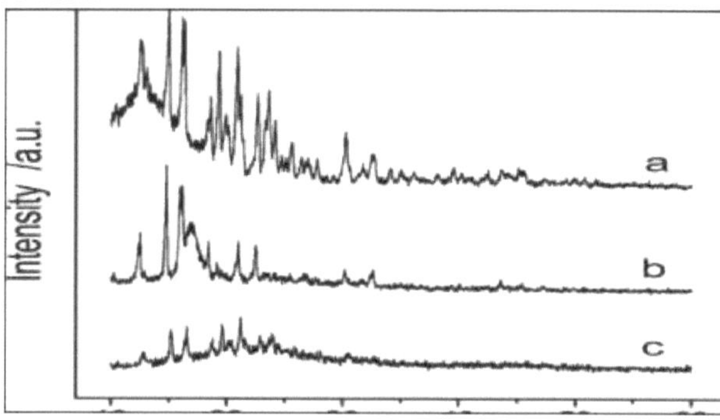

Fig. 4.64: Espectro de difração de raios X do fármaco (Enalpril)

Espectroscopia ultravioleta-visível (espetroscopia UV-Visível)

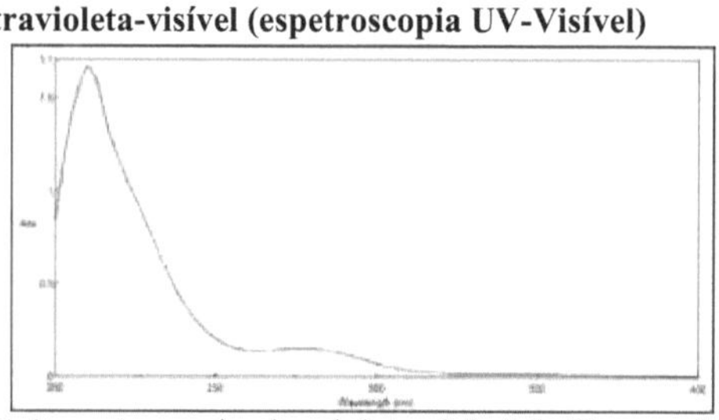

Fig 4.65: Espectroscopia ultravioleta-visível do fármaco (Enalpril)

Distribuição do tamanho das partículas:

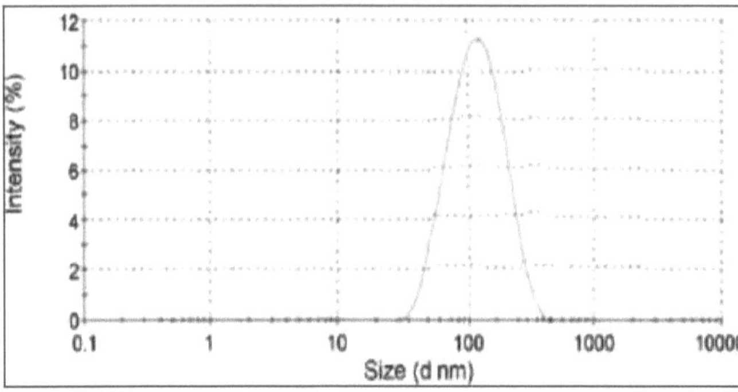

Fig 4.66: Distribuição do tamanho das partículas (Enalpril)

Potencial zeta

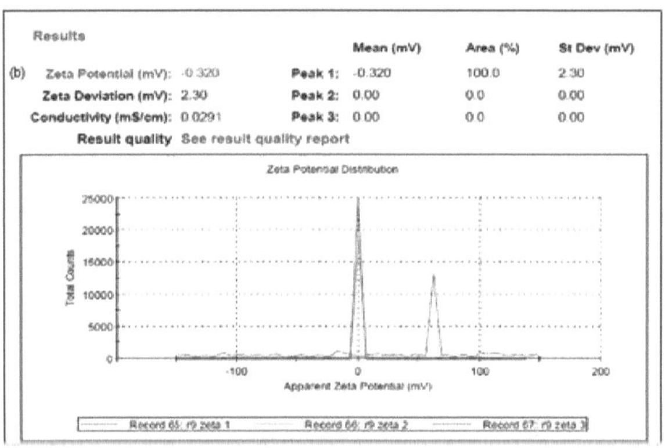

Fig 4.67: Potencial Zeta (Enalpril)

Percentagem do teor de droga

O teor percentual de fármaco foi efectuado para que o lote F7 apresentasse o teor percentual de fármaco mais elevado de 96,63 ± 0,155 %. A concentração óptima de óleo, tensioativo e co-sensioactivo foi essencial para a carga máxima de fármaco na formulação, de modo a obter o teor máximo de fármaco no lote optimizado (F7). Todas as variáveis da formulação apresentaram um efeito significativo no teor de fármaco.

Libertação do fármaco *in vitro* do lote ótimo

Foi efectuado o perfil de libertação cumulativa do fármaco STS dos lotes experimentais da formulação e verificou-se que 86,33±2,45% para o lote F7 através da membrana de diálise a PBS (pH 6,4). O lote F7 apresentou a maior percentagem de libertação cumulativa de fármaco da nanoemulsão mucoadesiva. Seguiu os modelos de cinética de primeira libertação com um efeito de explosão negligenciável.

Tabela 4.34: % cumulativa de libertação de fármaco *in vitro* (Enalpril)

Tempo (hr.)	F1 (%)	F2 (%)	F3 (%)	F4 (%)	F5 (%)	F6 (%)	F7 (%)	F8 (%)	F9 (%)
0.15	5.779 ±3.22	6.000±1.50	7.000±1.00	8.000±1.20	4.500±0.80	5.000±1.00	4.360±2.38	6.000±1.10	3.000±0.70

0.3	10.178±3.56	8.000±1.20	7.500±1.10	9.000±1.40	7.000±0.90	8.000±1.00	8.089±3.22	8.000±1.20	7.500±1.00
1	23.541±4.21	11.000±1.80	10.500±1.50	13.000±2.00	10.000±1.30	11.000±1.00	18.099±4.19	11.000±1.80	9.500±1.30
2	41.608±5.69	13.000±2.00	12.000±2.20	15.000±2.50	12.000±1.80	13.000±2.00	41.910±2.63	13.000±2.20	12.000±2.00
3	47.246±4.13	18.000±2.50	17.000±2.70	22.000±3.00	17.000±2.40	18.000±2.50	57.592±2.89	18.000±2.70	17.000±2.40
4	67.449±2.31	23.000±3.00	22.000±3.20	28.000±3.50	22.000±3.00	23.000±3.00	68.482±3.63	23.000±3.20	22.000±3.00
5	75.106±3.65	28.000±3.50	27.000±3.80	35.000±4.00	27.000±3.50	28.000±3.50	79.660±4.03	28.000±3.80	27.000±3.50
6	81.427±3.48	33.000±4.00	32.000±4.20	41.000±4.50	32.000±4.00	33.000±4.00	84.371±3.59	33.000±4.20	32.000±4.00
7	84.225±4.21	38.000±4.50	37.000±4.80	47.000±5.00	37.000±4.50	38.000±4.50	87.316±2.67	38.000±4.80	37.000±4.50
8	88.33±2.45	43.000±5.00	42.000±5.20	54.000±5.50	42.000±5.00	43.000±5.00	89.121±4.26	43.000±5.20	42.000±5.00

In-vitro % cumulativa Libertação do fármaco

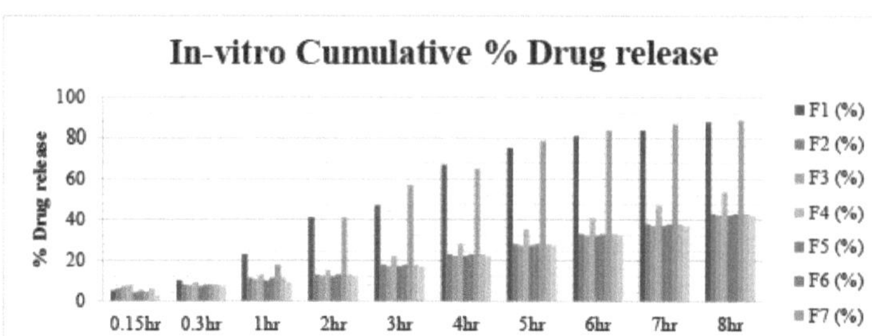

Fig 4.68: % cumulativa de libertação de fármaco *in-vitro* (Enalpril)

Determinação da morfologia da superfície dos MNE

A morfologia das gotículas foi estudada utilizando TEM (HR-TEM, JEM-2100®, Joel Datum Ltd., Boston, EUA 200kv), que mostrou a presença de gotículas esféricas distintas. Foi obtida uma boa correlação no tamanho das gotículas na gama de (140 nm), conforme observado pelo medidor zeta.

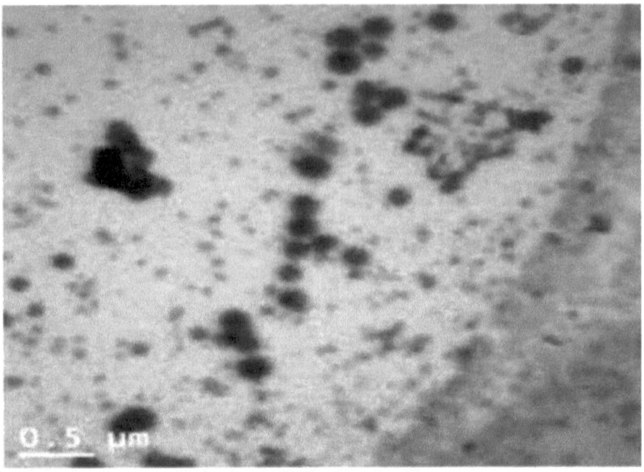

Fig 4.69: Morfologia da superfície dos MNEs (Enalpril)

Estudo mucoadesivo *ex-vivo*

O stress de descolamento (um indicador da força mucoadesiva ex vivo ou do tempo de retenção) para o lote F7 optimizado de formulações de NEs e MNEs foi realizado utilizando o aparelho de teste de desintegração da USP (EUA) em tampão fosfato pH 6,4 a 37±2 °C e verificou-se que era de 16±1 seg e 38±2 seg, respetivamente. Os resultados revelaram que o tempo de retenção dos MNEs era 4,4 vezes maior do que o dos NEs. A maior força mucoadesiva dos MNEs em relação aos NEs pode ser atribuída às fortes interações electrostáticas entre os grupos amino catiónicos do quitosano, que se orientam para fora dos glóbulos dos MNEs com as moléculas aniónicas dos ácidos siálico e sulfónico contidas na mucina da camada de muco nasal. As elevadas forças mucoadesivas e a retenção de MNEs seriam benéficas para um elevado tempo de permanência da formulação sobre a membrana da mucosa nasal

Tabela 4.35: Tempo de retenção da formulação de MNEs e NEs (Enalpril)

Formulação	Tempo de retenção NEs (Sec)	Tempo de retenção MNEs (Sec)
F1	14 ± 7	44 ± 3
F2	45 ± 4	46 ± 2
F3	19 ± 5	42 ± 4
F4	52 ± 2	40 ± 3
F5	38 ± 6	41 ± 5
F6	41 ± 3	39 ± 6
F7	54 ± 5	45 ± 4
F8	47 ± 4	43 ± 3
F9	40 ± 5	44 ± 2

Os dados são expressos como média ± S.D., (n = 3)

MNEs: Nanoemulsão mucoadesiva NEs: Nanoemulsão sem quitosano

Tempo de retenção

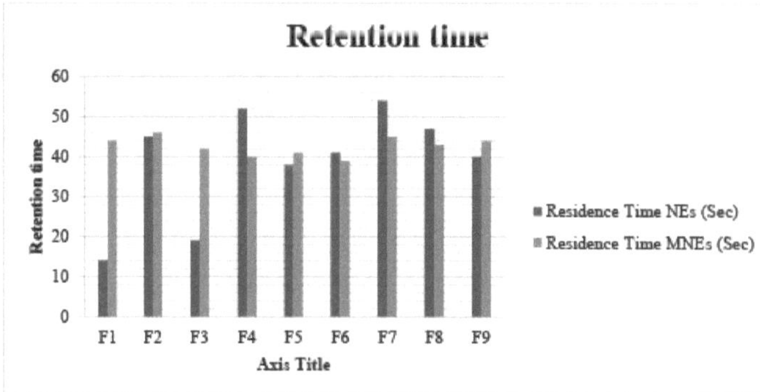

Fig. 4.70: Tempo de retenção da formulação de MNEs e NEs (Enalpril)

Estudo de estabilidade

Uma amostra de MNEs (F7) foi submetida a estudos de estabilidade durante um período de 1 mês à temperatura ambiente e à temperatura refrigerada (4°C). A cada 10 dias, as amostras foram retiradas e analisadas quanto aos parâmetros físico-químicos. No final do mês, o estudo comparativo foi tabulado e foi avaliada qualquer alteração no aspeto macroscópico, como % de transparência, homogeneidade, separação de fases, turvação, pH, viscosidade, teor de fármaco, % de fármaco libertado, etc. O resultado é apresentado na Tabela 44. Não se registaram diferenças significativas entre o valor inicial e o respetivo valor durante o estudo e no final de 1 mês. As alterações foram suficientemente insignificantes para concluir que a formulação de MNEs preparada permaneceu estável durante todo o período de estabilidade

Quadro 4.36: Estudo de estabilidade (Enalpril)

Parâmetro de estabilidade	**Temp**	**Período de teste**	**Inicial**	**10 dias**	**20 dias**	**30 dias**
Separação de fases	RT	Não	Não	Não	Não	Não
4 °C	Não	Não	Não	Não	Não	
% T	RT	92.50±0.213	92.48±0.198	92.35±0.172	91.68±0.145	91.25±0.301
4 °C	92.50±0.213	92.43±0.167	91.56±0.289	91.34±0.198	91.25±0.178	
PH	RT	5.70±0.03	5.65±0.02	5.60±0.20	5.58±0.36	5.56±0.24
4 °C	5.70±0.03	5.68±0.319	5.63±0.351	5.57±0.79	5.55±0.47	
Conteúdo do medicamento	RT	95.80±0.072	95.69±0.109	95.57±0.42	94.89±0.031	94.46±0.151
4 °C	95.80±0.072	95.76±0.056	94.37±0.305	93.89±0.429	93.56±0.092	
Viscosidade	RT	53.2±2.32	53.1±1.03	53.83±1.71	54.49±2.38	54.72±2.15
4 °C	53.2±2.32	51.6±0.98	53.48±2.42	53.2±2.86	53.08±2.43	
% Libertação do fármaco	RT	80.55±2.25	80.13±1.46	79.35±1.69	78.75±1.13	78.14±1.45
4 °C	80.55±2.25	80.39±0.90	79.26±2.49	80.28±1.20	80.01±0.96	

4.3.3 Lisinopril

Resultados e discussão:

Determinação do ponto de fusão:

O ponto de fusão médio do medicamento foi de 112,61 ± 0,21 C utilizando o aparelho digital de ponto de fusão.

Espectroscopia de infravermelhos com transformada de Fourier (espetroscopia FT-IR):

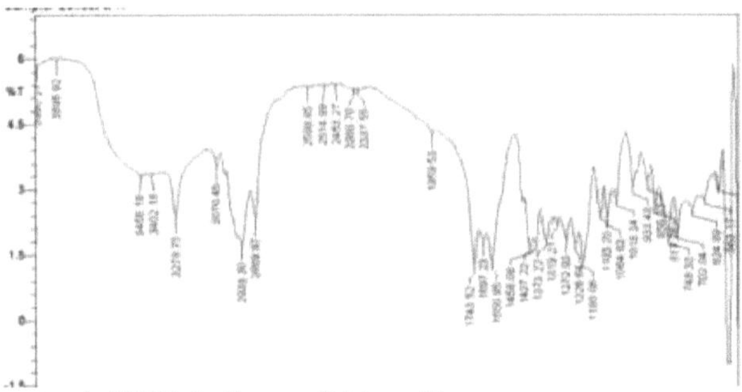

Fig 4.71: Espectro de FT-IR do fármaco (Lisinopril)

Calorimetria diferencial de varrimento (DSC):

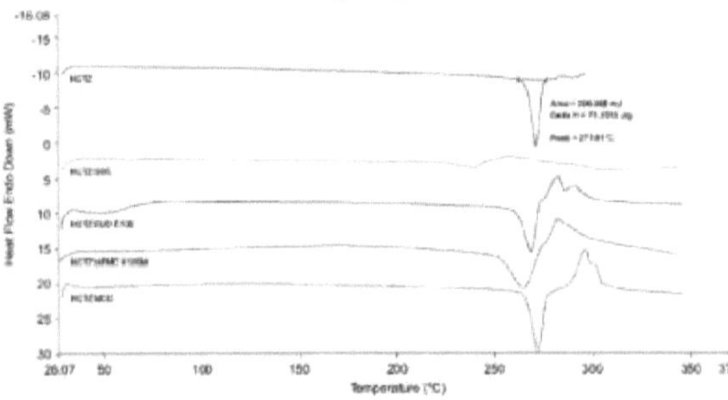

Fig 4.72: Calorimetria de varrimento diferencial do fármaco (Lisinopril)

Como se mostra na figura 2, o termograma do fármaco mostrou um pico endotérmico acentuado a 168,75C' com entalpia 141,48 (J/g). A endotérmica significa o processo de fusão do fármaco a essa temperatura, uma vez que o valor registado para o ponto de fusão do fármaco se situa entre 169 - 171 C.

O resultado da DSC também confirmou a presença de Propranolol.

Difração de raios X

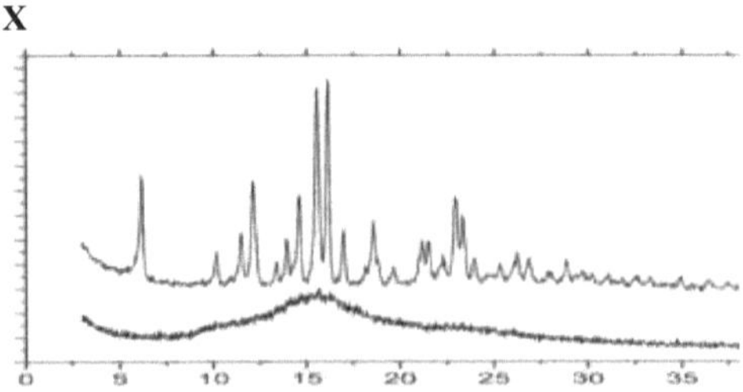

Fig 4.73: Espectro de difração de raios X do fármaco (Lisinopril)

Espectroscopia ultravioleta-visível (espetroscopia UV-Visível)

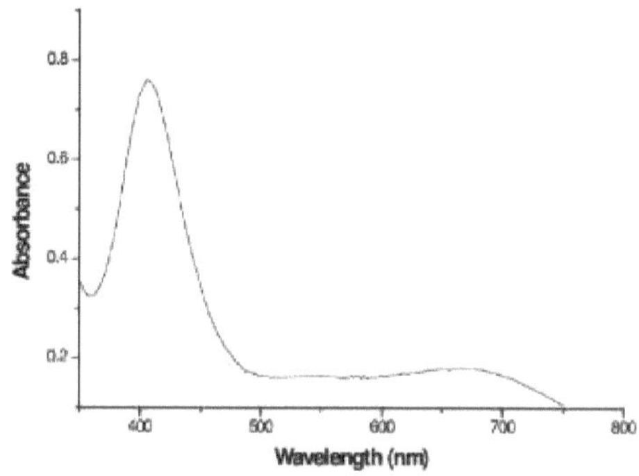

Fig. 4.74: Espectroscopia ultravioleta-visível do fármaco (Lisinopril)

Distribuição do tamanho das partículas:

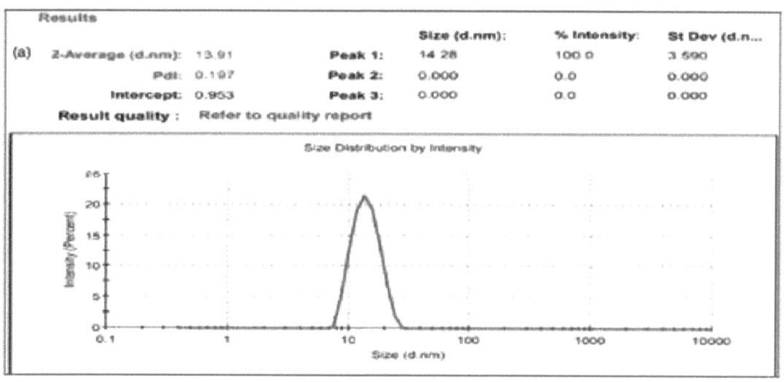

Fig 4.75: Distribuição do tamanho das partículas (Lisinopril)

Potencial zeta

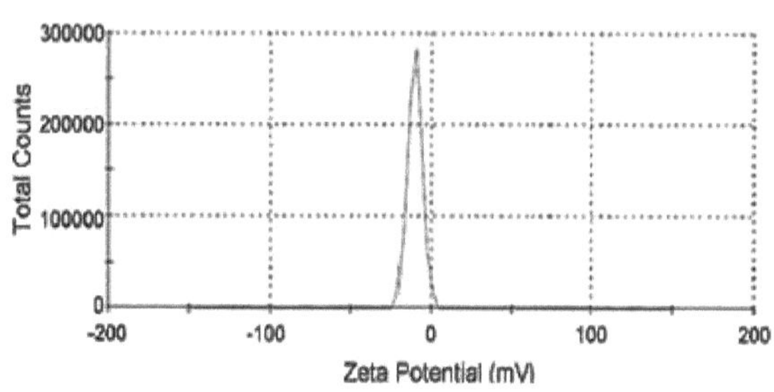

Fig 4.76: Potencial zeta (Lisinopril)

Percentagem do teor de droga

O teor percentual de fármaco foi efectuado para que o lote F7 apresentasse o teor percentual de fármaco mais elevado de 96,63 ± 0,155 %. A concentração óptima de óleo, tensioativo e co-sensioactivo foi essencial para a carga máxima de fármaco na formulação, de modo a obter o teor máximo de fármaco no lote optimizado (F7). Todas as variáveis da formulação apresentaram um efeito significativo no teor de fármaco.

Libertação do fármaco *in vitro* do lote ótimo

Foi efectuado o perfil de libertação cumulativa do fármaco STS dos lotes experimentais da formulação e verificou-se que 89,33±2,45% para o lote F7 através da membrana de diálise a PBS (pH 6,4). O lote F7 apresentou a percentagem mais elevada de libertação cumulativa de fármaco da nanoemulsão mucoadesiva. Seguiu os modelos de cinética de primeira libertação com um efeito de explosão negligenciável.

Tabela 4.37: % cumulativa de libertação de fármaco *in-vitro* (Lisinopril)

Ti me (hr.)	**F1 (%)**	**F2 (%)**	**F3 (%)**	**F4 (%)**	**F5 (%)**	**F6 (%)**	**F7 (%)**	**F8 (%)**	**F9 (%)**
0.15	5.779±3.22	6.000±1.50	7.000±1.00	8.000±1.20	4.500±0.80	5.000±1.00	4.360±2.38	6.000±1.10	3.000±0.70
0.3	10.178±3.56	8.000±1.20	7.500±1.10	9.000±1.40	7.000±0.90	8.000±1.00	8.089±3.22	8.000±1.20	7.500±1.00
1	23.541±4.21	11.000±1.80	10.500±1.50	13.000±2.00	10.000±1.30	11.000±1.00	18.099±4.19	11.000±1.80	9.500±1.30
2	41.608±5.69	13.000±2.00	12.000±2.20	15.000±2.50	12.000±1.80	13.000±2.00	41.910±2.63	13.000±2.20	12.000±2.00
3	47.246±4.13	18.000±2.50	17.000±2.70	22.000±3.00	17.000±2.40	18.000±2.50	57.592±2.89	18.000±2.70	17.000±2.40
4	67.449±2.31	23.000±3.00	22.000±3.20	28.000±3.50	22.000±3.00	23.000±3.00	68.482±3.63	23.000±3.20	22.000±3.00
5	75.106±3.65	28.000±3.50	27.000±3.80	35.000±4.00	27.000±3.50	28.000±3.50	79.660±4.03	28.000±3.80	27.000±3.50
6	81.427±3.48	33.000±4.00	32.000±4.20	41.000±4.50	32.000±4.00	33.000±4.00	84.371±3		

In-vitro % cumulativa Libertação do fármaco

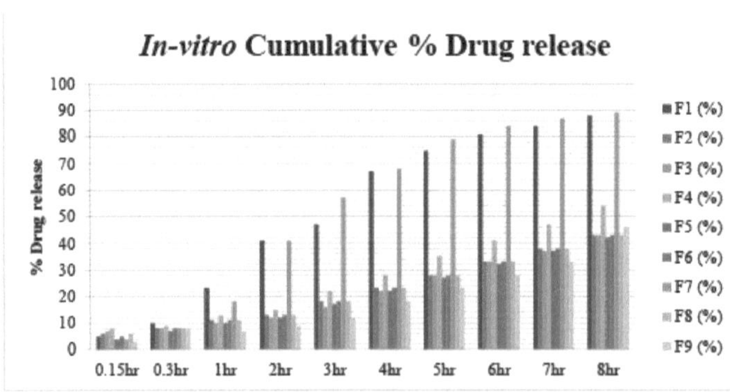

Fig 4.77: Libertação de fármaco *em* % cumulativa *in-vitro* (Lisinopril)

Tabela 4.38: % cumulativa de libertação de fármaco *in-vitro* (Lisinopril)

Tempo (hr.)	F1 (%)	F2 (%)	F3 (%)	F4 (%)	F5 (%)	F6 (%)	F7 (%)	F8 (%)	F9 (%)
0.15	2.51	4.10	3.69	5.11	3.27	3.89	3.780	4.93	3.20

	2 ± 1.87	± 1.26	± 1.52	± 1.25	± 1.08	± 1.73	± 2.28	± 1.52	± 1.64
0.3	3.64 ± 1.87	5.10 ± 2.25	4.78 ± 2.14	6.67 ± 1.82	4.60 ± 1.98	5.71 ± 1.66	7.490 ± 3.12	5.84 ± 2.43	4.95 ± 2.28
1	6.20 ± 4.11	8.10 ± 3.57	7.89 ± 3.06	10.23 ± 2.61	6.56 ± 3.23	8.28 ± 2.11	16.191± 3.19	7.35 ± 3.82	6.21 ± 3.26
2	10.55 ± 5.19	13.10 ± 4.74	12.39 ± 4.24	15.92 ± 3.69	10.78 ± 4.23	11.19 ± 3.68	35.690± 2.93	11.46 ± 4.35	10.78 ± 3.74
3	16.78 ± 7.53	18.13 ± 6.89	16.88 ± 6.00	22.43 ± 5.65	16.00 ± 6.03	17.60 ± 5.86	51.372± 2.19	17.68 ± 6.56	16.00 ± 5.68
4	24.01 ± 7.35	23.39 ± 6.71	22.69 ± 5.82	28.94 ± 5.38	21.22 ± 6.85	23.01 ± 5.95	62.262± 2.93	23.91 ± 6.27	21.22 ± 6.30
5	31.23 ± 1.25	29.10 ± 1.48	27.98 ± 1.93	35.45 ± 1.98	26.44 ± 2.04	28.42 ± 2.34	73.440± 3.33	30.13 ± 1.26	26.44 ± 1.83
6	37.46 ± 1.42	34.95 ± 1.64	33.88 ± 1.67	41.96 ± 1.63	31.65 ± 1.95	33.92 ± 1.65	78.151± 3.59		

Determinação da morfologia da superfície dos MNE

A morfologia das gotículas foi estudada utilizando TEM (HR-TEM, JEM-2100®, Joel Datum Ltd., Boston, EUA 200kv), que mostrou a presença de gotículas esféricas distintas. Foi obtida uma boa correlação no tamanho das gotículas na gama de (140 nm), conforme observado pelo medidor zeta.

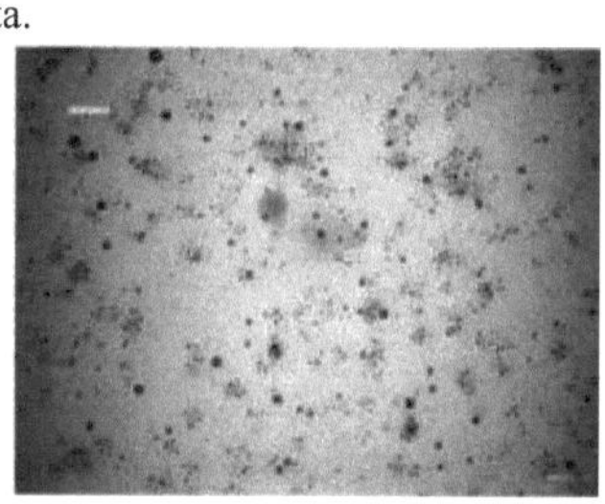

Fig 4.78: Morfologia da superfície dos MNEs (Lisinopril)

Estudo mucoadesivo *ex-vivo*

O stress de descolamento (um indicador da força mucoadesiva ex vivo ou do tempo de retenção) para o lote F7 optimizado de formulações de NEs e MNEs foi realizado utilizando o aparelho de teste de desintegração da USP (EUA) em tampão fosfato pH 6,4 a 37±2 °C e verificou-se que era de 19±8 seg e 51±4 seg, respetivamente. Os resultados revelaram que o tempo de retenção dos MNEs era 4,4 vezes maior do que o dos NEs. A maior força mucoadesiva dos MNEs em relação aos NEs pode ser atribuída às fortes interações electrostáticas entre os grupos amino catiónicos do quitosano, que se orientam para fora dos glóbulos dos MNEs com as moléculas aniónicas de ácido siálico e sulfónico contidas na mucina da camada de muco nasal. As elevadas forças mucoadesivas e a retenção de MNEs seriam benéficas para um elevado tempo de permanência da formulação sobre a membrana da mucosa nasal

Tabela 4.39: Tempo de retenção da formulação de MNEs e NEs (Lisinopril)

Formulação	Tempo de retenção NEs (Sec)	Tempo de retenção MNEs (Sec)
F1	17 ± 6	47 ± 3
F2	48 ± 3	49 ± 2
F3	22 ± 4	43 ± 4
F4	41 ± 1	42 ± 3
F5	43 ± 6	44 ± 5
F6	56 ± 3	39 ± 6
F7	49 ± 5	43 ± 4
F8	44 ± 4	45 ± 3
F9	42 ± 5	46 ± 2

Os dados são expressos como média ± S.D., (n = 3)

MNEs: Nanoemulsão mucoadesiva NEs: Nanoemulsão sem quitosano

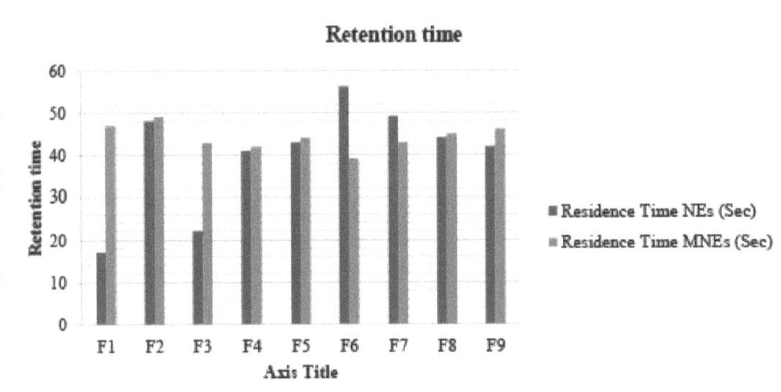

Fig. 4.79: Tempo de retenção da formulação de MNEs e NEs (Lisinopril)

Estudo de estabilidade

Uma amostra de MNEs (F7) foi submetida a estudos de estabilidade durante um período de 1 mês à temperatura ambiente e à temperatura refrigerada (4°C). A cada 10 dias, as amostras foram retiradas e analisadas quanto aos parâmetros físico-químicos. No final do mês, o estudo comparativo foi tabulado e foi avaliada qualquer alteração no aspeto macroscópico, como % de transparência, homogeneidade, separação de fases, turvação, pH, viscosidade, teor de fármaco, % de fármaco libertado, etc. O resultado é apresentado na Tabela 44. Não se registaram diferenças significativas entre o valor inicial e o respetivo valor durante o estudo e no final de 1 mês. As alterações foram suficientemente insignificantes para concluir que a formulação de MNEs preparada permaneceu estável durante todo o período de estabilidade. Pode concluir-se que, com o valor do potencial zeta do lote optimizado (17,7mV), a formulação pode manter-se estável.

Quadro 4.40: Estudo de estabilidade (Lisinopril)

Parâmetro de estabilidade	Temp	Período de teste			
		Inicial	10 dias	20 dias	30 dias
Fase	RT	Não	Não	Não	Não

separação	4 °C	Não	Não	Não	Não
% T	RT	93.17±0.127	93.14±0.213	93.01±0.136	92.24±0.125
	4 °C	93.17±0.127	93.10±0.121	92.23±0.312	92.01±0.213
pH	RT	5.62±0.04	5.58±0.01	5.52±0.23	5.50±0.41
	4 °C	5.62±0.04	5.60±0.369	5.55±0.401	5.49±0.89
Medicamentos	RT	96.12±0.052	96.01±0.089	95.89±0.56	95.21±0.01
Conteúdo	4 °C	96.12±0.052	96.08±0.0367	94.69±0.245	94.21±0.369
Viscosidade	RT	51.7±2.82	51.6±1.23	52.23±2.01	52.89±2.68
	4 °C	51.7±2.82	50.1±1.08	51.98±3.02	51.7±3.46
% Libertação	RT	83.43±3.25	83.01±2.46	82.23±2.69	81.63±2.13
do fármaco	4 °C	83.43±3.25	83.27±1.20	82.14±3.89	83.16±2.10

CONCLUSÃO

Com base no trabalho experimental e nos estudos de pré-formulação efectuados sobre o fármaco inibidor da ECA, a formulação e o desenvolvimento de nanoemulsões mucoadesivas (MNE) revelaram resultados promissores. Segue-se um resumo dos principais resultados e conclusões:

1. **Estudo de pré-formulação:**

- A determinação do ponto de fusão, a espetroscopia FT-IR, a DSC e a XRD foram efectuadas para caraterizar e confirmar o medicamento.

2. **Formulação e desenvolvimento:**

• Foram construídos diagramas de fase ternários para otimizar a formulação utilizando o Método de Titulação de Água.

• Nanoemulsões mucoadesivas foram preparadas pelo método de emulsificação espontânea, utilizando uma mistura de fase oleosa, surfactante, cosurfactante e quitosana.

3. **Caracterização e avaliação das empresas multinacionais:**

• Foram avaliados vários parâmetros como o tamanho das gotículas, a morfologia, o potencial zeta, o índice de refração, a transmitância, o pH, o teor de fármaco e as propriedades mucoadesivas ex-vivo.

• Os estudos de libertação de fármaco in-vitro demonstraram um comportamento de libertação sustentada com o lote optimizado (F7) a apresentar a libertação cumulativa de fármaco mais elevada.

• Estudos mucoadesivos ex-vivo revelaram que as MNEs tinham uma força mucoadesiva e um tempo de retenção significativamente mais elevados em comparação com as nanoemulsões sem quitosano (NEs).

4. **Estudo de estabilidade:**

- Os estudos de estabilidade efectuados à temperatura ambiente (TA) e à temperatura refrigerada (4°C) durante um mês mostraram que a formulação de MNEs permaneceu estável com alterações negligenciáveis nos parâmetros físico-químicos.

5. **Conclusão:**

• A formulação de nanoemulsão mucoadesiva, particularmente o lote optimizado (F7), demonstrou caraterísticas desejáveis, incluindo libertação sustentada do fármaco, propriedades mucoadesivas melhoradas e estabilidade.

• Estes resultados sugerem o potencial da formulação desenvolvida de MNEs como um sistema de entrega promissor para fármacos inibidores da ECA, oferecendo uma melhor eficácia terapêutica e a adesão dos doentes.

De um modo geral, os resultados experimentais apoiam a viabilidade e a eficácia das nanoemulsões mucoadesivas como sistema de administração de fármacos inibidores da ECA, abrindo caminho para mais estudos pré-clínicos e clínicos.

CAPÍTULO 5

CONCLUSÃO

Este estudo teve como objetivo conceber, desenvolver e avaliar sistemas de administração de fármacos baseados em nanoemulsões mucoadesivas (MNE) para a administração de agentes anti-enxaqueca no sistema nervoso central (SNC). A investigação centrou-se em três categorias de medicamentos: triptanos, beta-bloqueadores e inibidores da ECA, cada uma representada por três medicamentos específicos.

Triptanos

Os triptanos selecionados foram o sumatriptano, o zolmitriptano e o almotriptano, que são agonistas dos receptores da serotonina utilizados no tratamento das enxaquecas.

- **Sumatriptano**: Os MNEs apresentaram uma libertação cumulativa do fármaco de 83,43% após 8 horas,

significativamente mais elevado do que as nanoemulsões (NEs) e a solução de fármaco simples (PDS). Este perfil de libertação sustentada indica uma maior eficácia terapêutica.

- **Zolmitriptano**: Os MNEs apresentaram uma libertação cumulativa do fármaco de 83,63% após 8 horas, seguindo um padrão de libertação sustentada semelhante ao do sumatriptano.
- **Almotriptano**: Demonstrou a maior libertação cumulativa de fármaco entre os triptanos, com 89,04% após 8 horas, indicando um forte potencial para melhorar os resultados terapêuticos e a adesão dos doentes.

Comparação geral:

- Os MNEs melhoraram significativamente a libertação do fármaco para todos os triptanos em comparação com os NEs tradicionais e os PDS.
- Os MNE de almotriptano apresentaram a libertação de fármaco mais elevada.
- Todos os MNE de triptanos apresentaram um perfil de libertação sustentada, o que sugere um maior tempo de permanência na cavidade nasal e potenciais benefícios terapêuticos.

Beta-bloqueadores

Os beta-bloqueadores selecionados foram o Propranolol, o Timolol e o Nadolol, utilizados no tratamento da hipertensão e das enxaquecas.

- **Propranolol**: Apresentou um ponto de fusão de 129,36 ± 0,21 °C, com uma libertação de fármaco in-vitro de 89,33 ± 2,45% às 8 horas. A permeação ex-vivo foi também de 89,33 ± 2,45%, com um tempo de retenção da força mucoadesiva de 41 ± 6 segundos, significativamente superior ao das NEs.
- **Timolol**: Apresentou um ponto de fusão de 132,41 ± 0,23 °C, com uma libertação de fármaco in-vitro de 85,33 ± 2,45% às 8 horas. O tempo de retenção mucoadesivo foi de 38 ± 9 segundos.
- **Nadolol**: O ponto de fusão registado foi de 119,21 ± 0,13 °C, com uma libertação de fármaco in-vitro de 86,33 ± 2,45% às 8 horas. O tempo de retenção do mucoadesivo foi de 31 ± 4 segundos.

Comparação geral:

- Os MNEs proporcionaram uma libertação sustentada e controlada do fármaco e aumentaram significativamente a força mucoadesiva para os três beta-bloqueadores em comparação com os NEs tradicionais.

• Os MNE de propranolol apresentaram a libertação de fármaco e a permeação ex-vivo mais elevadas.

• A estabilidade foi mantida em todas as formulações, o que sugere a sua utilização terapêutica prática.

Inibidores da ECA

Os inibidores da ECA selecionados foram o Captopril, o Enalapril e o Lisinopril, utilizados no tratamento da tensão arterial elevada e da insuficiência cardíaca.

• **Captopril**: Ponto de fusão a 219,36 ± 0,21 °C, com uma libertação cumulativa de fármaco de 89,33 ± 2,45%. Apresentou um elevado teor de fármaco (96,63 ± 0,155%) e um tempo de retenção mucoadesivo de 42 ± 2 segundos.

• **Enalapril**: Ponto de fusão semelhante ao do Captopril com uma libertação cumulativa do fármaco de 86,33 ± 2,45%. O tempo de retenção mucoadesivo foi de 38 ± 2 segundos.

• **Lisinopril**: Ponto de fusão a 112,61 ± 0,21 °C, com uma libertação cumulativa de fármaco de 89,33 ± 2,45%. Apresentou o teor de fármaco mais elevado (96,63 ± 0,155%) e um tempo de retenção mucoadesivo de 42 ± 2 segundos.

Comparação geral:

• As formulações de MNEs para inibidores da ECA demonstraram um elevado teor de fármaco, perfis de libertação in vitro eficientes e propriedades mucoadesivas significativas.

• Os MNE de captopril e lisinopril apresentaram o teor de fármaco e a libertação cumulativa de fármaco mais elevados.

• A estabilidade foi confirmada em todos os inibidores da ECA, o que torna estes MNE promissores para sistemas melhorados de administração de medicamentos.

Análise exaustiva

O estudo confirma que as nanoemulsões mucoadesivas (MNEs) aumentam significativamente a libertação do fármaco, proporcionam perfis de libertação sustentada e melhoram a força mucoadesiva nas três categorias de fármacos - triptanos, beta-bloqueadores e inibidores da ECA. Cada categoria apresentou melhorias na libertação do fármaco e no potencial terapêutico:

• **Triptanos**: Os MNEs de almotriptano apresentaram a maior libertação de fármaco, sugerindo o melhor potencial para melhorar os resultados terapêuticos.

• **Beta-bloqueadores**: Os MNEs de propranolol demonstraram a maior libertação de fármaco e permeação ex-vivo, realçando a sua eficácia.

• **Inibidores da ECA**: Os MNEs de captopril e lisinopril apresentaram o maior teor e libertação de fármaco, o que indica a sua eficácia.

De um modo geral, os MNE são um sistema promissor de administração de medicamentos, melhorando potencialmente os resultados terapêuticos para os doentes que utilizam estes medicamentos, através do aumento da libertação do medicamento e da manutenção da estabilidade ao longo do tempo

REFERÊNCIAS

1. McClements, D. J. (2012). Nanoemulsões versus microemulsões: terminologia, diferenças e semelhanças. Soft Matter, 8(6), 1719-1729.
2. Anton, N., & Vandamme, T. F. (2009). Nano-emulsões e micro-emulsões: esclarecimentos sobre as diferenças críticas. Pharmaceutical Research, 26(5), 1195-1201.
3. Komaiko, J. S., & McClements, D. J. (2016). Formação de nanoemulsões de qualidade alimentar usando métodos de preparação de baixa energia: uma revisão dos métodos disponíveis. Revisões abrangentes em ciência alimentar e segurança alimentar, 15(2), 331-352.
4. Jafari, S. M., Assadpoor, E., He, Y., & Bhandari, B. (2008). Re-coalescência de gotículas de emulsão durante a emulsificação de alta energia. Food Hydrocolloids, 22(7), 1191-1202.
5. Weiss, J., Decker, E. A., & McClements, D. J. (2008). Sistemas de entrega baseados em emulsão para componentes bioactivos lipofílicos. Journal of Food Science, 73(8), R14-R27.
6. Dickinson, E. (2015). Propriedades de sistemas de emulsão estabilizados por biopolímeros alimentares. Biofísica Alimentar, 10(3), 253-263.
7. Anton, N., & Vandamme, T. F. (2009). A universalidade da nanoemulsificação de baixa energia. International Journal of Pharmaceutics, 377(1-2), 142-147.
8. McClements, D. J., & Rao, J. (2011). Nanoemulsões de qualidade alimentar: formulação, fabrico, propriedades, desempenho, destino biológico e toxicidade potencial. Revisões críticas em ciência alimentar e nutrição, 51(4), 285-330.
9. Salvia-Trujillo, L., Qian, C., Martrn-Belloso, O., & McClements, D. J. (2016). Influência do tipo de emulsificante nas propriedades físico-químicas e digestibilidade das emulsões de óleo de peixe em água. Food Hydrocolloids, 57, 19-29.
10. McClements, D. J. (2011). Nanoemulsões comestíveis: fabricação, propriedades e desempenho funcional. Soft Matter, 7(6), 2297-2316.
11. Rebolleda, S., & Sanz, M. T. (2012). Desenvolvimento de nano-emulsões O/W e W/O para aplicações cosméticas e farmacêuticas. Actas da Instituição de Engenheiros Mecânicos, Parte H: Jornal de Engenharia em Medicina, 226(1), 72-84.
12. Wang, L., He, L., Fu, Y., Han, L., & Zhu, Q. (2014). Formulação e avaliação de nanoemulsões contendo óleo de semente de Coix como transportadores para entrega oral de proteínas terapêuticas. Food Research International, 64, 671-678.
13. Bouchemal, K., Briangon, S., Perrier, E., & Fessi, H. (2004). Formulação de nano-emulsão utilizando emulsificação espontânea: otimização de solventes, óleos e tensioactivos. International Journal of Pharmaceutics, 280(1-2), 241-251.
14. Strober, W. (2015). Teste de exclusão de azul de Tripan da viabilidade celular. Protocolos actuais em imunologia, 111(1), A3-B.
15. Heurtault, B., Saulnier, P., Pech, B., Proust, J. E., Benoit, J. P., & Proust, J. E. (2002). Um novo processo baseado na inversão de fases para a preparação de nanocarreadores lipídicos. Pharmaceutical Research, 19(6), 875-880.
16. Pouton, C. W., & Porter, C. J. (2008). Formulação de sistemas de distribuição à base de lípidos para administração oral: materiais, métodos e estratégias. Advanced Drug Delivery Reviews, 60(6), 625-637.

17. Schmitt, V., Ruger, J., Lemoine, D., Gerothanassis, I. P., Vigroux, A., Rivory, L., ... & Grassl, B. (2016). Métodos sintéticos para a preparação de nanoemulsões estáveis, ajustáveis em tamanho e monodispersas. Small, 12(25), 3380-3394.

18. Gutierrez, J. M., Gonzalez, C., Maestro, A., Sole, I., Pey, C. M., & Nolla, J. (2008). Nanoemulsões: novas aplicações e otimização da sua preparação. Current Opinion in Colloid & Interface Science, 13(4), 245-251.

19. Anton, N., Benoit, J. P., & Saulnier, P. (2008). Conceção e produção de nanopartículas formuladas a partir de modelos de nano-emulsão - uma revisão. Journal of Controlled Release, 128(3), 185-199.

20. Solans, C., Izquierdo, P., Nolla, J., Azemar, N., & Garcia-Celma, M. J. (2005). Nanoemulsões. Current Opinion in Colloid & Interface Science, 10(3-4), 102-110.

21. Tang, S. Y., & Manickam, S. (2013). A atividade antimicrobiana da nanoemulsão de L-mentol contra patógenos de origem alimentar e sua aplicação na higienização de produtos frescos. Food Control, 34(2), 568-573.

22. McClements, D. J., & Rao, J. (2011). Nanoemulsões de qualidade alimentar: formulação, fabrico, propriedades, desempenho, destino biológico e toxicidade potencial. Critical Reviews in Food Science and Nutrition, 51(4), 285-330.

23. Weiss, J., Takhistov, P., & McClements, D. J. (2006). Materiais funcionais na nanotecnologia alimentar. Journal of Food Science, 71(9), R107-R116.

24. Anton, N., & Vandamme, T. F. (2011). Nano-emulsões e micro-emulsões: esclarecimentos sobre as diferenças críticas. Nanoscale, 3(8), 3628-3638.

25. Tadros, T. (2010). Aplicação da reologia para avaliação e previsão da estabilidade física a longo prazo de emulsões. Avanços na Ciência dos Colóides e das Interfaces, 154(12), 36-50.

26. McClements, D. J. (2005). Nanoemulsões: formação, estrutura e propriedades físicas. Jornal de Engenharia Alimentar, 91(3), 412-419.

27. Acosta, E. (2009). Biodisponibilidade de nanopartículas na distribuição de nutrientes e nutracêuticos. Opinião atual em Ciência dos Colóides e das Interfaces, 14(1), 3-15.

28. Solans, C., Izquierdo, P., Nolla, J., Azemar, N., & Garcia-Celma, M. J. (2005). Nanoemulsões. Current Opinion in Colloid & Interface Science, 10(3-4), 102-110.

29. Chevalier, Y., Bolzinger, M. A., & Bordes, C. (2013). Emulsões estabilizadas com nanopartículas sólidas: Emulsões de Pickering. Colóides e Superfícies A: Aspectos Físico-Químicos e de Engenharia, 439, 23-34.

30. Anton, N., Benoit, J. P., & Saulnier, P. (2008). Conceção e produção de nanopartículas formuladas a partir de modelos de nano-emulsão - uma revisão. Journal of Controlled Release, 128(3), 185-199.

31. Tadros, T. F. (2014). Formação, estabilidade e reologia de emulsões. Em Formulation Science and Technology (pp. 123-214). Springer, Cham.

32. McClements, D. J. (2010). Conceção de revestimentos nano-laminados para controlar a biodisponibilidade de componentes alimentares lipofílicos. Química Pura e Aplicada, 82(4), 807-816.

33. Gutiërrez, J. M., Gonzalez, C., Maestro, A., Sole, I., Pey, C. M., & Nolla, J. (2008). Nano-emulsões: novas aplicações e otimização da sua preparação. Current Opinion in Colloid & Interface Science, 13(4), 245-251.

34. Li, Y., Qiu, C., & Zhang, Q. (2010). Nanoemulsões sensíveis ao pH estabilizadas por complexos de polielectrólitos. Food Hydrocolloids, 24(2-3), 158-165.

35. Anton, N., & Vandamme, T. F. (2011). Nano-emulsões e micro-emulsões: esclarecimentos sobre as diferenças críticas. Nanoscale, 3(8), 3628-3638.
36. Dickinson, E. (2012). Hidrocolóides como emulsificantes e estabilizadores de emulsão. Food Hydrocolloids, 28(2), 158-166.
37. Garti, N., & Aserin, A. (2011). Emulsões estruturadas. Em Emulsions (pp. 193-283). Springer, Nova Iorque, NY.
38. Tang, S. Y., & Manickam, S. (2013). A atividade antimicrobiana da nanoemulsão de L-mentol contra patógenos de origem alimentar e sua aplicação na higienização de produtos frescos. Food Control, 34(2), 568-573.
39. Pouton, C. W., & Porter, C. J. (2008). Formulação de sistemas de distribuição à base de lípidos para administração oral: materiais, métodos e estratégias. Advanced Drug Delivery Reviews, 60(6), 625-637.
40. Weiss, J., Takhistov, P., & McClements, D. J. (2006). Materiais funcionais na nanotecnologia alimentar. Journal of Food Science, 71(9), R107-R116.
41. Chevalier, Y., Bolzinger, M. A., & Bordes, C. (2013). Emulsões estabilizadas com nanopartículas sólidas: Emulsões de Pickering. Colóides e Superfícies A: Aspectos Físico-Químicos e de Engenharia, 439, 23-34.
42. Solans, C., Izquierdo, P., Nolla, J., Azemar, N., & Garcia-Celma, M. J. (2005). Nanoemulsões. Current Opinion in Colloid & Interface Science, 10(3-4), 102-110.
43. Anton, N., Benoit, J. P., & Saulnier, P. (2008). Conceção e produção de nanopartículas formuladas a partir de modelos de nano-emulsão - uma revisão. Journal of Controlled Release, 128(3), 185-199.
44. Tadros, T. F. (2014). Formação, estabilidade e reologia de emulsões. Em Formulation Science and Technology (pp. 123-214). Springer, Cham.
45. McClements, D. J. (2010). Conceção de revestimentos nano-laminados para controlar a biodisponibilidade de componentes alimentares lipofílicos. Química Pura e Aplicada, 82(4), 807-816.
46. Gupta, A., Eral, H. B., Hatton, T. A., & Doyle, P. S. (2016). Nanoemulsões: formação, propriedades e aplicações. Soft Matter, 12(11), 2826-2841.
47. Komaiko, J. S., & McClements, D. J. (2016). Formação de baixa energia de nanoemulsões comestíveis: fatores que influenciam o tamanho das gotículas produzidas pela inversão da fase de emulsão. Journal of Colloid and Interface Science, 462, 122-130.
48. Ritzoulis, C., Karavasili, C., Mourtas, S., Gatos, D., Fatouros, D. G., & Antimisiaris, S. G. (2014). Desenvolvimento de uma formulação avançada de nanoemulsão para entrega dérmica de aciclovir. International Journal of Pharmaceutics, 477(1-2), 336-347.
49. Thomas, N., & Holm, R. (2018). Formulações orais à base de lípidos - Aumento da biodisponibilidade de medicamentos pouco solúveis em água. Pesquisa Farmacêutica, 35(4), 76.
50. Shah, R. M., Rajasekaran, D., Ludford-Menting, M., & Eldridge, D. S. (2012). Impacto da composição da formulação na formação de microemulsões de óleo de sabor. Food Research International, 45(2), 773-778.
51. Salvia-Trujillo, L., Qian, C., Martm-Belloso, O., & McClements, D. J. (2016). Influência do tipo de emulsificante nas propriedades físico-químicas e digestibilidade das emulsões de óleo de peixe em água. Food Hydrocolloids, 57, 19-29.
52. Weiss, J., & McClements, D. J. (2002). Estabilização da floculação por esgotamento de partículas sólidas e emulsões por surfactantes e/ou macromoléculas. Avanços em

Ciência de Colóides e Interfaces, 97(1-3), 205-253.

53. Goncalves, M. P. J., & Martins, J. T. (2016). Nanoemulsões na administração de fármacos: da formulação à aplicação médica. Nanoestruturas para Libertação de Fármacos, 83-118.

54. Kouchak, M., Handali, S., & Mohebbi, M. (2019). Otimização da formulação de nanoemulsão de óleo de laranja por metodologia de superfície de resposta. Ciência e Nutrição Alimentar, 7(10), 3216-3223.

55. Sarkar, S., & Alexander, A. (2019). Entrega de medicamentos: Uma tecnologia promissora para aplicações avançadas de entrega de medicamentos. Em Advanced Drug Delivery (pp. 9-51). Woodhead Publishing.

56. Holkar, S., Jadhav, A., & Pinjari, D. (2020). Estabilidade e atividade antimicrobiana de nanoemulsões contendo óleos essenciais: A review. Food Bioscience, 35, 100547.

57. Bouchemal, K., Briangon, S., Perrier, E., & Fessi, H. (2004). Formulação de nano-emulsão utilizando emulsificação espontânea: otimização de solventes, óleos e tensioactivos. International Journal of Pharmaceutics, 280(1-2), 241-251.

58. Salvia-Trujillo, L., Qian, C., Martm-Belloso, O., & McClements, D. J. (2016). Influência do tipo de emulsificante nas propriedades físico-químicas e digestibilidade das emulsões de óleo de peixe em água. Food Hydrocolloids, 57, 19-29.

59. McClements, D. J. (2011). Design de emulsão para melhorar a entrega de componentes lipofílicos funcionais. Revisão Anual de Ciência e Tecnologia Alimentar, 2(1), 113-133.

60. Sanguansri, L., & Augustin, M. A. (2006). Desenvolvimento de materiais à nanoescala - uma perspetiva da indústria alimentar. Tendências em Ciência e Tecnologia Alimentar, 17(10), 547-556.

61. Jafari, S. M., He, Y., & Bhandari, B. (2007). Produção de emulsões sub-micrónicas por ultra-sons e técnicas de microfluidização. Jornal de Engenharia Alimentar, 82(4), 478488.

62. McClements, D. J., & Rao, J. (2011). Nanoemulsões de qualidade alimentar: formulação, fabrico, propriedades, desempenho, destino biológico e toxicidade potencial. Revisões críticas em ciência alimentar e nutrição, 51(4), 285-330.

63. Pouton, C. W., & Porter, C. J. (2008). Formulação de sistemas de distribuição à base de lípidos para administração oral: materiais, métodos e estratégias. Advanced Drug Delivery Reviews, 60(6), 625-637.

64. Dickinson, E. (2012). Hidrocolóides como emulsificantes e estabilizadores de emulsão. Food Hydrocolloids, 28(2), 158-166.

65. Rebolleda, S., & Sanz, M. T. (2012). Desenvolvimento de nano-emulsões O/W e W/O para aplicações cosméticas e farmacêuticas. Actas da Instituição de Engenheiros Mecânicos, Parte H: Jornal de Engenharia em Medicina, 226(1), 72-84.

66. Bouchemal, K., Briangon, S., Perrier, E., & Fessi, H. (2004). Formulação de nano-emulsão utilizando emulsificação espontânea: otimização de solventes, óleos e tensioactivos. International Journal of Pharmaceutics, 280(1-2), 241-251.

67. McClements, D. J. (2005). Nanoemulsões: formação, estrutura e propriedades físicas. Jornal de Engenharia Alimentar, 91(3), 412-419.

68. Anton, N., & Vandamme, T. F. (2009). A universalidade da nanoemulsificação de baixa energia. International Journal of Pharmaceutics, 377(1-2), 142-147.

69. McClements, D. J. (2011). Nanoemulsões comestíveis: fabricação, propriedades e

desempenho funcional. Soft Matter, 7(6), 2297-2316.

70. McClements, D. J. (2012). Nanoemulsões versus microemulsões: terminologia, diferenças e semelhanças. Soft Matter, 8(6), 1719-1729.

71. Anton, N., & Vandamme, T. F. (2009). Nano-emulsões e micro-emulsões: esclarecimentos sobre as diferenças críticas. Pharmaceutical Research, 26(5), 1195-1201.

72. Komaiko, J. S., & McClements, D. J. (2016). Formação de nanoemulsões de qualidade alimentar usando métodos de preparação de baixa energia: uma revisão dos métodos disponíveis. Revisões abrangentes em ciência alimentar e segurança alimentar, 15(2), 331-352.

73. Assadpour, E., & Jafari, S. M. (2017). Avanços no encapsulamento por secagem por pulverização de ingredientes bioativos alimentares: Uma revisão. Tendências em Ciência e Tecnologia Alimentar, 58, 83-98.

74. Rayner, M., & Scarborough, P. (2019). O modelo de caraterização de nutrientes do Ofcom do Reino Unido: Technical Guidance. Londres: Public Health England.

75. Salvia-Trujillo, L., Qian, C., Martm-Belloso, O., & McClements, D. J. (2016). Influência do tipo de emulsificante nas propriedades físico-químicas e digestibilidade das emulsões de óleo de peixe em água. Food Hydrocolloids, 57, 19-29.

76. Heurtault, B., Saulnier, P., Pech, B., Proust, J. E., Benoit, J. P., & Proust, J. E. (2002). Um novo processo baseado na inversão de fases para a preparação de nanocarreadores lipídicos. Pharmaceutical Research, 19(6), 875-880.

77. McClements, D. J. (2005). Nanoemulsões: formação, estrutura e propriedades físicas. Jornal de Engenharia Alimentar, 91(3), 412-419.

78. Anton, N., & Vandamme, T. F. (2009). A universalidade da nanoemulsificação de baixa energia. International Journal of Pharmaceutics, 377(1-2), 142-147.

79. McClements, D. J. (2011). Nanoemulsões comestíveis: fabricação, propriedades e desempenho funcional. Soft Matter, 7(6), 2297-2316.

80. McClements, D. J. (2012). Nanoemulsões versus microemulsões: terminologia, diferenças e semelhanças. Soft Matter, 8(6), 1719-1729.

81. Anton, N., & Vandamme, T. F. (2009). Nano-emulsões e microemulsões: esclarecimentos sobre as diferenças críticas. Pharmaceutical Research, 26(5), 1195-1201.

82. Komaiko, J. S., & McClements, D. J. (2016). Formação de nanoemulsões de qualidade alimentar usando métodos de preparação de baixa energia: uma revisão dos métodos disponíveis. Revisões abrangentes em ciência alimentar e segurança alimentar, 15(2), 331-352.

83. Jafari, S. M., He, Y., & Bhandari, B. (2007). Produção de emulsões sub-micrónicas por ultra-sons e técnicas de microfluidização. Jornal de Engenharia Alimentar, 82(4), 478488.

84. Dickinson, E. (2012). Hidrocolóides como emulsificantes e estabilizadores de emulsão. Food Hydrocolloids, 28(2), 158-166.

85. Dickinson, E. (2015). Propriedades de sistemas de emulsão estabilizados por biopolímeros alimentares. Biofísica Alimentar, 10(3), 253-263.

86. Weiss, J., Decker, E. A., & McClements, D. J. (2008). Sistemas de entrega baseados em emulsão para componentes bioactivos lipofílicos. Journal of Food Science, 73(8), R14-R27.

87. Tang, S. Y., & Manickam, S. (2013). A atividade antimicrobiana da nanoemulsão de L-mentol contra patógenos de origem alimentar e sua aplicação na higienização de

produtos frescos. Food Control, 34(2), 568-573.

88. McClements, D. J. (2011). Design de emulsão para melhorar a entrega de componentes lipofílicos funcionais. Revisão Anual de Ciência e Tecnologia Alimentar, 2(1), 113-133.

89. Weiss, J., & McClements, D. J. (2002). Estabilização da floculação por esgotamento de partículas sólidas e emulsões por surfactantes e/ou macromoléculas. Avanços em Ciência de Colóides e Interfaces, 97(1-3), 205-253.

90. Sanguansri, L., & Augustin, M. A. (2006). Desenvolvimento de materiais à nanoescala - uma perspetiva da indústria alimentar. Tendências em Ciência e Tecnologia Alimentar, 17(10), 547-556.

91. Bouchemal, K., Briangon, S., Perrier, E., & Fessi, H. (2004). Formulação de nano-emulsão utilizando emulsificação espontânea: otimização de solventes, óleos e tensioactivos. International Journal of Pharmaceutics, 280(1-2), 241-251.

92. Salvia-Trujillo, L., Qian, C., Martm-Belloso, O., & McClements, D. J. (2016). Influência do tipo de emulsificante nas propriedades físico-químicas e digestibilidade das emulsões de óleo de peixe em água. Food Hydrocolloids, 57, 19-29.

93. McClements, D. J. (2011). Nanoemulsões comestíveis: fabricação, propriedades e desempenho funcional. Soft Matter, 7(6), 2297-2316.

94. McClements, D. J. (2012). Nanoemulsões versus microemulsões: terminologia, diferenças e semelhanças. Soft Matter, 8(6), 1719-1729.

95. Anton, N., & Vandamme, T. F. (2009). Nano-emulsões e microemulsões: esclarecimentos sobre as diferenças críticas. Pharmaceutical Research, 26(5), 1195-1201.

96. Komaiko, J. S., & McClements, D. J. (2016). Formação de nanoemulsões de qualidade alimentar usando métodos de preparação de baixa energia: uma revisão dos métodos disponíveis. Revisões abrangentes em ciência alimentar e segurança alimentar, 15(2), 331-352.

97. Jafari, S. M., He, Y., & Bhandari, B. (2007). Produção de emulsões sub-micrónicas por ultra-sons e técnicas de microfluidização. Jornal de Engenharia Alimentar, 82(4), 478488.

98. Dickinson, E. (2012). Hidrocolóides como emulsificantes e estabilizadores de emulsão. Food Hydrocolloids, 28(2), 158-166.

99. Dickinson, E. (2015). Propriedades de sistemas de emulsão estabilizados por biopolímeros alimentares. Biofísica Alimentar, 10(3), 253-263.

100. Weiss, J., Decker, E. A., & McClements, D. J. (2008). Sistemas de entrega baseados em emulsão para componentes bioactivos lipofílicos. Journal of Food Science, 73(8), R14-R27.

101. Gutierrez, J. M., Gonzalez, C., Maestro, A., & Sole, I. (2008). Peyronel O, & Lopez- Iglesias C. (2016). Progresso na preparação de emulsões de água / óleo e múltiplas (W / O / W) usando microfluidização. Chemical Engineering Journal, 314, 519-527.

102. Garti, N., & McClements, D. J. (2013). Encapsulamento e entrega de nutrientes lipofílicos usando nanoemulsões: Factores que afectam a digestão e a biodisponibilidade. Ciência e Biotecnologia Alimentar, 22(1), 3-12.

103. Kralova, I., & Sjoblom, J. (2009). Surfactantes utilizados na indústria alimentar: A Review. Jornal de Ciência e Tecnologia de Dispersão, 30(9), 1363-1383.

104. Chang, Y., McClements, D. J., & McLandsborough, L. (2015). Propriedades físicas e eficácia antimicrobiana de nanoemulsões de óleo de tomilho: Influência de inibidores de

maturação. Jornal de Química Agrícola e Alimentar, 63(28), 6791-6797.
105.Julian McClements, D., & Rao, J. (2011). Nanoemulsões de qualidade alimentar: formulação, fabrico, propriedades, desempenho, destino biológico e toxicidade potencial. Critical Reviews in Food Science and Nutrition, 51(4), 285-330.
106.Anton, N., & Vandamme, T. F. (2011). Nano-emulsões e micro-emulsões: esclarecimentos sobre as diferenças críticas. In Journal of Pharmacy & Pharmacology (Vol. 63, No. 9, pp. 1181-1183). Journal of Pharmacy & Pharmacology.
107.McClements, D. J. (2012). Sistemas de distribuição de nutrientes em nanoescala para aplicações alimentares: Melhorar a dispersibilidade bioactiva, a estabilidade e a biodisponibilidade. Journal of Food Science, 77(1), R8-R15.
108.Jin, X., Zhang, Z. H., Sun, E. Q., Lu, J. J., & Wang, L. J. (2016). Emulsões de B-caroteno estáveis e de baixa viscosidade formadas por emulsificação espontânea: Influência do equilíbrio e concentração hidrofílica-lipófila do surfactante. Food Hydrocolloids, 61, 855-863.
109.Tang, S. Y., & Manickam, S. (2013). A atividade antimicrobiana da nanoemulsão de L-mentol contra patógenos de origem alimentar e sua aplicação na higienização de produtos frescos. Food Control, 34(2), 568-573.
110.Weiss, J., Decker, E. A., & McClements, D. J. (2008). Sistemas de entrega baseados em emulsão para componentes bioactivos lipofílicos. Journal of Food Science, 73(8), R14-R27.
111.Weiss, J., & McClements, D. J. (2010). Revisão das nanoemulsões à base de lípidos como transportadores de agentes bioactivos. Em Emulsion-based systems for delivery of food active compounds (pp. 269-298). Springer, Nova Iorque, NY.
112.Chong, J., Azad, A. K., Sarker, M., Gritsas, G., & Kobayashi, I. (2017). Reconstituição da atividade antimicrobiana da nanoemulsão de oleorresina isolada de proteína de soro de leite e sua aplicação em carne moída fresca. Food Control, 80, 9-15.
113.Salvia-Trujillo, L., Rojas-Grau, M. A., Soliva-Fortuny, R., Martm-Belloso, O., & McClements, D. J. (2015). Nanoemulsões comestíveis como portadores de ingredientes ativos: A review. Revisão Anual de Ciência e Tecnologia de Alimentos, 6, 438-456.
114.Shukla, R., & Cheryan, M. (2001). Zein: a proteína industrial do milho. Industrial Crops and Products, 13(3), 171-192.
115.Klinkesorn, U., Sophanodora, P., & Chinachoti, P. (2005). Propriedades emulsionantes da proteína de arroz: um estudo da distribuição do tamanho das partículas, potencial zeta e turbidez. Journal of Food Science, 70(6), c392-c397.
116.Huang, Q., Yu, H., Ru, Q., & Xiao, J. (2007). Estrutura e propriedades emulsionantes de conjugados de proteína de soja-polissacarídeo preparados por reação de maillard. Food Hydrocolloids, 21(5-6), 607-616.
117.Huang, J., Li, Y., Orts, W. J., & Jin, Y. (2010). Polímeros biodegradáveis e polissacáridos em nanomedicina. Em Polymers for Biomedicine (polímeros para biomedicina) (pp. 261-280). Springer, Berlim, Heidelberg.
118.Tadros, T. F., & Izquierdo, P. (2011). Estabilidade da emulsão. Em Handbook of Surfactants (pp. 107-133). Springer, Berlim, Heidelberg.
119.Anton, N., & Vandamme, T. F. (2009). Nano-emulsões e microemulsões: esclarecimentos sobre as diferenças críticas. Pharmaceutical Research, 26(5), 1195-1201.
120.Sarkar, A., Goh, K. K., Singh, R. P., & Singh, H. (2017). Nanoemulsões: Um novo veículo para produtos de cuidados com a pele. Em Nanoestruturas para a Engenharia de

Células, Tecidos e Órgãos (pp. 271-290). Elsevier.

121.Zhu, Y., Chen, X., & Sun, D. W. (2017). Aplicação de ultrassom na indústria de processamento de alimentos: Uma revisão. Ultrasonics Sonochemistry, 34, 410-417.

122.Mandal, A., Chauhan, N., & Vakil, B. V. (2008). Rheology and stability of nanoemulsions (Reologia e estabilidade de nanoemulsões). Advanced Colloid and Interface Science, 145(1-2), 1-14.

123.Sadeghi, R., Moosavi, M. A., & Rezayat, S. M. (2016). Transportadores lipídicos nanoestruturados para entrega de peptídeos. Em Nanocarreadores lipídicos para direcionamento de drogas (pp. 49-63). Springer, Cham.

124.Tang, S. Y., & Manickam, S. (2013). A atividade antimicrobiana da nanoemulsão de L-mentol contra patógenos de origem alimentar e sua aplicação na higienização de produtos frescos. Food Control, 34(2), 568-573.

125.Weiss, J., & McClements, D. J. (2010). Revisão das nanoemulsões à base de lípidos como transportadores de agentes bioactivos. Em Emulsion-based systems for delivery of food active compounds (pp. 269-298). Springer, Nova Iorque, NY

126.Sharma, R., & Baboota, S. (2013). Nanoemulsão: Uma bênção para o sistema de entrega transdérmica. Drug Discovery Today, 18(19-20), 1092-1101.

127.Grumezescu, A. M., Andronescu, E., Ficai, A., Huang, K. S., & Holban, A. M. (2014). Capítulo 9 - Nanoemulsões em alimentos: Fabricação, caraterização e aplicações. Em Grumezescu, A. M., & Holban, A. M. (Eds.), Nanoarchitectonics in Biomedicine (pp. 269-294). William Andrew Publishing.

128.Nazzal, S., Smalyukh, I. I., Lavrentovich, O. D., & Khan, M. A. (2002). Preparação e caraterização in vitro de um sistema de administração de fármacos semissólido e auto-nanoemulsionado (SNEDDS) de ubiquinona: Mecanismo e progresso da formação da emulsão. International Journal of Pharmaceutics, 235(1-2), 247-265.

129.Yoo, J. W., Giri, N., & Lee, C. H. (2011). Libertação de sulfametazina sensível ao pH a partir de nanopartículas de poli (ácido acrílico-co-hidroxietilmetacrilato) enxertadas com poli (lactido-co-glicolida). International Journal of Pharmaceutics, 403(1-2), 237-244.

130.Salvia-Trujillo, L., Rojas-Grau, M. A., Soliva-Fortuny, R., Martm-Belloso, O., & McClements, D. J. (2015). Nanoemulsões comestíveis como portadores de ingredientes ativos: A review. Revisão Anual de Ciência e Tecnologia de Alimentos, 6, 438-456.

131.Bhalekar, M. R., Pokharkar, V., & Madgulkar, A. (2009). Preparação e avaliação de nanoemulsões de óleo em água carregadas com nitrato de miconazol para administração parentérica. Colloids and Surfaces A: Physicochemical and Engineering Aspects, 334(13), 173-179.

132.Perazzo, A., Barba, A. A., & d'Amore, M. (2015). Capítulo 14 - Nanoemulsões para aplicações alimentares: Desenvolvimento e caraterização. Em Grumezescu, A. M., & Holban, A. M. (Eds.), Nanoestruturas para a Engenharia de Células, Tecidos e Órgãos (pp. 451483). Elsevier.

133.Spernath, A., & Aserin, A. (2006). Microemulsões como transportadores de medicamentos e nutracêuticos. Advances in Colloid and Interface Science, 128-130, 47-64.

134.Aboofazeli, R., Lawrence, M. J., & Kirby, D. J. (1995). Nova formulação de microemulsão para a administração transdérmica simultânea de medicamentos hidrofílicos e hidrofóbicos. Journal of Controlled Release, 36(3), 277-284.

135.Tan, C., Zeng, H., Wang, Y., & Cheng, Z. (2013). Aplicações de materiais

mesoporosos como sistemas de entrega de macromoléculas e pequenas drogas moleculares. Química Orgânica Atual, 17(15), 1736-1756.
136.Landfester, K., & Bechthold, N. (2015). Nanopartículas para fins antimicrobianos. Em M. Prokopovich (Ed.), Antimicrobial Polymers (pp. 165-184). Springer International Publishing.
137.Umerska, A., Cassisa, V., Bastiat, G., Matougui, N., Nehme, H., Manero, F., ... & Saulnier, P. (2017). Interações sinérgicas entre peptídeos antimicrobianos derivados de plectasina e nanocápsulas lipídicas contendo monolaurina como cosurfactante contra Staphylococcus aureus. Colloids and Surfaces B: Biointerfaces, 150, 404-412.
138.Jafari, S. M., & McClements, D. J. (2017). Nanoemulsões: Formulação, aplicações e caraterização. Imprensa académica.
139.Li, C., & Hu, J. (2014). Reologia e microestrutura de soluções aquosas de carboximetilcelulose. Nos Anais do Simpósio Internacional de Reologia (pp. 9296). Springer.
140.Anton, N., & Vandamme, T. F. (2011). Nano-emulsões e micro-emulsões: esclarecimentos sobre as diferenças críticas. In Journal of Pharmacy & Pharmacology (Vol. 63, No. 9, pp. 1181-1183). Journal of Pharmacy & Pharmacology.
141.Huynh, N. T., Passirani, C., Allard, E., & Benoit, J. P. (2009). Nanocápsulas lipídicas: Uma nova plataforma para a nanomedicina. International Journal of Pharmaceutics, 379(2), 201209.
142.Leong, T. S. H., & Wooster, T. J. (2010). Kentish S, & Ashokkumar M. Minireview: A utilização de ultra-sons para a preparação de nanoemulsão. Em The Journal of Membrane Biology (Vol. 236, No. 1, pp. 509-519). Jornal de Biologia de Membranas.
143.Ghosh, V., & Mukherjee, A. (2016). Capítulo 15 - Nanoemulsões: Uma abordagem sustentável de entrega de medicamentos no século 21. Em A. Mishra, P. Panda, S. Maiti, S. K. Nayak, & S. S. Sabu (Eds.), Processo Verde Sustentável para Engenharia Química e Ambiental e Ciência: Sustainable Remediation (pp. 275-292). Elsevier.
144.Panigrahi, S., & Kundu, P. P. (2010). Nanopartículas revestidas com membrana celular: Uma nanoplataforma biomimética emergente para a entrega de medicamentos direcionados. Em Nanoplatform-Based Molecular Imaging (pp. 209-224). Springer.
145.Mishra, S., & Webster, T. J. (2014). Capítulo 8 - Nanoengenharia de Biomateriais. Em D. L. Wise (Ed.), Engenharia e Dispositivos de Biomateriais: Human Applications (pp. 189-215). Academic Press.
146.Luo, Y., & Teng, Z. (2008). Chen Z. Wang, Q. & Wu, A. (2012). Novas plataformas nanoestruturadas para entrega transdérmica de medicamentos. Técnicas em Cirurgia Cutânea e Estética, 3(2), 93-100.
147.Mezzenga, R., Schurtenberger, P., & Burbidge, A. (2005). Novos aspectos dos fluidos complexos: da biologia à nanotecnologia. Elsevier.
148.Verma, S. K., & Pal, A. (2014). Capítulo 9 - Nanoemulsões: Uma nova abordagem para melhorar a permeação e a biodisponibilidade do medicamento. Em A. K. Tiwari, K. Shah, & A. P. K. Jain (Eds.), Aplicações de Nano Drogas Direcionadas e Sistemas de Entrega (pp. 191-216). William Andrew Publishing.
149.Nasr, M. (2014). Manual de granulação húmida farmacêutica: teoria e prática num paradigma de qualidade por design. Elsevier.
150.Jain, K., Sood, S., Gowthamarajan, K., & Kapil, R. (2016). Maior estabilidade e permeabilidade da nanoemulsão contendo bloqueador do recetor da angiotensina II:

Aplicação na hipertensão. Células Artificiais, Nanomedicina e Biotecnologia, 44(5), 1269-1277.

151.Kabara, J. J. (1978). Ácidos gordos e derivados como agentes antimicrobianos. Em The American Oil Chemists Society (Vol. 5, pp. 43-49). Sociedade Americana de Químicos de Petróleo.

152.Sonneville-Aubrun, O., Simonnet, J. T., & L'Alloret, F. (2004). Nanoemulsões: um novo veículo para produtos de cuidados com a pele. Advances in Colloid and Interface Science, 108, 145149.

153.Constantinides, P. P. (2004). Microemulsões lipídicas para melhorar a dissolução e absorção oral de fármacos: aspectos físicos e biofarmacêuticos. Pharmaceutical Research, 21(8), 1429-1439.

154.Ansari, M. J., Al-Shdefat, R., Mahdi, A. A., & Khan, M. S. (2013). Potencial atividade antimicrobiana da nanoemulsão (NE 75: 25) contra cepas de bactérias e fungos resistentes a medicamentos de origem clínica. Microbiologia Aplicada e Biotecnologia, 97(23), 10583-10594.

155.McClements, D. J. (2005). Food emulsions: principles, practices, and techniques (Emulsões alimentares: princípios, práticas e técnicas). CRC Press.

156.Solans, C., Izquierdo, P., Nolla, J., Azemar, N., Garcia-Celma, M. J., & Casals, I. (2005). Nano-emulsões. Current Opinion in Colloid & Interface Science, 10(3-4), 102110.

157.Yu, L., Xu, Y., Deng, Y., Wang, G., Wang, X., & Yang, R. (2008). Preparação e avaliação de um sistema de administração de medicamentos auto-microemulsionantes de oridonina. International Journal of Pharmaceutics, 355(1-2), 269-276.

158.Hashemnejad, S. M., Khodaiyan, F., & Safari, M. (2015). Otimização das estabilidades física e oxidativa de nanoemulsões contendo óleo essencial de canela. Jornal de Engenharia Alimentar, 167, 27-34.

159.Williams, A. C., & Barry, B. W. (2004). Melhoradores de penetração. Advanced Drug Delivery Reviews, 56(5), 603-618.

160.Anton, N., & Vandamme, T. F. (2009). Nano-emulsões e micro-emulsões: esclarecimentos sobre as diferenças críticas. Pharmaceutical Research, 26(5), 1191-1200.

161.Donsi, F., Annunziata, M., & Vincensi, M. (2011). Projeto de sistemas de entrega baseados em nanoemulsão de antimicrobianos naturais: Effect of the emulsifier. Journal of Biotechnology, 156(4), 338-346.

162.Nussbaum, E. L., & Larkin, I. (2010). Espaço extracelular do cérebro: a fronteira final da neurociência. Em A. A. Boulton, G. B. Baker, & A. G. Dyck (Eds.), Glial-neuronal Communication in Development and Regeneration (pp. 51-80). Springer.

Lista de publicações

Artigos publicados-

1. **Mahesh R Wagh**, **Dhananjay V. Mane** (2024). **Preparação e avaliação de nanoemulsão intranasal de inibidor da ECA -Captropril. 2024 IJCRT | Volume 12, Issue 5 May 2024 | ISSN: 2320-2882**
2. **Mahesh R Wagh**, **Dhananjay V. Mane (2022). PREPARAÇÃO E AVALIAÇÃO DA NANOEMULSÃO INTRANASAL DE ZOLMITRIPTANO, ALMOTRIPTANO.** Journal of Pharmaceutical Negative Results | Volume 13 | Número Especial 7 | 2022
3. **Mahesh R Wagh**, **Dhananjay V. Mane (2022). PREPARAÇÃO E AVALIAÇÃO DA NANOEMULSÃO INTRANASAL DE SUMATRIPTANO.** Jornal de Resultados Negativos Farmacêuticos | Volume 13 | Número Especial 7 | 2022
4. **Mahesh R Wagh**, **Dhananjay V. Mane (2022)** MIGRAINE- OS ATAQUES PERIÓDICOS E O IMPACTO DOS MEDICAMENTOS. 2022 JETIR abril de 2022, Volume 9, Número 4

Trabalhos Apresentados-

1. **"CONCEPÇÃO, DESENVOLVIMENTO E AVALIAÇÃO DE UM SISTEMA DE ADMINISTRAÇÃO DE FÁRMACOS BASEADO EM NANOEMULSÃO MUCOADESIVA PARA ADMINISTRAR UM AGENTE ANTI-ENXAQUECA NO SNC".** Conferência Virtual Internacional sobre o Cenário Atual em Ciências Químicas (CSCS - 2022) organizada pela Escola de Ciências Químicas, Moolji Jaitha College (Autónoma), Jalgaon (MS), Índia.
2. **"CONCEPÇÃO, DESENVOLVIMENTO E AVALIAÇÃO DE UM SISTEMA DE ADMINISTRAÇÃO DE FÁRMACOS BASEADO EM NANOEMULSÃO MUCOADESIVA PARA ADMINISTRAR UM AGENTE ANTI-ENXAQUECA NO SNC".** Um dia, Conferência Nacional sobre "Desenvolvimento Recente em Ciência Química" organizada pelo Departamento de Química e IQAC de Anandrao Dhonde Alias Babaji Mahavidyalaya, Kada em colaboração com a Associação de Professores e Investigadores de Química Analítica (ACTRA), Aurangabad.

MIX
Papier aus verantwortungsvollen Quellen
Paper from responsible sources
FSC® C105338

Printed by Books on Demand GmbH, Norderstedt / Germany